阅读成就思想……

Read to Achieve

利他实验

人类真的只关心自己吗

［美］C. 丹尼尔·巴特森（C.Daniel Batson）◎ 著　白学军 等 ◎ 译

A SCIENTIFIC SEARCH FOR ALTRUISM

Do We Care Only About Ourselves

中国人民大学出版社

· 北京 ·

图书在版编目（C I P）数据

利他实验：人类真的只关心自己吗 /（美）C. 丹尼尔·巴特森（C. Daniel Batson）著 ；白学军等译.
北京 ：中国人民大学出版社，2024. 7. -- ISBN 978-7-300-32883-6

Ⅰ. B822.2-49
中国国家版本馆CIP数据核字第2024UB8449号

利他实验：人类真的只关心自己吗

［美］C. 丹尼尔·巴特森（C.Daniel Batson）　　著

白学军　等译

LITA SHIYAN : RENLEI ZHENDE ZHI GUANXIN ZIJI MA

出版发行	中国人民大学出版社			
社　　址	北京中关村大街 31 号		**邮政编码**	100080
电　　话	010-62511242（总编室）		010-62511770（质管部）	
	010-82501766（邮购部）		010-62514148（门市部）	
	010-62515195（发行公司）		010-62515275（盗版举报）	
网　　址	http://www.crup.com.cn			
经　　销	新华书店			
印　　刷	天津中印联印务有限公司			
开　　本	720 mm×1000 mm　1/16		**版　　次**	2024 年 7 月第 1 版
印　　张	20.5　插页 1		**印　　次**	2024 年 7 月第 1 次印刷
字　　数	301 000		**定　　价**	99.90 元

A Scientific Search for Altruism:
Do We Care Only About Ourselves

译 者 序

翻译《利他实验：人类真的只关心自己吗》一书之时，还是在新冠病毒大流行期间。这场席卷全球的疫情，让我们每一位译者都对自己和他人的关系、个人与环境的关系、国家与国家的关系有了新的认识。在抗击疫情的过程中，深刻体会到了习近平总书记提出的构建人类命运共同体的重要性。

人类生活在同一个地球村，乘坐在同一条大船上。面对扑面而来的各种全球性挑战，各国人民应超越历史、文化、地缘和社会制度的差异，共同呵护好、建设好这个人类唯一可以居住的星球（王毅，2024）。"人类命运共同体"是习近平总书记对建设一个什么样的世界、怎样建设这个世界给出的中国方案。这一重要思想对于教育的价值在于，必须在人才培养过程中注重发展个体的核心素养，即学生应具备能够适应终生发展和社会发展需要的必备品格和关键能力。我国学生发展核心素养包括文化基础（人文底蕴、科学精神）、自主发展（学会学习和生活）、社会参与（责任担当和实践创新）三个方面的内容。我认为其中最重要的素养是社会参与中的责任担当。有责任担当素养的人会表现出"家事，国事，天下事，事事关心"的姿态；有责任担当素养的人会表现出更多利他行为来促进人际关系与社会关系和谐；有责任担当素养的人会表现出更多维护社会公平正义的行为来推动整个社会文明发展。

　　本书是我带领心理学科团队成员共同翻译的。各章翻译人员分别是：吴俊杰（序言）、钞淼（第 1 章）、章鹏（第 2 章）、周广东（第 3 章）、林琳（第 4 章）、王芹（第 5 章）、刘芳（第 6 章）、宋娟（第 7 章）、曹贤才（第 8 章）、魏子晗（第 9 章）、徐晟（第 10 章）、朱文凤（第 11 章）、郝嘉佳（第 12 章）、姜云鹏（第 13 章）、白学军（第 14 章）。大家翻译完后，又互相交换进行了校对，最后，我对全文进行了统校。虽然我们想自己尽最大努力做到翻译质量"信、达、雅"，但是因自身学识及修养的欠缺，肯定会存在不足之处，请读者批评指正。

白学军

A Scientific Search for Altruism:

Do We Care Only About Ourselves

序 言

一个令人"不安"的惊喜

我的朋友可能会告诉你，我既审慎，又对人性充满悲观。那么，我为什么要把这两个特质中更好的那部分拿来研究利他呢？因为我还希望事情都有一个合理的解释。

这正是科学的用武之地。当你遇到一件跟你预想的不一样的事情，而且它还不是一个单纯的事实问题，而是需要知道它到底意味着什么的时候，科学方法简直就是天赐的法宝。它比其他任何方法都能更好地帮你审视各种可能性，并让你搞清楚这到底是怎么回事。

在 40 多年前，我遇到了一件很不合理的事情。正如当时的大多数心理学家一样，我也认为人类天生只在乎自己。我们固然在乎家人和朋友，但这难道不是因为他们给我们提供了爱和陪伴、物质和精神支持吗？归根结底，我们的高尚行为不也是被我们的自私自利所驱动的吗？我好像是这样的，别人应该也是这样的。

"我们只在乎自己"这个观点并不是心理学家率先提出来的，早在文艺复兴时期，西方思想界就盛行这样的观点。正如敏锐而机智的法国哲学家拉·罗什富科公爵（Duke de La Rochefoucauld，1613—1680）所说："最无私的爱也只不过是一种交易。在这种交易中，我们最亲爱的自己总是能以某种方式获得收益。"（Maxin 82，1691）荷兰著名哲学家、经济学家和讽刺作家伯纳德·曼德维尔（Bernard Mandeville，1670—1733）更形象地将其表述为：

把即将掉入火盆的婴儿救起并不是什么美德，这个行为既说不上好，也说不上坏，尽管这个婴儿因此避免了巨大的灾祸。如果看见婴儿掉落而没有竭力阻止，我们会自责并产生痛苦的感受，然而我们的自我保护机制迫使我们避免产生这样的感受。（1714/1732，p.42）

与拉·罗什富科和伯纳德·曼德维尔一样，我也曾认为那些主张"我们会发自内心地在乎别人"的观点都太幼稚，并认为这些观点都忽略了一个事实：我们最亲爱的自己总能以各种各样的方式成为获益者。

然而，奇怪的事情来了。在 1970 年，我开始上实验社会心理学的研究生课程，当时一下子就对这么一个话题产生了兴趣：面对需要帮助的人，为什么人们会施以援手或袖手旁观？有这样的兴趣不足为奇。我的导师是约翰·达利（John Darley）。他和比伯·拉塔内（Bibb Latané）在 20 世纪 60 年代后期进行的旁观者效应（bystander intervention）研究，使得"助人"成为社会心理学中的一个热门话题。而我当时的学习经历刚好赶上了那波热度。

在我读研究生的第一年，我和约翰将《好撒玛利亚人》（Good Samaritan）的寓言作为指南，来研究可能影响助人行为的三个因素：社会规范、宗教虔诚和紧急时刻（Darley & Batson，1973）。我的毕业论文考察的是认知偏见，这些认知偏见既影响着我们对他人困难的理解方式，也影响着我们为他人提供什么样的帮助（Batson，1975）。这两者都没有探讨我们帮助他人是否出于自私自利的动机的问题。我为什么要探讨这个问题？我早就知道答案了呀。

我研究生毕业后，就职于堪萨斯大学。我在那里遇到了一位特别聪明的一年级研究生——杰伊·科克（Jay Coke）。这位研究生建议我们做个实验来考察一下对求助者的共情情绪是否会增加助人行为。由于我依然对助人行为的影响因素感兴趣，就欣然同意了。后来我们才知道，当时还在哈佛大学上学的丹尼斯·克雷布斯（Dennis Krebs）在其毕业论文中也考察着同样的想法（Krebs，1975）。我们的一些发现让我开始怀疑自己之前关于人性的假设。

我先描述一下这个实验的基本信息，以便读者可以大概了解在研究中的前后经过。值得注意的是，与本书中提到的大多数实验一样，这样的研究也使用了复杂的程序和大量的欺骗。这样做并不是因为我和杰伊喜欢愚弄别人，而是因为我们想不到其他更简单、更少欺骗的方法来检验我们的假设。我必须承认的是，我发现将精心构造的虚拟故事带入生活、让实验被试相信这是个真实的故事，并做出相应的反应，这个过程是令人愉悦的，而且我如今依然这样觉得。

凯蒂·班克斯实验

为了考察共情是否会增加助人行为时，我和杰伊并没有采信人们口头报告的结果，比如去问实验被试在多大程度上感觉到共情，曾经（或者将来、或者在某些假设的情境下）为他人提供多大程度的帮助。我们觉得应该把一个真实的、可能引起共情的求助者摆在实验被试（即本科在读的男生和女生）面前，然后再给他们一个看起来比较可靠和可行的途径去施以援手。

我们希望我们研究的共情是指向真实的人，但是我们并不想真的把一个人置于需要求助的境地，即便是为了我们的实验。因此，我们虚构了一个需要帮助的人，这个人名叫凯蒂·班克斯（Katie Banks），她是一名大学生。然后，我们引导被试相信她是真实存在的人。同时，我们还给我们的实验目的编造了一套虚假说法（掩饰故事）来避免被试知道我们正在观察他们是否会帮助凯蒂。我们担心如果他们知道真实的实验目的后，他们可能会帮助凯蒂，以使得自己看上去更加体面，或者为了取悦我们。

表面上，我们告诉被试，这个实验是为了采集听众对校园广播站一档筹划中的节目——《小人物新闻》（*News from the Personal Side*）的反应，以此来考察本地新闻对小人物生活的影响。这样的话，被试会听到一段试用版的广播，这段广播是从广播电视系学生录制的素材中随机选取的。我们跟被试解释说，这些试用版的广播报道的都是真人真事，只是未曾播报过（这就解释了为什么即使有实验被试经常听校园广播也从没听过）。

每名被试在一间小的实验房间里用耳机独自收听广播，下面是广播的文字版：

播音员：上周，一起悲惨的交通事故发生在堪萨斯州劳伦斯市的班克斯一家身上。车祸发生在威奇托市以西的 30 英里①处，乔治·班克斯（George Banks）夫妇和他们 16 岁的女儿珍妮特在车祸中不幸丧生。班克斯一家在劳伦斯市仅生活了六个月，他们当时正前往之前的伯顿市故居看望朋友。

班克斯先生和班克斯太太留下了三个孩子：凯蒂，堪萨斯大学的大四学生；爱丽丝，11 岁；马克，8 岁。凯蒂暂时取得了对弟弟、妹妹的监护权。不幸的是，班克斯先生没有保险，也没有给孩子们留下什么存款。

凯蒂在竭尽全力地维持与弟弟、妹妹的生活的同时还要完成学业。她希望在这个夏天毕业，但是面临着很多困难：她没有足够的钱来支付房租和购买日用品；她需要有人在她去上课时帮忙在家照看弟弟、妹妹；由于她没有自己的汽车，她还需要交通工具以便在学校、超市和洗衣房之间往返。凯蒂正在试图通过私人捐助的方式来筹款，我昨天和凯蒂聊过，她用下面的话来形容自己的处境。

凯蒂：那是一场噩梦，（停顿）我感觉自己还是木然的，但我知道生活还得继续。现在，对我来说最重要的事情是按时毕业，我需要得到一份好的工作和照顾好弟弟、妹妹。

您知道的，我们现在确实得到了很多帮助，但我们还有很长的路要走，如

---

① 1 英里≈1.61 千米。——译者注

果我们没有更多的帮助，我恐怕要辍学去找工作了。这样的话，事情会变得更糟糕，我想，因为大家都知道，没有大学学位挣不了多少钱。如果我真的不得不辍学，我……我恐怕最后也不得不放弃弟弟、妹妹，因为……我将挣不到足够的钱来养活他们。

　　播音员：凯蒂是否会得到她所需要的帮助呢？希望正在收听节目的听众朋友，有人能施以援手。如果有同学想捐款，请拨打校园广播的电话（电话号码）。我是主播（播音员的名字）。

高共情和低共情条件

　　显而易见，杰伊和我编写这则广播是为了激发人们对凯蒂共情的感觉。我们想看看这些感觉能否增加被试帮助凯蒂的意愿。但是，为了更加清楚地检验共情与助人的关系，我们还需要设置更多的实验条件。我们需要一个高共情条件，让被试在这个实验条件下对凯蒂的遭遇产生更多共情；以及另一个低共情条件，让被试在这个实验条件下听到了相同的广播，但只产生很少的共情。然后，我们将被试随机指派到其中的一个条件下，并保持其他条件都相同。这种方式可以保证我们在考察共情对助人影响的同时控制好个体在共情倾向方面的差异。对个体差异的控制（控制在有限的概率范围）是通过把被试随机指派到任一实验条件下实现的。这种方式还可以控制凯蒂需求的各种细节——内容、语调等——因为所有被试听到的是完全相同的广播。然而，我们该如何设置高、低共情条件呢？

　　我们设置这两种实验条件的方式是，先给实验被试两种实验指导语，再让他们按照指导语的要求来听广播。几年前，埃兹拉·斯托特兰（Ezra Stotland）在共情方面开展了开创性的研究（1969）。他和他的同事让大学男生观看透热疗法下的"演示者"（实际上是训练有素的演员）。这种疗法在大学生看来是痛苦的，他们同时测量大学男生的生理和自我报告的情绪反应。在观看前，一些被试读到的指导语是"请仔细观察演示者的行为"（观察他人／痛苦条件）；另一些被试的指导语是"请想象演示者在遭受透热疗法时的感受"（想象他人／痛苦条件）；还有一些被试的指导语是"请想象你自己在遭受透热疗法时的感受"（想象自己／痛苦条件，Stotland，1969，pp.292-293）。另外，其中还加入了一些实验条件：被试接受相同的指导语，不过认为透热疗法是不痛苦的。采用随机的方式把被试指派到不同的实验条件下。

斯托特兰（1969）发现，两种想象／痛苦条件下的被试比观察他人／痛苦条件下的被试，表现出了更强的生理唤醒，报告了更多的情绪体验。想象／痛苦条件下的被试，比那些给了相同指导语但被告知治疗不痛苦的被试，表现出了更强的生理唤醒，报告了更多的情绪体验。

更重要的是，斯托特兰还发现这两种想象／痛苦条件在生理唤醒和自我情绪报告上的差异。与他们的指导语一致，想象他人／痛苦条件下的被试好像"直接反映了他们感知到的'示威者'此时此刻的感受"（1969，p.296），想象自己／痛苦条件下的实验被试好像更加自我导向（self-oriented），"没有那么明显地与'演示者'的遭遇相关联"（p.297）。

这些发现提示我和杰伊，在实验指导语中引导被试在观看的同时想象当事人的感受，可以让被试对演示者的痛苦产生更多共情的关心（共情的感觉、怜悯等），然而，在实验指导语中，通过引导被试在观看的同时想象自己在该处境下的感受，可以让被试感觉到更多的私人痛苦（感觉到失落、焦虑等）。所以，我们借鉴斯托特兰的方法，让被试在指导语的引导下去想象他人的感受或观察他人的行为，从而创造出高、低共情条件。

鉴于想象自我的指导语会让被试产生内在痛苦，我们没有使用这类指导语。被试在听凯蒂的广播之前，我们把他们随机指派到高共情条件和低共情条件下。前者的指导语是"尽可能地去想象广播中当事人身处困境时的感受以及这将如何影响她的人生"，后者的指导语是"尽可能地去识别这段广播中能够令人感到温暖和富有个人感染力的技术"。

高、低共情实验条件下的被试都被要求多阅读几遍实验指导语，以便在头脑中形成清晰的视角，并被要求自始至终地使用这个视角来听广播。为了防止他们猜测我们在操纵共情水平这个因素，每位被试都被告知，所有人看到的实验指导语都是相同的。为了最大可能地避免研究者可能有意或无意地影响被试的反应，研究者只有在每位被试完成实验之后才知道其所阅读的是何种指导语。

帮助凯蒂的概率

在实验被试按照随机指派的视角听完广播之后，研究者再给他们一份只需几分钟就能完成的倒扣在桌子上的问卷。然后再给他们一封凯蒂写给听众的信，并要求被试在填写问卷前，独自阅读并回复这封信。

凯蒂的信是手写的——这是 20 世纪 70 年代大学生的私人信件的普遍形式（那时还没有个人电脑、打印机和电子邮件）。这封信的内容是这样的：

亲爱的同学：

我实在不愿意麻烦你，但这对我来说的确是个极度困难的时期。上周是截至目前我生命中最困难的一周。我知道我无法改变已发生的事，我能做的只有让生活继续，尽我所能地过好每一天。现在，我的头等大事是维持我和弟弟、妹妹继续在一起生活。

如果我能得到足够多的帮助以顺利毕业，那么我就可以找到一份能够维持家人生活的工作。在此期间，我在学习上掉队了，而且还要处理许多家务琐事。另外，额外的费用也是一笔很重的负担。

我知道大多数同学能提供的帮助是有限的，所以我的主要诉求是时间上的帮助。目前，我需要有人在我不在家时帮忙照看弟弟、妹妹，以及帮我处理一些家务琐事。车祸让我们没有可用的交通工具。我也在准备发起筹款活动，到时也会需要有人帮忙打电话和邮寄信件。

如果你可以为我们提供帮助，请你在纸条上留下可以为我提供帮助的总小时数，并附上你的姓名和电话号码，以便我与你取得联系。

我和我的弟弟、妹妹将对你的帮助感激不尽。

非常感谢！

凯蒂·班克斯

凯蒂的信中还附有一个填写好她姓名的空信封，以及一张空白纸条。如果被试愿意的话，这张纸条可供他们留下姓名、电话号码及志愿活动的时间。被试被告知，不管是否在纸条上留下信息（以保证匿名性），都要把纸条塞到信封里进行封装，并把信封放进桌子角落的卡片盒里。已经有好几张封装好的信封躺在卡片盒里，这看起来像是前面的被试留下的。

为凯蒂提供志愿服务的时间就是我们衡量助人行为的指标。如果正如我们假设的那样，对求助者的共情会增加助人行为，那么高共情条件下的被试应该会比低共情条件下的被试更有可能成为志愿者。

这确实就是我们发现的结果。想象凯蒂感受的被试愿意抽出 73% 的时间来为凯蒂提供帮助，而观察广播技术的被试则只愿意抽出 45% 的时间。为了简洁起见，我没有提及这项研究中的第二个实验操作，该操作是为了确认这个差异是由被试的共情感觉造成的，而不是实验指导语本身带来的（Coke，Batson，& MeDavis，1978）。

共情引起的助人行为是受什么驱动的

我前面所说的奇怪的事情，并不是指我们发现了高共情条件下会有更多的助人行为，而是因为我和杰伊预期的就是共情会增加助人行为。奇怪的事情发生在被试封装好信封之后、说明事后情况之前（每次在被试离开实验室之前，我们总会向他们说明情况，解释我们真实的实验目的，以及为什么要欺骗他们）。这个过程并不像一道闪电或一声霹雳，而是像对重复演奏的副歌的渐进觉察。当我们询问被试对广播作何感想时，在体会凯蒂感受的被试中，大多数人似乎都在真诚地关心凯蒂的处境。甚至，他们是发自内心地在乎凯蒂，而不是只考虑自己的利益——并非我先前所预期的"我们只在乎自己"的假设那样。

这是怎么回事？我简直不敢相信这些被试会真的在乎凯蒂。他们一定是在自欺欺人。他们应该是从小被教导要关心有困难的人，如果不这样做的话，他们会感到内疚。或者，当聆听到凯蒂的痛苦时，他们也生出痛苦的感受（如曼德维尔所说的那样），这使得他们想通过结束凯蒂的痛苦来结束他们自己的痛苦。这不就是共情吗？别人的痛苦导致了我们的痛苦。

不过，我们的实验被试所说的话让我重新思考这个问题。当我们感到对求助者产生共情的关心时，我们有没有可能是发自内心地关心他人，而不是考虑自己的利益？我当然不愿意放弃那个"我们只在乎自己"的假设，但是实验被试对凯蒂的关心让我对这一假设产生了疑虑。

这些疑虑让我更加认真地思考"利他"到底是什么，以及它是否存在的问题。这反过来促使我开展更多的实验。我想知道共情引发的助人行为是否是由对求助者的关心所驱动的，还是由我先前认为的、以某种方式实现的助人者的私利所驱动的。求索该问题答案的过程并不是一蹴而就的，而是花费了很多年时间。本书讲述了这一求索过程。

为什么我要再写一本利他的书

我已经写了两本关于"利他"的书，你可能会很好奇这本书跟前面两本有什么关系，是否有必要再出这本书。之前的那两本书都是学术类专著，是供学者阅读的。

第一本书是在利他研究兴起十几年之后写的一份总结，报告了我自己和其他心理学家在这方面的研究进展（Batson，1991）。那本书先回顾了西方思想中关于人类行为是否由自私自利驱动的讨论，然后提出了利己动机和利他动机的概念框架，最后报告了一些初步的实验结果，这些实验都考察了共情所引发的助人动机，本质上是利己的还是利他的。

第二本书为共情－利他假说（empathy-altruism hypothesis）提供了更充实的理论基础，该假说认为共情体验产生了利他动机（Batson，2011）。这本书还将该假说与进化生物学、灵长类动物学、动物心理学、发展心理学、神经科学和行为经济学中的相关理论和研究进行了关联。另外，书中还给出了一份全面的汇总表，表中总结和评价了自1980年以来检验共情－利他假说的30多项研究，这些研究在一个或多个方面与共情导致助人的利己动机解释不相符。最后，这本书讨论了共情－利他假说成立的意义，可能不仅意味着收益，还意味着负债。

本书是关于利他主义的第三本书，意在面向更广泛的读者群体。尽管我希望我的学术同仁也能对本书感兴趣，但本书并不是写给他们看的，而是写给任何对以下这两个问题好奇的人。我提出的第一个问题是：我们关心他人是发自内心的，还是出于私利？我试图通过心理学实验来回答这个问题，这就不可避免地要提出第二个问题：科学是否不止可以用于发现新的事实，还可用于解决有关人性的古老难题？

以我的经验，这两个问题几乎是所有认真思考人类状况的人都会感兴趣的。如果你是这样的人，那么本书就是为你而写的。通过密切追踪有关利他的科学研究，我既希望可以回答我们人类是否只在乎自己的问题，也希望可以清楚地展示科学探索是如何阐明我们的本性的。

心理学和哲学的本科生、研究生常常特别感兴趣于利他是否存在、这是否可以用科学的方法来回答此类问题。本书可供这些学科用作主要教材或辅助教材（例如，如果课程中涉及社会行为的动机和情感基础，或者研究方法和科学哲学，那么本书将会非常有用）。同时，我也希望本书会引起非学生读者的兴趣。

未来展望

你可以把接下来的部分当作一个侦探故事。由共情引起的助人行为就是"罪行"，并且有多种多样存在作案动机的嫌疑人，我们需要找出真正的元凶。神探夏洛克·福尔摩斯（Sherlock Holmes）有这么一条指导原则："当你把所有不可能的情况排除之后，不管剩下的有多么不可思议，都必定是真相。"（Doyle，1890，p.111）借用这条原则，只有当所有可能的利己解释——这样的解释有很多——都被排除后，我们才能"控告"利他是该"罪行"的元凶。所以，这看起来很自相矛盾，我们探索利他也就是探索利己。那么，我们开始吧！

个不同的个体，相反会在心理上将二者融为一体。因此，共情诱导的助人实际上是在帮助你自己，你的动机实际上是利己的而非利他的。

第四部分　处之绰然

A Scientific Search
for Altruism:
Do We Care Only
About Ourselves

第一部分
上下求索

第 1 章

千年之辩的人性追问

想想我们花在帮助他人上的时间和精力。除了日常的礼貌和友善外，我们通过捐款来帮助世界各地的灾难受害者，拯救濒临灭绝的物种；我们熬夜陪伴感情破裂的朋友；我们停下来安慰因走失而受惊的孩子，直到他的父母出现。有时，我们的帮助确实非常惊人，就像韦斯利·奥特里（Wesley Autrey）为了救一名因癫痫发作而摔倒的年轻人，不顾火车驶来，跳到了铁轨上；或者是欧洲的救援人员冒着生命危险庇护被纳粹迫害的犹太人。

我们为什么要提供帮助？通常，答案很简单：我们这样做是因为我们没有选择，因为这是应该的，或者这能把自己的利益最大化。我们给妈妈跑腿，因为那是我们应该做的；我们帮助朋友，因为害怕失去友谊，或者因为我们期望得到回报；我们响应慈善募捐，因为找不到拒绝的理由。

但我们问为什么会帮助别人时，并不是为了获得这些简单的答案。这太突破他们的极限了。我们想知道帮助行为是否总会指向自己的利益。还是有些时候，在某种程度上，我们能超越自我利益，真正关心他人的福祉而提供帮助？我们想知道这种关注是否是人性的一部分。也就是说，它会存在于大多数社会的大多数人身上吗?

正如查尔斯·达尔文(Charles Darwin)在其所著的《人类的由来》(*The Descent of Man*)一书中所阐明的,回答为什么我们会提供帮助有重要的意义(Darwin, 1871)。如果我们有能力真正关心他人的福祉,那么我们作为物种的身份,与我们不能关心别人是大不一样的。这一答案能告诉我们他人在我们生活中的角色,以及我们在他人生活中的角色。它能揭示我们关心的能力。

"利他"一词在 1850 年左右由奥古斯特·孔德(Auguste Comte, 1798—1857)提出,它与"利己"相对立(Comte, 1851/1875)。而早在"利他"一词提出之前,关于"我们是否会为他人着想,还是仅仅为自己提供帮助"的争论就已存在。在孔德之前,这一争论围绕各种内容进行,包括仁慈、慈善、同情、爱和友谊。这一争论可以追溯到柏拉图和亚里士多德,借助托马斯·阿奎那(Thomas Aquinas, 1225—1274)、托马斯·霍布斯(Thomas Hobbes, 1588—1679)、大卫·休谟(David Hume, 1711—1776)、亚当·斯密(Adam Smith, 1723—1790)、杰里米·边沁(Jeremy Bentham, 1748—1832)、弗里德里希·威廉·尼采(Friedrich Wilhelm Nietzsche, 1844—1900)和西格蒙德·弗洛伊德(Sigmund Freud, 1856—1939),一直延续到今天。

如本书序言所述,文艺复兴后的大多数哲学家和近期的心理学家和其他行为主义科学家都认为人类是纯粹的自我主义者。我们做的每件事,不管多么善良或高尚,都是被自我利益驱动的。在文艺复兴之前,这一观点也很突出。让我用爱比克泰德这位生活在公元 55—135 年的斯多亚学派哲学家,以及本书序言中提到的拉·罗什富科和曼德维尔的话来进行解释:

> 你是否见过小狗互相爱抚和玩耍,你可能觉得没有什么比这更友好的了?但是如果你给它们扔点肉,你就知道什么是友谊了。因为财产而导致亲人反目,甚至恨不得对方快死,这样的事例早已不是什么新鲜事……不要被欺骗,因为普遍来说,所有物种对任何事物的依恋

都不会大于自己的利益。出现任何对这种利益的障碍，无论是兄弟还是父亲，无论是孩子还是爱人，他都会怨恨、鄙视、诅咒：因为他的本性是除了自己的利益外，一无所爱；父亲如此，兄弟如此，亲戚如此，甚至国家也如此……

如果一个人把他的利益和圣洁、善良，以及国家、父母和朋友放在同一个地方，那么，所有这些都是安全的：但是如果他将自己的利益放在一个地方，而将朋友、国家、亲戚和正义放在另一个地方，那么所有这些都要为其利益让路。因为我和我的所在之处，就是动物所倾向的地方。（Epictetus，1877，pp.177-178）

提供帮助能产生许多形式的自我获益。有些很明显，比如获得物质奖励和公众赞扬，或者逃脱公众批评。但是在没有外部奖励的情况下提供帮助，我们仍然可以受益。看到需要帮助的人或动物，我们会感到困扰。我们提供帮助在减轻对方痛苦的同时也减轻了自己的痛苦；或者我们会因为自己的善良而感觉良好，也避免了没能伸出援手时内心的愧疚和羞耻。

毫无疑问，我们可以通过造福他人来造福自己。但是，还有更多的原因吗？后来被称为利他的东西真的存在吗？我说过，达尔文认为这个问题的答案相当重要。但是，根据利他的定义方式，答案也许不那么重要了。在我们考虑利他是否存在之前，我们需要先考虑一下利他是什么意思。

当前"利他"的七个含义

近年来，许多不同的事物都被称为利他。没有人能单独决定一个词语如何使用，并且它的定义也可以改变。不过，重要的是要认识到当前"利他"这一术语的许多用法没有涉及该术语造就的人性问题。让我来说说当前的七个含义，其中只有最后一个是我们要寻找的。但是，因为其他六个常常与第七个混淆或替换使用，我们也需要清楚地知道它们的含义。

询问当代的心理学家、人类学家、生物学家、经济学家、生理学家或社会学家，你可能会听说利他是一种行为，不像孔德最初所认为的利他是一种动机。最广泛的行为概念是利他是有益的行为。

利他作为有益的行为

进化生物学家将利他等同于以自身的某种代价使他人受益的行为，也就是有益的行为，这是很普遍的。这一概念使得在广泛的生物图谱中都能使用该术语，从社会昆虫（如蜜蜂、黄蜂、蚂蚁）到人类。生物学家通常认为的让他人受益，是指生物将其基因传给下一代的可能性——所谓的生殖成功（reproductive success）。

正如理查德·道金斯（Richard Dawkins）在其于 1976 年出版的经典畅销书《自私的基因》（*The Selfish Gene*）中所解释的那样：

> 诸如狒狒之类的实体，如果其做出的行为，是通过自己付出代价来增加其他实体的福利，那么它就被认为是利他的。自私行为的效应是完全相反的…… 以上关于利他和自私的定义都是行为的，而不是主观的。在这里，我不关心动机心理学。（1975，p.4）

几年后，马克·雷德利（Mark Ridley）和道金斯阐述了：

> 在进化论中，利他意味着通过自我牺牲来造福他人。在日常对话中，"利他"一词带有主观意图的含义……我们不否认动物有感受和意图，但如果我们专注于动物身上可以观察的方面，就能进一步理解动物行为。如果我们使用像"利他"这样的词，我们就能够通过动物行为的结果来定义它们，而不是推测它们的意图。利他行为是利他者以自身的代价，达到提高其他生物的生存机会的效应（有些人倾向于说另一个生物体的"生殖成功"）…… 随之而来的是，一些不可置疑的、不具有意识的实体，例如植物或基因，原则上也可以体现出利

他。（Ridley & Dawkins，1981，pp.19-20）

我曾经听道金斯说过，根据他的进化定义，让马长出坏牙的基因（即等位基因）是利他的（Dawkins，1979）。为何如此？这是因为具有这种等位基因的马，吃草的效率更低，会把更多草留给其他马，从而降低了患病马成功繁育下一代的概率。根据道金斯的定义，这也是利他。扩展这个逻辑，我们可以说让人类口臭的等位基因是利他的。口臭的人不太可能吸引伴侣，因此，他们不太可能把基因遗传给下一代。

为什么进化生物学家将任何减少行为人相对生殖成功的行为称作利他？原因不完全清楚，但结果是清楚的。将这种行为称为利他，会让对这一术语的使用更习惯、更积极。结果，许多非生物学家误认为如果有机体的行为降低了它的生殖成功，就像工蜂在刺入蜂巢入侵者后死亡，就产生了一个习惯意义上的利他案例。

当生物学家继续指出，即使在这种情况下，生物体的行为方式也会提高而不是降低其繁殖成功率时，这一错误就将变得更加严重。一个生殖成功增加的例子，比如，当受惠者和利他行为人具有相同的基因，并能比行为人更好地将基因传递给下一代，就像蜂后也可以把不孕的工蜂的基因传递下去，这被称为亲缘选择（kin selection）或整体适合度（inclusive fitness）。生殖成功的增加也表现在某一行为让利他者当前的生殖成功降低了，但从长远来看却增加了互惠利他（reciprocal altruism）。非生物学家通常认为这些行为不利于利他的存在。但是，观察到的这些行为仅在进化意义上不利于利他，它既不是最初构思的利他的含义，也不是大多数人仍然认为的利他的含义。接受或拒绝进化意义上的利他的存在，并不能说明我们是否会为他人的利益而不是我们自己的利益去谋求增加他人的福祉。

在进化生物学之外，将"利他"一词应用于所有有益行为确实看起来很奇怪，这会使它是否存在的问题变得微不足道。想象一下，我只想保护自己，我把一个男人推开了，以便我能跳到路边，躲开突然转弯的出租车。如果我也把那个男人推开，免得他被出租车撞上，我的举动显然能使他受益。这很有帮助，尽管我也付出了一些努力。但是，那是利他的吗？在任何意义上那都不是利他。

利他的第一个定义忽略了人们做事的原因。正如道金斯也坦率地承认，这种用法没有考虑动机，而动机是人性问题的意义所在。有机体提高其生殖成功的间接手段，包括通过社会合作行为，既有趣又重要，但称它们为利他，会让问题变得混乱和无关紧要。用哲学家菲利普·基彻（Philip Kitcher）的话来说就是："对于我们而言，重要的利他通常不会以达尔文主义的生殖能力方式来衡量……它与个体的意图有关。"（Kitcher，1998，p.283）

利他作为帮助行为

如果考虑到意图，我们就会从采取有益的行为转变为帮助行为。称后者为利他，在灵长类动物学家和其他动物行为学的学生中很流行，尤其是那些认为利他存在于非人类物种中的人。有的心理学家认为年幼儿童也会利他，这一说法在他们之中也很流行。例如，灵长类动物学家和心理学家弗兰斯·德瓦尔（Frans de Waal）提到"定向利他"，也就是他说的"针对有需要、痛苦或困扰的个体的帮助或安慰行为"（de Waal，2008，p.281）。他还谈到"有针对性的帮助"，将其定义为"基于对他人特定的需求或情境的认知体谅的帮助和关怀"（p.285）。这些定义中的"指向""定向"和"基于"不仅仅意味着我的行动让你受益——它是有益的——也意味着让你受益是我的意图，我想要帮助你。现在，我们的讨论中已经涉及了动机。不过，我"为什么"要帮你，在这个问题中还没提到。而且正因为如此，德瓦尔的定向利他包括了序言中拉·罗什富科的考虑，比如我们因为爱自己而帮助他人。它还包括曼德维尔为了避免内疚，救助要被投入火中的无辜的宝宝。

尽管他的观点很有前途，"将利他重新融入利他"，但德瓦尔只是成功地将帮助行为（相对于有益的）重新投入帮助。如果我把那个人从出租车经过的路上推开，免得因为他的死而受到责怪，或者为了成为英雄才这样做，按照德瓦尔的定义，我也是利他的。这种"定向利他"无疑存在，但是它的存在之所以也不能挑战我们所做的一切，是因为"我们爱自己"这一观点。逃避责备和成为英雄是利己的。

我同意德瓦尔的观点，即区分行动的结果（有益）和目标（帮助）至关重要（de Waal，2008）。但是我们想要回答的问题是另一个区别。我们想知道使他人受益的目标是最终目标（即一个为自己而追求的目标，例如拯救婴儿），还是工具性目标（将其作为实现其他目标的一种手段，例如拯救婴儿是为了避免自己因婴儿摔下而愧疚）。如果我们要回答提出"利他"这个术语时所涉及的人性问题，那这些就是我们必须要知道的。

确定某些行为是目标导向的，要比确定某个目标（例如拯救婴儿）是最终目标还是工具性目标要容易得多。但是，我们的科学探索不能以轻松为准则。有一个古老的笑话：一个醉汉在街上路灯最明亮的地方找钥匙，即使他知道钥匙并不是在那里丢的。如果寻找利他是值得的，我们就需要面对困难，而不仅仅是在光线最好的地方寻找。

利他作为高成本的帮助

2000 年 12 月，《纽约时报周日杂志》（New York Times Sunday Magazine）发布了一项调查结果，它们向读者征集"你曾经目睹过的最无私、最慷慨的行为"。以下是其中的一篇来稿：

> 那时我 13 岁。我们一家人乘车去一个郊区的剧院看传统的星期五晚间电影。该剧院坐落在一条繁忙的马路上。马路对面有我们最喜欢的汉堡包店，我们看到一个小女孩从那里跑出来，后面跟着她的祖父。没想到小女孩冲上了繁忙的马路。一辆车急速行驶停不下来，此时老人立刻跑过去，挡在她前面。他伸手抓住女孩，把她扔了出去，

不让车撞到她。然后随着一声巨大的声响，老人当场被撞死。而小女孩如今已经是一位祖母了。

许多人将利他定义为高成本的帮助。他们通常会引用像这样的例子，即帮助者需要付出很高的代价——通常会失去生命。他们的逻辑似乎是，在这种情况下，帮助的成本必须超过回报，所以帮助者的目的不可能是自利的。这样定义利他有两个问题。

第一，专注于付出的代价，再次转移了我们对最核心的问题——动机的关注。相反，它关注的是帮助者的后果——很高的代价。万一是祖父低估了危险，并没想到拯救孙女会付出生命呢？这样还是利他吗？或者给悲伤的朋友一个安慰的拥抱，是利他吗？拥抱不会付出什么，甚至会给人带来快乐，但目的还是帮助朋友，增加他的利益，而不是你的。按照孔德的想法，不同的目标，而不是不同的后果——无论是帮助者的后果还是接受者的后果——能够将利他与利己区分开来。如前所述，我们需要知道，增加对方的福祉是最终目标吗？或者只是为了增加自身福利的手段。

第二，基于帮助者的代价来定义利他，忽略了自我回报可能随着代价增大而增加的可能性。成为英雄、烈士或圣人的代价，可能非常巨大，但回报也很大。想想一个士兵通过扑向手榴弹来拯救战友，或者是一个人在救生艇上多次把位置让给其他人，最后溺水。他们可能是为了逃避让他人死亡而带来的罪恶感和耻辱感——可能祖父也是如此。或者，他们可能为了获得奖励，尽管转瞬即逝，例如想象中的头条新闻、个人的自豪感或预期的收益。英雄和圣人的崇高举止可能是出于自我利益，这种说法看似愤世嫉俗，但是如果我们要回答人性问题，这是我们必须考虑的可能性。

特蕾莎修女一生致力于为"最贫穷的人"服务，她常说得到的回报远远大于付出的代价。得到这些回报是她的目标还是意料之外的结果？如果是前者，孔德会认为她的动机是利己的；如果是后者，则是利他的。

利他作为道德行为

"利他"一词也常用在另一种有益的行为上：符合某些善良或道德标准的行为。研究道德发展的心理学家经常这样使用。如果一个孩子玩游戏时表现得很公平，知道轮流、懂得分享或试图安慰受伤的人，那这叫作利他。把利他和道德画等号，似乎是源于利他和道德与自身利益有相同的关系。自身利益通常等同于自我主义，也就是道德的对立面。利他等同于他人利益而非自身利益。考虑到这些关系，似乎可以得出以下结论：如果自利是不道德，而利他是不自利，那么利他就是道德。然而，这种逻辑是有缺陷的。说 A（自利）不是 B（道德），C（利他）不是 A（自利），并不意味着 C（利他）就是 B（道德）。苹果不是香蕉，樱桃不是苹果，并不意味着樱桃是香蕉。

除了这个逻辑缺陷外，将利他与道德画等号再次让我们偏离动机问题。我们经常通过行为的后果来判断行为的道德性。很多人认为养活饥饿的人、安置无家可归者、保护受迫害者是道德的。这些帮助不禁让我们怀疑这种行为潜在的动机是什么，但并没有得出答案。做好事是为了帮助需要帮助的人吗？是为了赢得外界的赞誉吗？或者是为了避免自身的罪恶感？按照道德行事可能是出于他人利益驱使（利他）、自我利益激励（自我主义），或者两者皆有。为了区分动机和后果，我始终避免将自私和无私的道德术语等同于利己主义和利他主义。

利他作为获得内部而非外部奖励的帮助

接下来是"利他"一词的两种用法，它们都考虑了其动机的本质，但每一种用法都将利他视为一种特殊的利己。第一种用法常见于社会心理学家，他们将利他定义为使他人受益，以使自己受益——只要对自己的好处是由自己产生的。这样定义，如果你帮助朋友是为了他以后能回报你，抑或是避免你不帮忙对方可能会生气，那么你的动机就是利己的。如果这样做是为了避免自我批评或因为自己的善举而感觉良好，这样动机就是利他的。埃尔文·斯托布（Ervin

Staub）提出了这样的定义：

> 如果亲社会的（如有益的）行为看起来是为了让他人受益，而不
> 是获得物质或社会奖励，那这种行为一般会被认为是利他的。但是，
> 利他的亲社会行为很可能与内部奖赏（以及获得这种奖赏的期望）以
> 及由共情增强的经验有关。（Staub，1978，p.10）

将利己与利他的区别等同于外部奖赏和内部奖赏的区别，再一次让我们从
关注的人类本质的问题上偏离。如果你为了获得内部奖赏而提供帮助，那么你
的目标仍然是获得自我利益。如果使受助人受益是获得最终自我利益的工具和
手段，那么你的动机就是自私的。

也就是说，在寻求外部奖赏和内部奖赏之间，有一个值得注意的区别。外
部奖赏（和惩罚）仅在某些情况下可用，例如你的朋友会知道你有没有提供过
帮助。内部奖赏几乎总是可用的，因为即使没有人知道你是否提供过帮助，你
自己也知道。一旦我们内化了自我管理的标准，并开始实施自我奖赏和惩罚，
这些内部奖惩机制可能比作为帮助的外部自利动机更可靠。

利他作为让他人受益的行为，目的是减少目睹他人痛苦而产生的自我痛苦

采取行动减少他人痛苦，可能是由减少自我痛苦的愿望所驱动的，这一想
法在西方思想中源远流长。它是由托马斯·阿奎那、托马斯·霍布斯和伯纳
德·曼德维尔等人提出的。

这种想法在当代最广为人知的表达方式是唤醒：代价 – 奖励模型（cost-
reward model）由简·皮列文（Jane Piliavin）和她的同事在 1980 年左右提出。
尽管它旨在解释紧急情况下的旁观者现象，但这个模型也很快被用于解释其他
形式的帮助动机。其核心可概括为以下两个命题：

命题1：通常，由看到紧急情况或由紧急情况导致的唤起，会随着紧急情况的增加而变得更加令人不快，因此旁观者有动力去减少它。

命题2：旁观者将选择能最快速、最彻底减少唤起的反应，导致在过程中产生了尽可能小的净成本（成本减去奖励，Piliavin，Dovidio，Gaerther，& Clark，1981，p.281）。

要减轻因目睹他人痛苦而造成的自我痛苦，有一种方法是逃离现场，就像《好撒玛利亚人》寓言中的祭司和利未人一样。以这种方式逃脱，我们可以摆脱造成困扰的刺激。另一种方法是通过帮助减轻他人的痛苦。提供帮助可以消除造成我们困扰的刺激。许多社会心理学家认为，为减少自身痛苦来提供帮助是利他的。但是，同样地，为他人提供的帮助，是实现帮助者自我利益的工具性手段。在这里，利他其实是利己。就像上一个含义一样，这种利他的用法会模糊而不是凸显我们帮助别人是为了他们的利益还是仅仅为了我们自己的利益。这一用法仅仅假设了后者。

利他作为以增加他人的福祉为最终目标的动机状态

我认为利他的当前含义中最有用且与孔德的初衷最一致的，是把利他看作一种动机状态，其最终目标是增加他人的福祉。正如孔德所说，这样定义利他——与利己是相反的，利己也是动机状态，其最终目标是增进自己的福祉。这些定义直面人性问题。因此，在本书中，这就是利他和利己的定义。为了确保这些定义是清楚的，我们将逐词解释它们。

"一种动机状态"。刚刚定义的利他和利己是一种动机，而不是行为。它们是欲望，而不是行动。至少在理论上，帮助行为的驱动可以是利他、利己、两者皆有，或两者皆不是。此外，动机并不总能导致行为。人们是否行动，取决于当时情境里各种可能的行为选择，以及当时的其他动机。

请注意，这里定义的利他和利己是动机状态，不是动机特质。也就是说，它们是人们在某些特定情况下感受到的欲望，而不是依赖于相对稳定的人格特质，即使是能让人经历这些动机状态的特质。因为定义是状态性的而不是特质性的，它们不是在谈论利他者（altruists）和利己者（egoists），而是在谈论利他和利己。

我们可以同时具有多个激励状态或欲望。例如，我可以希望船沉了之后，自己能在风暴中活下来，同时希望别人也能活下来。也就是说，我可以同时具有利己和利他的动机。好吧，如果所有人都存在利他动机，那么我也可以。

"最终目标"。每个定义中提到的动机状态都是目标导向的。也就是说，有动机的人有意识地或不自觉地在想象着未来，并希望未来能发生些什么。我们如何知道动机是目标导向的呢？有两个线索：（1）如果有某种障碍阻止我们直接达成目标，我们就会寻求替代的行为途径；（2）如果达成了目标，那我们的动机就会消失。

但是，是什么促使目标成为最终目标的呢？正如前文提到的"利他是帮助行为"所说的，追求最终目标是为了自己（此处的"最终"是指当前情况下的愿望，既不是抽象的第一个或最终原因，也不是生物学功能）。工具性目标是实现最终目标的一种手段。如果目标是工具性的，并且出现了阻碍其实现的障碍，那么人们就会寻求绕开这个工具性目标而通向最终目标的途径。

回想曼德维尔关于拯救婴儿以避免内疚的例子。如果我在房间对面，而你离得更近，那么我可以责备你，即使婴儿掉进火中，我仍然能达到避免内疚的最终目标。但是，如果我的最终目标是拯救婴儿，那么责怪你就没有用处，因为责怪你并不能救回婴儿。最终目标和工具性目标都应该与意外后果（unintended consequences，有时称为副作用，即 side effects）区分开来，意外后果是非目标的行动所带来的可预料或无法预料的结果。

如果我同时有两个或多个最终目标（即我有多个不同的动机），这些动机可以融合（合作），也可以不融合（冲突）。救生筏可能足够大，或者只能装一个。如果足够大，我的利己动机和利他动机可以合作；如果只能装一个，它们就会产生冲突。

"增加他人的福祉"或**"增加自己的福祉"**。这些短语指出了利他和利己动机的最终目标。如果我希望他人的世界中发生有益的变化，那么增加他人的福祉就是我的最终目标，我的目的本身就是想带来这种改变。如果我想象了一些对自己的世界发生有益的变化（例如为了避免罪恶感或让自己感觉良好），并且希望将其作为一个自身的目标而实现，那么增加自己的福祉便是最终目标。

根据这些定义，利他和利己有很多共同点：都是目标导向的动机，都关注动机的最终目标，最终目标都是增加某人的福祉。但这些共同点也突出了关键的差异：最终目标是谁的福祉？是其他人的还是自己的？

最后，请注意，根据这些定义，利他动机不一定比其他一切动机更强，就像利己动机同样不比其他动机更强。而且，利他动机不涉及自我牺牲。追求增加他人福祉的最终目标通常会让自己付出代价，但也并非总是如此。甚至可能涉及自我利益（预期的或未预期的），但只要自我利益是让他人受益的无心结果，动机就仍然是利他的——记住为你悲伤的朋友提供慰藉的拥抱。

结 论

我相信这些关于利他和利己的动机性定义是忠于孔德的本意的，也符合利己、利他争辩中核心的人性问题。我希望已经把它们解释清楚了。当然，真实和清晰地定义了一个事物，也并不意味着它就存在。想想独角兽：有清楚的定义，但明显不真实。利他是另一只独角兽吗？

这再次回到人性问题。现在，我们更清楚我们要找什么来提供答案。我们作为侦探，学会了如何找出可疑的利他。我们也知道如何将利他与其他几种套用了利他名称的现象区分开，包括几种形式的利己。现在我们已经澄清了对利他含义的探索。

第 2 章

实验也许是验证利他 争议的不二之选

A Scientific Search
for Altruism:
Do We Care Only
About Ourselves

弄清了我们所说的利他的含义，也许我们的研究就已经结束了。也许我们不需要用科学来告诉我们它是否存在于我们的动机活动之中。人们通常用逻辑回答利他是否存在的问题，而不是用数据来回答。为他人谋福祉不可能是自己的最终目标，所以孔德认为的利他是不可能存在的。

之所以这样说是因为：如果我主动怀着某种去增加他人福祉的动机，我就会渴望达成这个目标，并在达成目标的过程中感到快乐。此时，我表面上的利他实际上是把我自己的快乐作为最终目标，这意味着我的动机是利己的而不是利他的。

正如哲学家所指出的那样，这种逻辑很聪明，但不具有说服力。因为它混淆了自我的两种概念，以及行动的最终目标和结果。让我们依次对这些混淆进行详细解释。

利己和利他均认为自我是渴望增加他人福祉的代理人（agent）。二者的分歧在于想要得到福祉的客体（object）。利他认为客体是需要帮助的人，而利己认为那个客体就是"我"。在基于逻辑给出的答案中，第一句提到的"我"就是把自我当作代理人（"如果我主动……"），而第二句提到的"我"则是客体，但是这句话被错误地认为我如果是代理人，那也必须是客体（"我自己的快乐……"）。

此外还混淆了以下两种观点：（1）实现目标带给个人快乐（基于结果的观点）；（2）个人快乐永远是我们的目标（基于动机的观点）。在基于逻辑给出的答案中，第一句体现的是第一个观点，即自我行动的最终目标也可能是造福于除我之外的其他人。该观点认为获得快乐是达到目标的结果，而不是目标本身。而第二句中所体现的第二个观点则可能与利他不一致，它是对一个可能为真也可能为假的事实所下的断言。它断言利他动机不存在，但并没有从逻辑上排除它存在的可能性。这一论断将我们带回需要用科学来解决问题的正题上来。为了使用科学的方法去发现情况或问题，我们需要一个可行的研究策略。

制定可行的研究策略

正如在第 1 章中所说的，助人行为不仅使受助人受益，帮助者也能获得好处。因此，根据我先前采用的定义，帮助一个需要帮助的人既可以是利他的，也可以是利己的（或者两者兼而有之）。要知道，一个人有意通过施以援手的方式来让一个需要帮助的人受益，这本身并没有说明该行为背后的动机的本质。如果要确定该动机是利他的还是利己的，我们需要知道帮助者是把受助者的获益作为最终目标而自己的获益是意外结果，还是把受助者的获益作为工具性目标而用以达成让自己获益的最终目标。前者是利他，后者是利己。研究问题的逻辑结构如表 2–1 所示。

表 2-1　　　　研究问题的逻辑结构：让受助者获益是最终目标还是工具性目标

	帮助的结果	
帮助动机的本质	受助者获益	帮助者获益
利他	最终目标	意外结果
利己	工具目标	最终目标

过早投降

但是，如果帮助行为既有利于受助者，也有利于帮助者，那么我们如何才能确定哪一个是最终目标？更普遍地说，如果两个目标是通过相同的行为实现的，那我们如何知道哪个目标是最终目标？这一难题导致许多科学家放弃了探讨利他动机是否存在的问题，并得出结论说这个问题无法通过实验来回答（这些科学家经常补充或暗示了解动机的性质并不重要，就像伊索寓言里"酸葡萄"故事中的狐狸那样）。

我觉得现在放弃还为时过早。尽管利他的存在问题涉及的是动机而不是直接可观察的行为，但它仍然是一个实证问题。它是一个事实性问题——帮助者的最终目标。我认为我们可以实证性地分辨他人的最终目标。事实上，我们经常这样做（当然，可能并不总是那么准确）。我们会分辨一个学生是否真的对学习感兴趣，还是只为寻求一个更好的成绩？为什么你的朋友会在几种可供挑选的工作中选择了当前这份工作？政治家是否言出必行，还是仅仅为了选票？我们会分辨别人帮我们是出于恩惠，还是出于善良。我们是怎么做的呢？下面的一些例子给了我们一些启示。

苏西、弗兰克，还有音乐会

苏西和弗兰克一起工作。一天早上，爱好音乐的苏西对低调而富有的弗兰克非常热情。弗兰克吃惊地说："苏西终于发现了我的魅力了吗？还是她破产了，想让我带她去参加这周末的音乐会？"他质疑她的最终目标——苏西是对他还是对音乐会感兴趣？就目前的情况而言，弗兰克缺乏做出清晰推论的信息。但是，想象一下，当苏西吃完午饭回来打开邮件时，发现父亲给她寄来了两张音乐会的门票，如果她爱答不理地经过弗兰克，走过去邀请约翰参加音乐会，那么弗兰克就可以相当肯定（并且懊恼）地推断出她先前无事献殷勤的最终目标。

这个简单的例子强调了在推断最终目标时需要考虑三个重要原则。

第一，正如前文已经说过的，无法直接观察一个人的最终目标，只能根据这个人的行为来间接推断。弗兰克从苏西有了门票后的行为中就可以推断苏西的最终目标。当我们试图判断学生是否真的对学习感兴趣时，可以这样做：观察考试结束后，学生的兴趣是否发生变化。

第二，如果我们观察到某一行为有两个可能的最终目标时，我们就无法判断哪个是真正的最终目标。这就像一个有两个未知数的代数方程，没法得到一个明确的解。这就是弗兰克在午餐前所面临的困境。

第三，如果情况发生变化，我们可以对最终目标做出合理的推断，即先前观察到的行为（苏西对弗兰克的热情）仍然是达到其中一个目标（弗兰克）的最佳方法，而不是另一个目标（音乐会）。当苏西打开邮件后不再关注弗兰克，则可以判断弗兰克并不是苏西的最终目标。因为苏西对弗兰克的热情在她不再需要借助弗兰克去听音乐会后消失了。由此，弗兰克可以得出结论，苏西对他的兴趣只是一种工具性目标，而不是最终目标。但是，如果苏西在得到票后，赶紧邀请弗兰克呢？这说明，弗兰克仍然是苏西的最终目标。那么，对弗兰克的热情仅仅是作为参加音乐会的一种方式的这一目标就被排除在外了。

研究策略的四个步骤

上述三个原则可以衍生出一个策略，从而可以推断个体帮助他人的动机是利他主义还是利己主义。该策略有以下四个步骤。

1. 类比于弗兰克认为可能是苏西发现了他的魅力，我们需要找出利他动机的可能来源。

2. 类比于弗兰克认识到苏西可能是想利用他来参加音乐会，我们需要确定可能的利己主义的最终目标或是其他可能动机的来源。

3. 类比于苏西拿到票，我们需要让情况发生变化，使得人们不必施以援手也能实现他们的利他目标或利己目标（而不是两者都能实现）。在大多数时候，后者的操作是最容易的，就像午餐后苏西可以在没有弗兰克的情况下去参加音乐会一样。

4. 最后，类比于苏西拿到票后对弗兰克变得冷淡，我们需要观察情况发生变化后人们的助人行为是否减少。如果减少了，我们就可以下结论说，替人排忧解难只不过是工具性的行为，助人动机是利己的而不是利他的。如果没有减少，我们就可以把利己目标在清单上划掉。

在序言描述的凯蒂·班克斯实验进行后不久，我和同事们开始使用这个四步骤策略来探讨利他主义的存在问题。

第一步：利他动机的可能来源

我们认为利他动机的可能来源是共情关心（empathic concern），这一来源出自凯蒂·班克斯实验中一个令人不安的意外发现。我们将共情关心行为产生利他动机的说法称为共情 – 利他假说，简称为利他假说。正如你所想象的那样，我们不是第一个提出这一假设的人。几个世纪以来，托马斯·阿奎那、亚当·斯密、查尔斯·达尔文、威廉·麦独孤（William McDougall）等人以不同方式表达了这一观点。在第 1 章中，我解释了利他动机的含义。为了方便解释共情 – 利他假说，在此之前我会先解释共情关心的含义。

共情关心

包括我在内的社会心理学家，经常把假设产生利他动机的情绪状态称为共情。为了清楚地表明这种情绪是对他人需要的反应，我更喜欢用"共情关心"这个词（尽管当上下文允许两个词都可以使用时，我可能使用的是"共情"）。我所说的"共情关心"，是指由需要帮助的人所感知到的福祉所引发的、与其一致的情绪。以下三点可能有助于澄清或区分这一定义。

- 定义中所指的一致性是积极或消极的共情情绪与需要帮助的人所感知到的积极或消极状态的一致性。共情关心具有消极的基调，因为它专门指向需要帮助的人。但并非所有一致的、他人导向的情感都是对需要帮助的人的关心。当对方的状态是积极的，且与对方的感觉一致时被称为共情性喜悦（empathic joy）。共情－利他假说认为，只有当感知到需求时，共情情绪才会产生利他主义动机，因为只有那时才有理由增加他人的福祉。

  请注意，讨论中的一致性在于需要帮助的人所感知到的福祉，而不再是需要帮助的人的情绪状态。共情关心并不要求我们必须和需要帮助的人感受到相同或相似的情感。例如，共情可能包括对感到沮丧和害怕的人感到悲伤或难过；或者对遭受抢劫后深陷昏迷的受害者感到同情，而受害者本人却没有任何感觉。

- 共情关心是一个涵盖性术语，涵盖了一系列指向受助人的情绪。除了关怀，它还包括同情、怜悯、温柔、软心肠、悲伤、沮丧、痛苦，等等。

- 这些被涵盖的情绪也都是他人导向的，因为它们涉及指向需要帮助者的感觉，即为某人感到同情、怜悯、抱歉、痛苦等（这里的"为"表示需要帮助的对象，而不是"代表"或"代替"这个人产生感觉）。被描述为"同情"和"怜悯"的感觉天然是他人导向的，但当一些糟糕的事情直接发生在我们身上时，我们也可以感到悲伤、痛苦和担忧。这些他人导向和自我导向的情绪都被描述为感到抱歉、痛苦和关心。这种滥用会引起混乱。区别的关键不是使用了什么情感标签（例如，悲伤、忧虑、痛苦），而是聚焦于谁的福祉。我是为另一个人感到悲伤、痛苦、担忧，还是因为我曾遭遇过的事情而产生了这种感觉——这可能包括看到另一个需要帮助的人的经历？如果是前者，我感受到的就是共情关心；如果是后者，我感受到的则是个人的悲伤、痛苦、担忧（举例来说，想象一下，如果你看到某位事故受害者拖着一条血肉模糊的腿时，你可能感受到的是个人导向的痛苦）。

比起共情关心这一术语，有些人喜欢使用别的术语来命名共情 – 利他假说中声称的他人导向的情绪是利他动机的来源，例如同情、移情或温柔等词语。只要我们所说的是他人导向的一致性情感，使用不同的词语就是可以接受的。

但是，这里还有另一个更严重的问题。

其他共情性心理状态

如果我交替使用共情关心和共情这两个术语，当然我确实这样做了，那么我需要将共情关心与其不同但相关的、也可以被称为共情的心理状态区分开来。这些状态包括：

1. 了解他人的想法和感受；
2. 像他人一样感受；
3. 想象他人如何感受；
4. 想象你站在他人立场时你会怎样感受；
5. 在目睹他人的痛苦时感到痛苦。

除了这五种状态外，有些人还用"共情"这个词来指代一种为他人感受的一般性性格，即一种人格特质，而不是状态。

第二个例子可能有助于区分这五种状态及其特征与共情关心的区别和联系。想象一下，你和一位朋友在一起吃午饭。她似乎心不在焉、沉默寡言、心情低落。一段时间后她逐渐敞开心扉，开始主动表达并哭了起来。她解释说，她刚刚得知自己因为被裁员而失去了工作。她说她不生气，但感觉很受伤，并且有点害怕。你对她的经历感到很难过，也这么安慰她了。你还回想起自己所在的公司也流传着可能会裁员的消息。这让你感到焦虑和不安，并体验到暂时的解脱。你也许会想："谢天谢地，被裁的不是我！"

你为朋友感到难过的那部分反应就被称为共情关心。但是，共情还存在其他的状态。

1. 了解他人的想法和感受。近年来，知道别人的想法和感受，往往被称为共情。有时候，你很难了解别人的想法和感受，比如一个眼神空洞的独坐在公园长椅上的陌生人。但你了解你的朋友在午餐时的想法和感觉相对来说比较容易。你可以通过她的解释了解到她在想什么（失去工作），从她的语言和行为中就可以知道她的感受（受伤和害怕）。

准确地了解对方的想法和感受似乎是产生共情关心的必要条件（后者是我们所认为的利他动机的来源），但事实并非如此。即使你错误地理解了你朋友的想法和感受，但只要为她感到难过就是共情关心。共情关心要求我们感知对方需要帮助，而并不强调感知的准确性。当然，不管动机的本质如何，基于错误而感知到的担忧所引发的行为往往是被误导的。

2. 像他人一样感受。感受到与他人一样的情感是词典上对共情的常见定义。这也是一些哲学家、神经科学家、心理学家和灵长类动物学家所使用的定义。那些使用该定义的人通常会说，共情者不需要感受完全相同的情绪，只需要一种相似的情绪。但有多相似才足以被认为是"和……感觉一样"（feeling as）呢？如果你为你的朋友感到难过，因为她觉得受伤和害怕，你的感觉是她的感觉吗？不是的。事实上，即使你因为她失去工作而感到痛苦，她的痛苦和你对她的痛苦其实并不一样。她的痛苦是失去了工作，而你的痛苦则建立在她的痛苦的基础之上。

更复杂的是，有时一个人可以感受到与另一个人相同的情感，但我们不会将其称为共情。想想看，两个隔排而坐的篮球迷在主队输掉比赛后都感到悲伤。虽然他们对同一事件有相同的情感反应，但他们的反应是平行的，因而不是共情。

有时，像他人一样感受可以让你更好地理解他人的感受，这反过来会使得你产生共情关心。但是，像他人一样感受是产生共情关心的既不必要也不充分的条件。关于必要性，再次想象一下你为你的朋友感到难过，而无须感到受伤和害怕，只需要知道她感到受伤和害怕；关于充分性，想象一下你在恶劣天气乘坐飞机时，感觉到其他乘客的紧张情绪后，你也会变得紧张。如果把注意力集中在自己的紧张情绪上，你就不太可能感受到他人的紧张。这种情绪传染与所谓的产生利他动机的共情关心有很大的不同。

和他人一起感受是像他人一样感受的一种变体，至少"和他人一起感受"意味着感受的同时性。举例来说，你可能会感到悲伤，因为你希望让你的朋友知道你理解她的悲伤，并且你已经准备好支持她。一些学者将这种感情称为同情（compassion），因为从字面上来说同情就是与别人一同感受。但同情更多地用于为某人感觉，即我这里说的共情关心；而不是和他人一起感受。回想一下善良的撒玛利亚人对被殴打得半死不活的人的反应："当撒玛利亚人看到他时，撒玛利亚人就产生了同情心。"显然，撒玛利亚人是对他的遭遇感同身受，而不是与这个人一起感受，因为这个被殴打的人很可能失去了意识，没有任何感觉。当我用"同情"这个词时，意在表达"为某人感觉"。

3. 想象他人如何感受。自序言中埃兹拉·斯托特兰的研究所描述的方法产生以来，想象他人如何感受的指导语就一直被用作一种让心理学实验的参与者感受到共情关心的方法（就像杰伊·科克和我在凯蒂·班克斯实验中所做的那样）。有学者称这种行为为想象共情。然而，凯蒂·班克斯实验和其他几个实验都明确表明，这种从他人的视角进行想象与共情关心的唤醒方式不同。回到你的朋友，你可能会想象她失去工作的感觉，这样做可能会加剧你对她的悲伤之情。然而，这种想象行为和由此产生的共情在心理机制上是不同的。想象他人的感觉是一种知觉/认知状态，而共情关心是一种情感。

4. 想象你站在他人立场时你会怎样感受。当你倾听你的朋友讲述失去工作的故事时，你想象着如果自己被辞退了，你会有什么感觉。这是斯托特兰的想象–自我视角，观点采择的第二种形式。它也被称为共情。有时，人们会将想象自我视角等同于想象他人视角，但二者其实并不等同。虽然每一种状态都是一种知觉 / 认知状态，但在心理层面和神经科学层面二者还是存在差异的（更多相关证据，见 Batson，Early，& Salvarani，1997；Lamm，Batson，& Decety，2007；Myers，Laurent，& Hodges，2014；Stotland，1969 ）。

如果我并非熟悉或清楚地掌握他人的情况，那么让我想象一下我在这种情况下的感受，可能会为理解和评价他人的困境提供可能必要的有用信息。在这种情况下，想象 – 自我视角可以成为共情关心的垫脚石。

但有时这也会成为绊脚石。当他人与我不同时，想象我会如何站在他或她的立场上思考和感受可能会误导我，特别是当我对我们的不同之处缺乏明确认识时。甚至当他人和我情况相似时，想象我自己的反应可能会抑制我的共情关心。我可能会因为沉迷于自己的感受而忽视他人的需要。倾听朋友谈话时，如果你开始思考自己被解雇的感觉会让你有过多的自我关注：你会焦虑不安并产生"相比之下自己是幸运的"的感觉。这些自我导向的情绪可能会抑制你的共情关心。

5. 在目睹他人的痛苦时感到痛苦。一些学者将"共情"一词应用于目睹一个有需要的人所引起的所有负面情绪，包括你看到朋友难过时感到的焦虑和不安。有证据表明，看到婴儿哭泣时，更频繁地报告感到个人痛苦的父母，具有较高的虐童倾向；相反，低虐童倾向的父母报告说，看到哭泣的婴儿后，他们对婴儿的共情关心增加了。这一结果强调了区分这种以自我为导向的痛苦（通常被称为替代性的个人痛苦）和以他人为导向的痛苦（一种共情关心的形式）的重要性（Milner，Halsey，& Fultz，1995 ）。

为他人着想的性格或特质。你可能具有同情那些需要帮助的人的性格，这种特质可能会放大你对朋友的共情关心。缺乏这种性格的人很少能为需要帮助的朋友着想。即使性格能影响共情关心，此二者也是不同的。共情 – 利他假说认为，利他动机可能来源于特定个人（或群体）在特定情况下对困境的反应。

这是一种情绪状态，而不是一种性格或特质。

在体验共情关心的能力和倾向方面，无疑存在着个体差异。除了能够识别极端个体（如精神病患者），目前仍缺乏可以较好评估个体差异的方法。一些研究者认为，可以通过填写自我报告问卷，询问我们对需要帮助的人有多关心，从而得出一种有效的共情倾向的衡量标准。我认为这样行不通。在我看来，这样的问卷更多测量的是个体关心他人的意愿，并不能为关心他人的程度提供一个准确的指标。

讲到这里，我希望大家已经清楚地了解其他五种心理状态以及特质与我所定义的共情关心有何不同。此外还应该清楚的是，前文提到的共情－利他假说认为，其他心理状态或特质并不能产生利他动机，除非它唤起了共情关心。

共情－利他假说是问题研究策略四个步骤中的第一步。该理论认为对需要帮助的人感到共情关心会产生替人排忧解难的利他动机。接下来让我们进入第二步。

第二步：找出共情诱导帮助最可能的利己主义解释

第二步是找出最可能的利己主义解释，以解释共情关心增加帮助的原因。类似于弗兰克认识到苏西对他格外热情可能只是为了去参加音乐会。正如我在序言结尾所说的，对利他主义的探索也是对利己主义的探索。

在杰伊·科克和我进行凯蒂·班克斯实验的时候，对共情诱导的帮助最流行的解释一直是我所提到的"去除共情假说"（remove- empathy hypothesis）。这一假说认为，我们对需要帮助的人的共情关心是一种不舒服的情绪状态，我们想停止这种感觉。替对方排忧解难只是实现消除自己共情关心这一最终目标的工具性目标。如表 2–1 中最后一行所示，我们的动机是利己的。马丁·霍夫曼（Martin Hoffman）把这简单地解释为："共情痛苦是令人不快的，帮助受害者通常是摆脱痛苦根源的最好方法。"（Hoffman，1981，p.52）

依据共情－利他假说和这个主要的利己主义解释，当我们对需要帮助的人产生共情关心时，我们所面临的情况可以被模拟为图 2–1。有两个可能的最终目标：替别人排忧解难（目标 A）和去除自己的共情关心（目标 B）。图中有一个从目标 A 到目标 B 的箭头。根据利他假说，替别人排忧解难是共情诱导帮助的最终目标，去除自己的共情关心是一个意想不到的结果。相反，去除共情假说认为，替别人排忧解难是达到去除自己共情关心的最终目标的工具性目标。因此，图 2–1 可以理解为表 2–1 的图示。

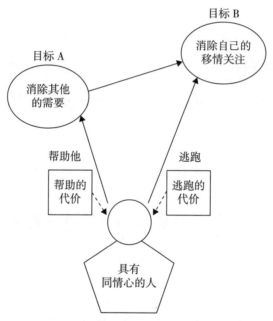

图 2–1　将施以援手和置身事外作为个体产生共情关心的两种可能的最终目标的行为路线示意图模型

与表 2–1 相比，图 2–1 表达了更多含义。该图展示了帮助是如何与每个目标相关联的。如果没有其他人来排忧解难，那么帮助是达到目标 A 的唯一方法（图左侧的实线箭头）。但是，目标 B 既可以通过帮助他人进而去除共情关心的源头（图上方从目标 A 到目标 B 的箭头），也可以通过置身事外（图右侧指向目标 B 的实线箭头）来实现。

此外，图 2-1 还显示了每个相关行为（虚线箭头）可能产生的成本。帮助的代价包括所涉及的时间、费用、努力以及未来寻求帮助的前景，如果帮助无效或不被需要时将面临谴责，以及持续暴露在需要情况下的不适等。逃避的代价包括为了逃离需要情境而付出的体力（通常很小——就像《好撒玛利亚人》寓言中的牧师和利未人一样，后者只是从另一边经过）。更重要的是，逃避的代价包括因未能帮助他人而产生的羞耻感和负罪感，以及失去因做好事而获得的人性光辉。每一组成本都降低了我们参与相关行为（即帮助或逃避）的可能性，即使这种行为会实现我们的最终目标。

当我在 1980 年左右第一次勾勒出这个示意图时，我意识到这些成本是决定共情关心者的动机是利他还是利己的关键。但决定是利己还是利他的关键并非和我预料的一致。为了找到关键决定因素，让我们进入研究策略的第三个步骤。

第三步：改变情况，将他人利益和自我利益分开

第三步是介绍苏西从她爸爸那里得到音乐会门票的功效。也就是说，我们需要改变情况，有时通过图 2-1 左侧的目标 A 的间接路径是实现目标 B 的最佳途径，有时右侧的直接路径更可取。说得更具体点，我们需要改变情况，使得潜在帮助者的共情关心不能被间接去除，或者可以在不解决对方困难的情况下更有效地实现自己的最终目标。到目前为止，操纵这种变化的最优方法，通常也是唯一的方法，就是实验。所以我会先对实验法的优点进行概述。

实验的优点

实验可以看作因果漫画。漫画不是现实的镜子，它是一种有意的扭曲，旨在强调本质特征。但如果做得好，因为本质特征突出，漫画比镜子更能揭示现实。

我们创建具有特定目的的实验漫画，以检验一个或多个因果假设。几乎所有的科学假设都是因果（如果－那么）陈述。共情－利他假说含有因果关系，它可以写为"如果感觉到共情关心，那么就会产生利他动机用以去除共情关心引发的需要"。去除共情假说也有因果关系："如果感觉到共情关心，那么就会产生利己动机用以去除共情。"

实验允许我们通过改变（操纵）"如果"维度（自变量）以及观察对"那么"维度（因变量）的影响来检验假设的因果关系。如序言中凯蒂·班克斯的实验所示，可以通过两种方式对非必要因素进行控制：通过随机分配参与者到自变量条件中，可以对个人（即性格）这一非必要因素进行控制。还可以通过保持环境（即情境）的不变性对这一非必要因素进行控制，就像杰伊和我给所有参与者的关于凯蒂所遭遇困难的信息都是完全相同的，都是同一封求助信，等等。这些实验控制使我们能够更加专注于最重要的事情——对凯蒂的共情关心（自变量）如何影响帮助她（因变量）。

将实验比作漫画是否意味着它们不是自然发生的"现实世界"的一部分？这难道不是个问题吗？"实验社会心理学之父"库尔特·勒温（Kurt Lewin）就该问题给出了一个简短而尖锐的答案。他说："如果我们坚持认为科学只局限于研究自然发生的事件，按照这一要求，如果类比到物理学上，就意味着在实验室研究流体力学是不正确的，人们必须要去调查世界上最大的河流。"（Lewin，1935，p.21）其实，只要漫画中的自变量和因变量能被准确地描绘出来，或者研究被试体验到它们是真实的（因为他们体验到了对凯蒂的感情和帮助她的机会），这种虚拟的实验情景就可以很好地说明问题，甚至是非常可取的。与在现实世界相比，漫画可以让我们更清楚地看到因果关系。

实验如何使我们能够确定共情关心产生的帮助动机是利他主义还是利己主义呢？在序言中我们了解到，通过随机分配被试使其感知到不同的共情关心，这样可以对自变量进行操作上的操纵。而测量因变量——动机的性质（利他主义的或利己主义的）就比较困难。如前文所述，我们无法直接观察帮助动机，因此需要借助系统变化的环境中的行为模式来推断帮助动机的最终目标。

增加操纵变量

实验方法再一次拯救了我们。在实验中，我们可以通过操纵与共情关心相关但又独立于共情关心的变量来系统地改变环境。在这类变量的第一种条件下，被试认为达到最终目标的最好方法是消除对需要帮助的人的共情关心，也就是说，达到图 2–1 中目标 B 的最佳方法是施以援手（左侧的路线），而在第二种条件下，被试认为最好的方法是置身事外（右侧的路线）。随机分配到第二种条件的被试，会在邮件中收到音乐会门票，而分配到第一种条件的被试则没有门票。

帮助的代价。我们可以操纵哪些变量来创建这两个条件呢？要弄清这个问题，关键在于改变成本，但不是大多数人想象的成本。大多数人认为，检测利他动机的方法是改变帮助的成本。假设人们在成本很高时提供帮助，他们的动机必然是利他的。

但是，正如第 1 章中所讨论的，只有当你把利他主义与自我牺牲等同起来时，这种说法才是正确的。如果我们把利他主义定义为一种最终目标是增加他人的福祉的动机状态，那么通过帮助来追求利他主义目标（图 2–1 中的目标 A）的人应该对所涉及的成本较为敏感。帮助的成本越高，有利他动机的人实施帮助的可能性就越小，就像有利己动机的人一样。

为什么会这样？因为对利他主义动机采取行动的冲动会激起一种利己主义冲动，从而以最小的代价实现利他主义目标。这种利己主义冲动与利他主义动机是并存的，并不会取代或削弱利他主义动机，但它的存在意味着，操纵帮助的成本不会让我们知晓帮助是出于利他还是自我获益的动机。只有在极端情况下，比如匆忙救孙女的祖父去世，才会出现预期的忽视帮助成本的利他主义动机（事实上，我怀疑祖父并非没有忽视帮助成本，只是没有发现其他可以救助孙女的方法，所以才愿意付出成本）。

当我首次对共情关心所产生的帮助动机的性质感兴趣时，我认为帮助成本是决定帮助动机的关键因素。当我意识到无法依据成本区分利他主义和利己主义动机时，我深感迷惑。我通过图 2-1 发现置身事外的成本才是帮助动机的关键因素。

置身事外的成本。试想一下，我们把帮助的成本设定在中等水平，代价高昂，但并不极端。此外，假设去除共情假说是正确的，也就是说，假设人们对需要帮助的人产生共情关心的最终目标是去除自己的共情关心。当我们改变置身事外的成本时会发生什么？如果我们设定置身事外的成本高于施以援手的成本，就应该提供帮助。如果我们设定置身事外的成本低于施以援手的成本，就应该置身事外。所以，假如产生共情的人无法摆脱求助情境，这使得他们难以避免共情关心，因此就有可能提供帮助。但是，如果可以通过置身事外来避免他们的共情情绪，他们就会逃避。

现在，假设共情 - 利他假说是正确的，共情关心的最终目标是替对方排忧解难。那么，以上述方式改变置身事外的成本并不会影响他们的帮助率。因为逃避并不是实现最终目标（图 2-1 中的目标 A）的可行路线。因此，不管置身事外是否容易，那些感受到共情关心的人所提供的帮助都应该是一样多的。

总之，尽管我们不能从任何一种情况下的帮助率中推断动机是利他的还是利己的，但是我们可以从 2（逃避的难易程度：容易或困难）× 2（共情关心的程度：低或高）实验设计中的四种条件下的帮助模式进行推断。共情 - 利他假说和去除共情假设都预测，相较于逃避困难的条件，当逃避容易时，共情关心低的人提供的帮助更少。因为两种假设均认为，任何不是出于共情关心的帮助动机都可能是利己的，例如，想要去除因看到对方的痛苦而引起的个人痛苦。但是对于共情关心高的人，预测是不同的。利他假说预测，逃避容易条件下提供的帮助率和逃避困难条件下相似。而去除共情假说预测，逃避容易条件下提供的帮助率比逃避困难条件下要低。表 2–2 和表 2–3 展示了 2×2 实验设计中两种假设对四种条件下帮助模式的预测。

表 2–2　　　　来自共情 – 利他假说的预测（逃避难易程度 × 共情关心的
　　　　　　　　实验设计中的帮助水平假设）

逃避的难度	共情关心	
	低	高
容易	低帮助	高帮助
困难	高帮助	高帮助

表 2–3　　　　来自去除共情假说的预测（逃避难易程度 × 共情关心的
　　　　　　　　实验设计中的帮助水平假设）

逃避的难度	共情关心	
	低	高
容易	低帮助	低帮助
困难	高帮助	高帮助

结　论

　　当我首次依据这些概念进行预测分析时，我花费了相当长的时间——有错误的开始和许多令人头疼的地方。最终，我想到了一个实验设计，该设计能够实证性地检验由共情关心增加的帮助行为是由利他者希望去除产生共情的帮助需要，还是利己引发的去除共情关心的欲望。

　　我们已经准备好迈向研究策略的四个步骤中的最后一步：通过进行实验发现帮助模式。如果模式如表 2–3 所示，即实验结果表明共情诱导的帮助不是利他的，那么我那令人不安的疑虑也将烟消云散。然而，如果模式如表 2–2 所示，就说明去除共情假说的不正确性，我的疑虑也将随之增加。现在是时候收集一些数据，认真对待共情 – 利他假说了。

第 3 章

A Scientific Search
for Altruism:
Do We Care Only
About Ourselves

利他实验的重大疑团

假设你是一名 19 岁的女性，在堪萨斯大学学习心理学导论课程，堪萨斯大学是美国中部的一所大型公立大学。作为课程的一部分，你和其他 800 多名学生将通过参与该系正在进行的多项研究中的某几项来学习心理学研究。尽管你有点担心作为实验对象的自己，但你还是报名参加了你的第一项研究。你不知道这是关于什么的研究，因为这些研究只是通过数字来确定的。

你的第一项研究：伊莱恩实验

当你在指定的时间到达指定的地点时，门口的一个牌子上写着："请坐，实验主试很快过来。"几分钟后，一个穿着实验服的年轻女子走过来并自我介绍，她问你是伊莱恩还是莉萨。当你说你是莉萨（想象这是你的名字）后，实验者会带你进入一个带门的短走廊，通向研究室，然后进入其中一个房间。她让你坐在书桌旁，让你读一篇题为"在厌恶条件下工作的研究"的指导语：

> 由于预算越来越紧，许多小企业的生存空间都变得很有限。结果
> 导致很多企业不得不把办公室设在工厂内部。许多企业的办公事务都

需要集中精力和不间断的思考。而办公室离工厂很近，噪声很大，集中注意力可能很困难，至少对一些人来说是这样。在这种令人厌恶的情况下，有些员工可能工作效率很低，无论是在任务表现上，还是在他们给其他人（如同事、客户等）留下的印象上。

在这个实验中，我们研究了压力条件下的任务表现和印象投射。我们也探究了在一般条件下工作的效率是否会随着在这种条件下工作时间的增加而成比例地增加。

因为这项研究需要两位被试的协助，所以会有一幅图来决定你将担任哪一个角色。一名被试将在厌恶条件下执行一项任务（最多 10 次试次）；在工作期间，厌恶条件是指随机有间隔地出现电击。另一名被试将观察在厌恶条件下工作的个体。这个角色的任务包括形成和报告对工人的一般态度，这样我们就可以更好地评估在厌恶条件下工作时他人对员工的看法有什么影响（如果有的话）。

读完介绍后，你又阅读并签署了一份知情同意书，里面说明：参与这项研究完全是自愿的，你可以随时退出。然后实验者会让你抽签决定你将扮演哪个角色。而你不知道的是，抽签是被操纵的，以便你抽中观察者角色。伊莱恩将是工人。

接下来，实验者把你带到观察室，让你坐在一张桌子前，桌子上有关闭的视频显示器。实验者会让你一个人留下，并叫你先阅读关于观察者角色的说明书，然后阅读一些关于伊莱恩的信息。

了解你的观察者角色

说明书解释说，你不会真正见到这位员工，而是会在闭路电视上观看她进行多达 10 次、每次 2 分钟的数字回忆测试。在每次试次期间，工人会随机受到不舒服的电击。由于设备的限制，设备无法从视觉上捕捉到工人的所有反应，她将被连接到一个皮肤电流反应表（galvanic skin response, GSR）上，该表在电视屏幕的右下方可见。仪表上显示的唤醒程度将呈现伊莱恩对电击的情绪反应，这将有助于你形成印象。观察员说明书的最后一句话是："工人将完成 2 ~ 10 次试次，所有这些试次你都需要观察。"

了解伊莱恩

你读到的关于伊莱恩的信息是她对 14 项关于个人价值观和兴趣问卷的回答，这和你几周前在筛选环节上完成的一样。通过向你展示伊莱恩的回答，让你对她有初步的感觉，能够进一步帮助你形成对她的印象。

当你查看伊莱恩的回答时，你会发现她的好恶和你的很相似。在回答只有两个可能答案的六个问题时（例如，"如果你可以选择，你更愿意住在乡村还是城市"），她的回答与你填写问卷时给出的答案相同。她对其他八个问题的回答（填空和评分）与你的答案相似，但不完全相同。（在丹尼斯·克雷布斯于 1975 年发表的博士论文中发现，那些知道自己在价值观和兴趣上与其他被试相似的被试，他们后来看到对方感到不适时会感受到更多的共情。了解到伊莱恩的好恶与你的相似，也会对你看到她受到电击的反应产生同样的影响。）

一旦你读完观察者说明书和伊莱恩的回答，实验者就会回来报告说伊莱恩已经到达，现在就在工作间里。然后，实验者会打开视频监视器，你看到伊莱恩坐在一张桌子旁正认真阅读给她准备的工人指导书。

伊莱恩准备好了吗

当你正在看的时候，你听到工作间的门开了又关。伊莱恩抬起头来微笑着，进来的人说：

玛莎：（镜头外）嗨，伊莱恩？

伊莱恩：是我。

玛莎：我是玛莎。（玛莎坐在那里背对着摄像机，以便在屏幕的左侧可以看到她脸的右侧和她实验服的右臂。）我将是你在这个实验里的技术员。你有机会看一下吗？你知道我们要做什么吗？

伊莱恩：知道。（微笑）

玛莎：好吧，你知道你最多可以做 10 次试次。当然，你做得越多，对我们越有利。你想做多少次？

伊莱恩：我先做 10 次。

玛莎：10 次你都做？很好，那太好了。（停顿）好的，我和你一起回顾一下要点。我们测试你在厌恶条件下的学习能力，我们使用的条件是一系列的电击。

伊莱恩：是的，我想知道，这是什么样的电击？

玛莎：哦，你知道在地毯上拖着脚走时碰到某种金属物体的感觉吗？对，电击会比那更不舒服两三倍吧。但它们不会造成任何永久性伤害。

伊莱恩：（看起来有点惊慌）永久性伤害？什么永久性伤害？

玛莎：哦，它们根本不会造成任何伤害。真的，那只是一个说法。我们想要确保你明白受到那种真正的电击的感觉，但是它们不会造成任何伤害。在整个实验过程中，它们将处于相同的电击水平，并且随机出现。你永远不知道什么时候会进行电击。

伊莱恩：好吧。

玛莎：如果你有任何问题，请拦住我问，好吗？

伊莱恩：好。

玛莎：你被闭路电视监视着。（对着镜头做手势）有人在观察你对电击的反应。

伊莱恩：好的。

玛莎：（停下来整理她的思绪，然后继续）你用哪只手写字？

伊莱恩：右手。

玛莎：把袖子卷起来好吗？（伊莱恩照做）现在请把你的左手给我。这是针对皮肤的电流反应，它能测量你对电击的生理反应。

伊莱恩：好的。

玛莎：（将皮肤电流反应表传感器连接到伊莱恩左手的第一个和第三个手指，然后将左手放在桌子上，再转向伊莱恩的右臂。）现在，将手臂翻转过来。这是电极膏。（玛莎从一个小塑料管里挤出一些白色的膏状物到伊莱恩的前臂上，并把它摊成一个圆圈）这是为了确保你不会被烧伤。

伊莱恩：烧伤？！什么烧伤？（听起来很担心）

玛莎：（安慰地说）哦，这是另一个说法。这是一个固定程序，确保我们能准确地在你手臂上进行电击。它不会真的灼伤你。

伊莱恩：好吧。（当玛莎将电极连接到她的右前臂）

玛莎：感觉怎么样？太紧了？还是太松了？

伊莱恩：我觉得可能有点松了。

玛莎：（调整电极带）好的，现在怎么样？

伊莱恩：这样更好。

玛莎：很好，我们不想让它不舒服。（停顿）好了，接下来要做的任务是，我会给你读一个由六个数字组成的序列，你重复给我听，你有 5 秒钟的时间来完成。如果你在 5 秒内还没完成，我就读下一个序列。好吗？

伊莱恩：好。

玛莎：在一个试次中会有 10 个序列，然后你会有 30 秒的休息时间。

伊莱恩：好。

玛莎：在我开始读数字之前，你会有一分钟的时间来感受电击。好吗？有没有问题？

伊莱恩：嗯，没有问题。（她有点紧张地笑了笑）

玛莎：好吧。（玛莎转向摄像机，对实验者说）我们都准备好了。你准备好了吗？

这时，实验者会问你是否准备好了。当你说你准备好了时，她会留下你独自观察和形成对伊莱恩的印象。在闭路电视上，玛莎伸手打开皮肤电流反应表，该表会出现在屏幕的右下角（伊莱恩下方），指针在中间缓慢波动，即在刻度表的 –10A ~ 10A。最先是一分钟的随机电击，且无数字呈现。

伊莱恩对电击的反应很糟糕

前一两次电击让伊莱恩吓了一跳，她露出了一丝苦笑。皮肤电流反应表上的指针略微向上移动，但仍保持在正常范围内，如图 3–1 中的顶部照片所示。（视频中截取的这些静态照片并不能很好地显示实验效果，但在闭路电视上，你可以很容易地看到底部的皮肤电流反应表上的刻度，以及显示的唤醒水平。）在没有数字的第一分钟，通过第一次回忆试次，伊莱恩试图保持冷静，但仪表上的指针正在上升——证明她发现电击很不舒服（见图 3–1 中的第二张照片）。在第二次试次接近尾声时，针头偏右，表明唤醒程度很高，伊莱恩在回忆任务上犯了很多错误。最后，当她在试图重复数字时被电击，她声音嘶哑、皱眉蹙额（见图 3–1 中的第三张照片）。这时，玛莎打断了实验。

图 3–1　伊莱恩对不断加强的电击的反应

玛莎：你还好吧？（她向镜头挥手）等一下。有什么不对劲吗？是有什么困扰到你了吗？

伊莱恩：不。（伊莱恩看起来很不舒服，皮肤电流反应表监视器仍然显示高唤醒状态）

玛莎：你确定吗？你看起来感觉不太好。嗯。我是说，是不是……

伊莱恩：它们——实验会让每次的电击都变得更加强烈吗？

玛莎：（明显担心）你觉得这些电击越来越强了？

伊莱恩：嗯。

玛莎：不，不，它们一直在同一水平，根本没变。

伊莱恩：嗯，但看起来它们越来越强烈了。

玛莎：嗯。这很奇怪，因为到目前为止还没有人这么想。不，我们对你是坦诚的。它们——电击是在同一水平。（停顿一下）你觉得电击越来越强烈了？嗯。（玛莎似乎不确定，有点困惑。）

伊莱恩：你能给我拿杯水吗？

玛莎：嗯……当然。

玛莎离开去拿水。当她离开时（大约90秒），伊莱恩静静地坐着。

在这段休息时间，实验者进入观察室，给你一份简短的问卷，评估到目前为止你对伊莱恩的印象，然后离开。当你完成问卷后，实验者返回，收回问卷，然后再次离开，就像玛莎给伊莱恩拿水回来一样。

玛莎：（玛莎坐下来递给伊莱恩一杯水）给你。

伊莱恩：谢谢。

玛莎：哎呀，你真的看起来不太好，你知道吗？我在想——你在为电击或相关的问题困扰吗？有什么原因让你很困扰吗？

伊莱恩：嗯，是的。（羞涩的微笑）或许我该告诉你。

玛莎：是的。

伊莱恩：我小的时候——呃——有一次骑马，我从马上摔了下来，撞上了带电的围栏。医生说那是我生命中一次很严重的创伤。

玛莎：是吗？（停了一下）天哪，我不知道。如果你不想继续也可以停止实验。

伊莱恩：哦，不，我想继续。我会继续并完成。

玛莎：你确定吗？我不知道。（停顿）因为你看起来真的不太好，而且我不认为你继续下去是个好主意。

伊莱恩：不，既然开始了，我就想坚持下去。我会继续。

玛莎：好吧，我很佩服你想坚持完成你已经开始的工作的态度。但我们已经中止了一次试次，如果你感觉不舒服，或是这会困扰你，也许停下来不再坚持会更好。

玛莎：（不确定）嗯……

伊莱恩：我知道你的实验很重要，我想做。

玛莎：是的，这对我们很重要，我们需要被试，但我们并不是非得要你参与进来。我们可以用其他被试。（停顿）我认为在这种情况下，做对你最好的事情更重要。

伊莱恩：（放心）我会没事的。

玛莎：（停顿一下，然后她好像有了一个想法）如果我们有人代替你，而你不觉得自己在中途离开我们，你会不会感觉好些？

伊莱恩：哦，我可以继续完成。

玛莎：好吧，但是如果有人代替你，你会感觉好点吗？

伊莱恩：嗯，我想是的。

玛莎：好吧。我告诉你，也许我们可以把你换成观察者。这本来是心理学导论课的另一个学生在做。我看看这样可以吗？

伊莱恩：（看起来松了口气）你可以问问。

玛莎：好的，我和实验主试核实一下。（玛莎起身离开）我关掉设备，好吗？所以你可以放松一下。

伊莱恩：好吧。谢谢你！

帮助的机会

当设备关闭时，屏幕变为空白。大约 30 秒后，实验主试进入你的观察室说：

好吧，我想你已经看到了，伊莱恩觉得厌恶的环境让她很不舒服。玛莎想知道你是否愿意帮伊莱恩代替她的位置。在你做决定之前，让我先说明一下这会涉及什么。

首先，你没有义务代替伊莱恩。我是说，如果你想继续你观察者的角色，那没关系。你碰巧抽中了一个观察者的角色。

如果你决定继续做观察者，我需要你观察伊莱恩剩下的试次。在你观察完并回答了一些关于你对伊莱恩印象的问题之后，你就可以走了。

如果你决定代替伊莱恩，她会来这里观察你，你会做厌恶条件下的电击试次。然后你就可以走了。

你的选择是哪个？

想象一下，作为观察者，你该如何回答刚刚被问到的这个问题。花一分钟尽可能诚实地考虑一下你会如何选择。

是否与伊莱恩交换位置

你做了什么决定？如果你和大多数人一样——处在刚才描述的情境下——你决定（也许有些不情愿）帮助伊莱恩，与她交换位置。1979 年，当我和同事们进行这项实验时，11 名被试中有 9 人（82%）愿意提供帮助，即交换位置。作为一个典型的回答，下面是实验者和我称之为玛丽（Marie）的被试之间的交流。

实验者：你想做什么？

玛丽：嗯，我真为她难过，因为她真的很难过。但如果她已经做了两次，她就不必再做了，是吗？

实验者：她会继续完成的。

玛丽：哦！（长时间的停顿；玛丽先是看起来很担心，然后又勉强接受了）

好吧，那么我想我会做这些，因为我不想让她做——我的意思是，我不想看到她非得去做。

实验者：好的，没关系。你想做多少次？还有剩下的八次试次。

玛丽：（又停顿了很长时间，然后很安静地说）我不知道……我想……八次。

实验者：好的。我去告诉玛莎你的决定。

在那些决定不提供帮助的人中，有一个典型的反应，比如说，它来自艾米。

艾米：（在描述了备选方案之后，在实验者有机会问艾米她想做什么之前）我想我宁愿做观察者。

实验者：好的，没问题。我去告诉玛莎你的决定。

当实验者去告诉玛莎的时候，不管你的决定如何，你都会完成另一份印象问卷。然后实验者回来，仔细地调查，并向你询问。在询问中，她解释了研究的真正目的。她还解释说，你在电视上看到的是所有被试看到的录像带（使每名被试都能面对完全相同的情境和帮助机会），而伊莱恩实际上没有受到任何电击。

共情 – 利他假说与主要利己假说一较高下

是时候考虑一下为什么要进行这个实验，以及结果揭示了什么。其目的是解决这样一个问题：当我们帮助他人时，我们的最终目标是否总是为了造福自己。考虑到这一意图，以你的经验，极高的帮助率又说明了什么？

就其本身而言，我不认为它告诉我们任何东西。为了理解原因，让我们回到第 2 章中概述的四步研究策略中的前三步。

第一步是找出利他主义动机的可能来源，最终目标是增加他人的福祉。基于凯蒂·班克斯的实验结果和几个世纪以来诸多学者的观点，我们认为共情关心是一个可能的来源。这种可能性在共情 – 利他假说中得到了印证。

第二步是找出最有可能的利己解释，解释这个来源所产生的帮助动机。我们确定了去除共情假说，即共情关心是一种令人不快的情绪状态，我们帮助一个我们感觉到共情的人的最终目标是消除我们的这种共情。长期以来，这种解释一直是利己主义的主要嫌疑。

第三步是系统地改变环境，这样我们就可以知道共情导致的帮助的最终目标是消除他人的痛苦（利他主义）还是消除共情关心（利己主义）。我们发现，2（逃避的难易程度）×2（共情关心的程度）的实验设计可能可以解决这一问题。这个设计分别从表 2–2 和表 2–3 中的共情 – 利他假说和去除共情假说中得出了相互竞争的预测。

改变电击程序以设计 2×2 实验

你观察伊莱恩的经验与这个 2×2 实验设计有什么关系？它满足表 2–2 和表 2–3 中右下角的"难逃脱 / 高共情"单元格的条件。很难摆脱伊莱恩的需要：一是实验明确规定你要观察她的所有试次；二是若让她来说，她会做 10 次。有了这两条信息，你就知道如果你选择不代替她，你就会看到她还要再经受八次惊吓的考验。通过让你相信你和伊莱恩有着非常相似的价值观和兴趣，这加深了共情的程度。

我们的竞争假说——利他和移除共情——预测这些情况下的帮助率会是多少？如表 2–2 和表 2–3 所示，每一个预测的比率将会很高。当逃避很困难时，帮助是消除伊莱恩的需要和观察者（你）共情关心的最好方法。因此，尽管我们发现了高帮助率（82%），但这一发现并没有提供有力的证据，来证明哪些相互竞争的假说是错误的，哪些可能是正确的。这里我们和第 2 章提到的午餐前的弗兰克一样陷入了困境。

如果这个单元格中的帮助率是有用的，我们需要在 2×2 实验设计的其他三个单元格的帮助率的背景中看到它。幸运的是，在你观察伊莱恩的情况下，其他三个单元格的创建变得容易了。那是我和同事们在考虑到这一点的情况下构建的。让我们从"难逃脱／高共情"单元格顺时针开始，并指定如何通过更改来创建其他三个单元格。让我们看看在每个单元格中发现的帮助率，并将它与预测情况进行比较。

创建"难逃脱／低共情"单元格（左下角）所需的唯一改变是改变伊莱恩对 14 项个人价值观和兴趣问卷的回答。让你看到她的好恶和你没有相似之处，并让你发现你们非常不同。比如你喜欢乡村，而她喜欢城市，诸如此类。剩下的步骤和你在"难逃脱／高共情"单元格中所体验的完全一样。在被分配到"难逃脱／低共情"单元格的 11 名被试中，有 7 人选择帮助伊莱恩（64%），这一比例同样很高（两个"难逃脱"的单元格的比率在统计学上没有差异。）但是，由于我们的两个相互竞争的假说也预测了在这方面的帮助率很高，这个结果并没有说明在我们的调查中应该排除哪一个假说。

"易逃脱／低共情"单元格（左上角）需要进一步的改变，观察者要观察的试次次数也要改变。对于这个单元格的被试，观察者说明书的最后一句话是："虽然工作人员将完成 2 ~ 10 次试次，但你必须观察的是前两次。"当实验者在决定时间检查选项时，她说："如果你决定继续担任观察者的角色，你已经完成了对这两个试次的观察，所以你只需要回答几个关于你对伊莱恩印象的问题，你就可以自由地离开了。"否则，这个过程与"难逃脱／低共情"单元格的内容就雷同了。

观察的试次数量的这种变化可能看起来很小，但它对帮助率有很大的影响。在 11 名被随机分配到"易逃脱／低共情"单元格的被试中，只有两人选择代替伊莱恩（18%）。这一比率明显低于每个难逃脱单元格的比率。不过，这两个假说又一次预测到了这一点。

总结来看，前三个单元格的帮助模式与每个假说预测的一样。但是因为它们预测的是同一件事，所以这个模式不允许我们知道哪个假说是错误的。不过，这些单元格中的模式还是至关重要的。它提供了必要的环境来解释最终单元格中的结果，这个单元格的预测确实不同。

"易逃脱/高共情"单元格（右上角）的创建如你所料。"易逃脱"与"易逃脱/低共情"单元格完全相同：观察者将不再观察试次。"高共情"的产生与"难逃脱/高共情"单元格完全相同：伊莱恩的表现也类似。除了这个新的配对，该过程和其他每一个单元格都是一样的。在随机分配到这个单元格的 11 名被试中，有 10 名（91%）被试提供了帮助。这种高帮助率符合共情－利他假说的预测（见表 2–2），而与去除共情假说的预测相矛盾（见表 2–3）。

评估证据

然而，"易逃脱/高共情"单元格中的帮助率本身无法解决争论。为了理解原因，假设我们发现在"易逃脱/低共情"单元格中帮助的比率也很高，这也许是因为我们试图提供容易逃脱的尝试失败了，而且在所有四个单元格中都很难逃脱。那么，"易逃脱/高共情"单元格中的高帮助比率将呈现出完全不同的意义。这表明，这个单元格实际上是另一个"难逃脱/高共情"的单元格，这两个假说都预测了很高的帮助率。因此我们的结果将是不确定的。

只有综合 2×2 实验设计的所有四个单元格的帮助模式才能解决争论。这种模式如图 3–2 所示。如你所见，它符合表 2–2 而不是表 2–3 的预测。在"易逃脱/低共情"单元格中帮助率很低，而在其他三个单元格中，每个单元格的帮助率明显更高。按照四步研究策略的逻辑，这个模式表明我们应该把共情－利他假说保留在我们可能的质疑名单上，并划掉去除共情假说。设计中没有一个单元格能够回答共情关心是否是产生利他动机或利己动机的原因，但这四个单元格一起可以回答这个问题。

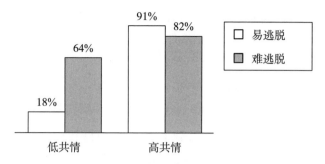

图 3-2　在逃脱容易程度 × 共情关心实验设计中每个单元中帮助伊莱恩的
被试比例（用相似度来操纵共情关心）

怀疑。 更多的信息可能有助于你评估这个实验的结果。是否有一些被试怀疑伊莱恩真的被电击了？根据实验者的仔细调查，另外四名被试（每个单元格一个）被排除在样本之外，因为他们表示怀疑而被替换。考虑到这个低比率和它在单元格间缺乏变异性，怀疑并不是对结果模式的一个合理的解释。

对需要的感知。 重要的是要知道所有被试是否认为伊莱恩是需要帮助的。如果一个或多个单元格里的人没有感知到伊莱恩的需求，他们就没有理由帮助她。我们通过休息期间填写的问卷中的一项检查了对需求的感知："在你看来，工人厌恶的条件（随机电击）有多不舒服？"（1 = 一点也不；7 = 极度）。对这个问题的总体平均回答（平均值）为 6.25，各单元格之间没有可靠的差异。在每个单元格中，最常见的反应（模式）是 7。显然，所有四个单元格的被试都认为伊莱恩是相当需要帮助的。

操纵检验。 如果可能的话，检查每个实验操作的有效性总是很重要的。为了检查相似性的操作，被试在休息时会被问道："你和这个工人有多相似？"两个高共情单元格中的人认为伊莱恩和他们的相似程度要比两个低共情单元格中的相似程度更高，这表明了这种操作的有效性。我们想不出一个直接的问题来检查逃避操纵的容易程度而不引起怀疑，所以我们没有问。不过，我们有充分的理由认为这种操纵是有效的。在做出帮助性决定之前，每名被试都会被提醒，如果她决定不代替伊莱恩，她是否会再观察更多的试次。而操纵对低共情单元格帮助率的影响也证明了它的有效性。

实验者偏见。实验者是否会通过巧妙提示被试应该如何回应而使结果产生偏差？排除实验者偏见的可能性的最好方法是让实验者不知道被试在哪一个单元格，直到所有的测量完成。这样的话，即使想得到偏差反应，实验者也不知道要提供什么线索。我们尽可能做到了这一点。直到做出帮助性的决定之后，实验者才知道伊莱恩的兴趣和价值观是相似还是不同，而且她不知道被试要观看多少次试次，直到准备提出决策选项之前。这些预防措施，再加上低共情和高共情条件下易逃避操作的效果截然不同，这就排除了实验者偏见作为帮助模式的干扰。

再试一次……再试一次……再试一次

尽管有了结果和保证，但你可能会觉得一个实验的证据不足以排除对利己假说的质疑，就像去除共情假说一样。如果你有这种感觉，你的感觉就像我第一次看到这个实验的结果时一样。我还没有准备好放弃关于所做的一切都是为了自己利益这个假说，我需要更多的证据。最直接的是，我想用相同的电击程序对表 2–2 和表 2–3 中的竞争预测进行测试，但对伊莱恩的共情关心要比相似性更直接。

更直接地运用共情关心

正如序言和第 2 章所讨论的，看到另一个人遭受身体不适，至少可以引发两种性质不同的情绪状态。首先，可以是共情关心（他人导向的感受，如同情、怜悯和温柔），其次是个人痛苦（自我导向的感受，如不安、惊慌和焦虑）。在缺乏关于伊莱恩是否与被试有相似或不同情况的信息时，看着她对电击做出糟糕的反应，似乎会引起被试相当高程度的共情关心和个人痛苦。

有鉴于此，我和我的同事们认为，如果我们能让被试扮演观察者的角色，把这些情绪状态中的其中一种错误地归因于其他方面，比如他们服用的药物，那么他们应该把自己对伊莱恩的痛苦反应作其他归因。也就是说，如果他们把个人的痛苦感归因于药物，他们对伊莱恩的反应就应该主要是共情关心；如果他们把自己的共情关心归因于药物，他们对伊莱恩的反应就应该主要是个人痛苦。

我怀疑我们能否找到一种方法来制造这些差异。但如果可以找到，那我们将为竞争性预测提供一个更直接的测试。所以，尽管我对此怀有疑虑，但这似乎值得一试。事实证明，结果也确实如此。

当被试（同样全是女性）参加第二个伊莱恩实验时，她们没有阅读在本章开头提到的导言，而是阅读了以下内容：

> 本学期我们同时进行两项研究，以便更有效地利用被试和实验者的时间。我们会通过抽签来决定你将参加哪个实验。这两项研究的程序是相互关联的，因为第一项研究涉及时间延迟，第二项研究需要观察者的协助。在时间延迟期间，第一个研究的被试将作为第二个研究的观察者。因此，你有必要对这两项研究有一个大致的了解。
>
> 请仔细阅读以下两段简要说明，以便你更好地了解我们正在调查的内容。

药物米伦坦纳对短期记忆的效应研究

> 近年来，神经化学家的研究主要集中在长期和短期记忆的记忆过程上。先前的研究已经证明，高水平的神经递质血清素能使记忆过程更有效地发挥作用。药物米伦坦纳（Millentana）中的一种酶被认为可以提高大脑中血清素的水平。这种修改可以提高短期记忆的回忆能力。这项特别的研究旨在确定米伦坦纳是否真的提高了一个人的短期记忆能力。

厌恶条件下的任务绩效研究

> 在这项研究中，我们正在评估厌恶条件对任务绩效的影响。在预

算紧缩的情况下，许多小企业的空间都变得很有限。许多这样的企业不得不把办公室设在工厂内部。办公室里的许多事务都需要集中精力和不间断思考。办公室离工厂很近，噪声很大，至少对某些人来说，集中注意力可能很困难。在这些令人厌恶的条件下，无论是在任务表现上还是在他们所营造的人际氛围中，有些员工的表现可能是无效的。在这项实验中，我们探讨了一系列人格变量与压力条件下的任务绩效之间的关系。被试将在厌恶条件下完成学习任务。在学习任务中，随机且有间隔地出现轻微的电击会产生厌恶的条件。

在阅读了指导语并签署了声明后，被试进行了抽签。其实抽签是做过手脚的，所以她们总是被分配到第一项研究中，即米伦坦纳对短期记忆的影响。这节课的一个学生——伊莱恩，被分配到研究厌恶条件下的任务表现。

米伦坦纳的魔力。然后被试得到了关于记忆研究和药物米伦坦纳的更多信息：

> 为了评估米伦坦纳对短期记忆的影响，你将被要求在服用米伦坦纳胶囊的前后分别完成一项记忆任务。对于每项记忆任务，你将得到一个有25个单词的列表，你将有2分钟的时间来研究和学习它们。接下来，你会有15秒的休息时间，然后你将有1分钟的时间写下所有你可以重新记忆的单词。在完成第一项记忆任务后，你将得到一粒米伦坦纳胶囊。（你应该知道，除了对短期记忆的短暂影响外，米伦坦纳在被吸收的过程中也有副作用。服用胶囊前，你将充分了解这种副作用的性质。）大约需要25分钟，药物才能被吸收。在此期间，你将观察参与任务绩效研究的人员。当米伦坦纳被吸收后，你将完成第二项记忆任务。

一旦被试完成了第一项记忆任务，在服用米伦坦纳胶囊之前，他们会得到一份"关于米伦坦纳的知识陈述"的说明，阅读后要签名。这种说法有两种版本。版本一的内容如下：

> 由军医局长办公室（office of the surgeon general，OSG）进行的广泛测试表明，米伦坦纳没有长期效果。然而，人们相信米伦坦纳对短期记忆有促进作用。这种影响持续时间很短。此外，我们在本项研究中使用的口服米伦坦纳也有副作用。在全神贯注之前，米伦坦纳会使人产生一种明显的不安和不适感，这种感觉类似于你在阅读一本特别令人痛苦的小说时可能会经历的那种感觉。你应该在摄入后的前 5 分钟内开始注意这种副作用。药物完全吸收后，25 分钟内副作用就会消失。

这一版本的陈述是由随机分配的被试阅读的，他们被随机分配到一种可体验到强烈共情关心的实验情景，然后观看伊莱恩的反应。那些被分配到体验个人痛苦对照组的人读到的是完全相同的陈述，除了一点有所区别："在药物完全吸收之前，米伦坦纳会使人产生一种明显的温暖和敏感的感觉，这种感觉类似于你读一本特别感人的小说时的感受。"

所有被试都签署了"知情同意"（而且正如你所想象的那样，没有人反对我们使用口服形式的米伦坦纳，即使它有副作用，也没有人反对我们采取注射形式）。以消除实验者偏差的可能性，实验者直到采取了所有措施后才知道每名被试阅读并签署了哪个版本的声明。

观察伊莱恩。 在服下米伦坦纳胶囊（实际上是一种没有副作用的安慰剂）后，被试被告知他们要担当观察者的角色。除了最后一句话外，这些说明与前一个实验中使用的相同。易逃脱单元格的被试读道："虽然工人将完成两次试次，但你只观察第一次。"难逃避单元格中的参与者读道："工人将完成两次试次，两次试次你都将观察。"由于第一次试次和服用米伦坦纳胶囊需要的时间，因此本试次只有两次试次记忆任务。

接下来，被试通过闭路电视观看伊莱恩对电击的强烈反应（实际上也是一盘录像带）。伊莱恩和玛莎互动的脚本与你之前读过的记录相同，只是只有两个可能的试次，伊莱恩说她会做这两个试次；或者伊莱恩对电击的反应导致玛莎在第一次试次结束时中断了程序。两个新来的被试分别扮演伊莱恩和玛莎。

服用米伦坦纳的感受。在这项实验的休息期间，被试得到了一份由 28 个情绪形容词组成的列表，他们被要求圈出服用米伦坦纳胶囊后所经历的任何一种情绪。该列表包含 10 个反映共情关心的形容词（同情、善良、富有同情心、温暖、心软、温柔、共情、关心、激动、感动）和 10 个反映个人痛苦的形容词（惊慌、烦恼、困扰、不安、烦恼、担心、焦虑、紧张、悲伤、苦恼）。这项措施提供了一个检查，以检查被试是否认为米伦坦纳会产生他们预期的情绪副作用。此外，它还通过提醒被试，他们对任何被指定为副作用的情绪的体验可能是由米伦坦纳带来的，从而加强了共情操作。

正如预期的那样，阅读不同版本的"知情同意"影响了对由米伦坦纳引起的情绪的感知。在个人痛苦主导（低共情）单元格中，被试圈出了更多的共情关心形容词。在高共情关心（高共情）单元格中，被试圈出了更多的痛苦形容词。

帮助的机会。当玛莎拿着一杯水回来时，屏幕上的互动和第一次实验时一样：伊莱恩解释了她童年时用电栅栏的经历。玛莎建议她停下来，但伊莱恩说她想继续下去。玛莎突然想到观察者可能愿意帮助伊莱恩顶替她的位置。设备关机，屏幕一片空白。

不久之后，实验者进入了观察室，并提供了帮助机会。在容易逃脱的单元格里，被试被提醒，即使他们选择不代替伊莱恩，他们也不会再看下去了。在难以逃脱的单元格里，如果他们选择不代替她，他们会观看伊莱恩的第二次试次。和以前一样，实验者不知道被试是否必须观看第二次试次，直到呈现提供帮助的机会。

对伊莱恩的感受。在被试表明他们是否愿意帮忙之后，实验者（表面上）

去告诉玛莎他们已经做出的决定。当实验者不在时，被试填写了一份调查问卷，评估他们对观察伊莱恩的反应。为了检验共情操作的有效性，本问卷的前两个项目询问了被试在观察过程中经历的"不安"及"温暖和敏感"程度（1=无；9= 非常多）。为了评估对需求的感知，最后一个问题问工人厌恶的条件（随机电击）有多不舒服（1= 一点也不；9= 非常不舒服）。完成此问卷后，实验者返回，询问被试对观察伊莱恩的反应，探究怀疑，并进行汇报。没有第二个记忆任务。

与前一个实验一样，在 2（逃避的容易程度）×2（共情关心）设计的所有四个单元格中，被试都认为伊莱恩有明显的需要。最后一个问题的平均回答是8.07 分，在 1 ~ 9 分制中，没有明显的差异。

为了证明共情操作的有效性，个人痛苦占主导的被试报告说，由于观察伊莱恩，他们经历了比温暖和敏感更多的不安。在高共情关心的单元格中，被试感受到更多的温暖和敏感，而不是不安（这两种方法中没有一种是容易逃脱的）。这种模式——与由于米伦坦纳效应（之前描述的）产生的相反模式相结合——与被试对药物副作用的错误归因产生的期待一致，即他们对伊莱恩的主要反应变成了另外一种情绪。

不得不说，对于这样的结果，我很惊讶。通过告诉被试米伦坦纳会引起"不安和不适"的感觉，而不是"温暖和敏感"，这成功地操纵了被试对伊莱恩的共情关心的程度。前者报告他们感觉到了强烈的共情关心，后者报告他们感受到了强烈的个人痛苦。我一直不相信我们能让这种操纵再次奏效，但至少这一次它显然做到了。

帮助伊莱恩的动机是利他还是利己？ 鉴于我们成功地操纵了共情，我们可以再次检验我们的竞争假说。图 3–3 显示了实验中每个单元格的帮助率。正如你所看到的，结果再次符合利他假说（见表 2–2）预测的模式，而不是去除共情假说（见表 2–3）。帮助在"易逃脱 / 低共情"单元格中较低，而在其他三个单元格中则较高。

这次实验所引起的猜疑比前一次更高。11 名潜在被试（19%）被排除在设计之外并被替换，5 个人不相信米伦坦纳胶囊含有药物，6 个人猜疑伊莱恩实际上没有受到电击。我们原以为疑点相对较高，因为这个过程既涉及假药，又涉及假电击。幸运的是，由于怀疑而被排除在外的被试数量在不同的单元格之间没有稳定的差异，针对所有可疑被试的统计分析显示了相同的（尽管有点弱）帮助模式。所以，结果再一次不能用怀疑来解释。相反，他们再次主张将利他假说保留在我们可能的质疑名单上，并划掉主要的利己假说（关于本次实验和先前实验的原始研究报告，见 Batson，Duncan，Ackerman，Buckley，& Birch，1981）。

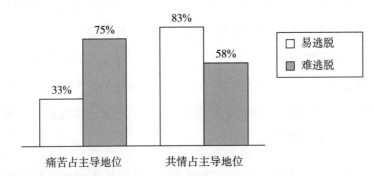

图 3-3　在逃脱容易度 × 共情关心实验设计的每个单元中帮助伊莱恩的被试比例
（用对安慰剂的错误归因操纵占主导地位的情绪反应）

测量而不是操纵共情

通过对自变量进行实验性操作，再加上被试被随机分配到某个条件下，可以进行明确的因果推断。简单地测量变量不是这样。不过，鉴于我们在前两个实验中发现的情况，基于测量的证据似乎值得收集。测量电击过程中自然发生的相对突出的共情关心和个人痛苦，可以检验利他与去除共情假说的预测哪个是正确的，且不需要通过相似性或错误归因来操纵共情。也许一个只有测量的设计会产生去除共情所预测的模式。

　　为了找到答案，我和另一组合作者进行了两个小型研究，并同样使用了第一次伊莱恩实验中使用过的容易逃脱的操作，但没有使用共情关心（Batson，O'Quin，Fultz，Vanderplas & Isen，1983）。取而代之的是，在休息期间，被试填写了一份问卷，旨在评估他们在实验过程中的情绪反应。调查问卷列出了许多情绪形容词，其中一些用来衡量共情关心（如同情、怜悯），还有一些用来衡量个人痛苦（如不安、心烦意乱）。被试需要指出，通过观察自己对每种情绪的感受有多深（1= 一点也不；7= 极度）。

　　突出情绪反应的测量方法是从每名被试的共情形容词得分（平均值）中减去每名被试在痛苦形容词上的得分（平均值），并对差异得分的分布进行中位数分割。这样我们就有了两个组，一半的样本报告了与个人痛苦相关的最低共情关心（个人痛苦占主导地位），另一半报告了最高的共情关心（共情关心占主导地位）。将被试随机分配到易逃脱或难逃脱条件下（就像在第一个伊莱恩实验中一样），于是产生了一个容易逃脱 × 共情关注的 2×2 设计。所有被试都观察了一个相同性别的工人，然后都有机会帮助对方。

　　请注意，我强调的是 "他 / 她的分数" "相同性别的工人" 和 "帮助他 / 她"。此时，我们已经培养出了一个与伊莱恩相当的男性——查利——男性被试观察并有机会帮助他们。我们将工人（伊莱恩、查利）、技术员（玛莎、米奇）和实验者的性别与被试的性别相匹配，以避免被试可能会提供帮助，以便给异性留下好印象。通过使用这些对照，我们发现这两项研究中没有性别差异。

　　在两个小型研究中，帮助伊莱恩 / 查利通过 2×2 设计的四个单元格的模式基本相同，因此图 3-4 给出了两个组合的结果（我之前在本节引用的原始研究报告中分别对它们进行了描述）。正如你所看到的，这个数字中的模式再次符合利他的预测，而不是那些移除共情的预测。

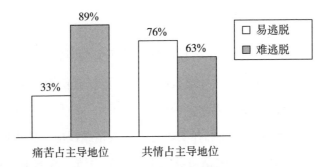

图 3–4　在逃脱容易程度 × 共情关心实验设计的每个单元中帮助伊莱恩 / 查利的被试比例（测量而不是操纵突出的情绪反应）

使用不同的需求情境和逃避操作：卡罗尔·马西实验

电击过程中的某些独特之处会为共情–利他假说提供支持吗？为了探索这种可能性，我们使用一种从序言描述的凯蒂·班克斯实验改编过的试播–广播程序，对表 2–2 和表 2–3 中的竞争预测进行了测试（Toi & Batson，1982）。在改编的过程中，被试（全部为女性）被告知，《小人物新闻》试播的每一条新闻只能由一名被试听到。被试随机抽中的被采访者是卡罗尔·马西（Carol Marcy，被事先安排好的）。

播音员：汽车事故持续造成美国人的伤亡，但汽车事故的悲惨影响往往在冰冷的统计数据中消失了，比如两人死亡，四人受伤，一人生命垂危。卡罗尔·马西最近才意识到这种说法所隐含的悲剧现实。卡罗尔是堪萨斯大学劳伦斯分校（the University of Kansas freshman from Lawrence）的大一新生，她和父母一起乘车返回堪萨斯州伯顿市的故居探望朋友。最近，我和卡罗尔·马西讨论了接下来发生的事情。

卡罗尔：嗯，你知道，那真的很糟糕（停顿）。我坐在前排，妈妈坐在后排。我还能看到那辆车朝我们开过来。这一切似乎发生得如此之慢。汽车驶入我们的车道，爸爸试图避开它。我记得另一个司机脸上的表情，好像他也不相信发生了什么（停顿）。不管怎样，他撞了我们。他撞到了我们的前排座位上，把我的双腿撞断了。我想你能看到，它们还包裹在石膏里，而我还在轮椅上。（停顿）医生说我再过几个月就会好了。（停顿）我想我真的很幸运。如果我没有系好安全带，他们说一切就结束了。幸运的是，妈妈和爸爸都只是割伤和擦伤。

播音员： 我很高兴看到你好转了。不过，我觉得在医院里，坐在轮椅上，真的会影响你的学习。

卡罗尔： 哦，是的。我不敢相信我落后了多少。我不确定我还能赶上……（停顿）实际上，我在大多数课程中都能跟上，除了心理学导论课。

播音员： 问题出在哪里？

卡罗尔： 嗯，因为那次事故，我错过了一个多月的课。他们告诉我，除非我找到另一个来自心理学导论课的学生和我一起复习课堂材料和笔记，否则我将不得不放弃上课。到目前为止，我还没找到任何人。

播音员： 班上你谁都不认识吗？或者你不能再学一个学期吗？

卡罗尔： 我真的不认识班上的其他人。我不想放弃，因为心理学导论课是我大一的课程之一。如果我要掌握基础教育课程，这是我必须学习也是我想要学习的课程。但是基础教育课程是有组织的。如果我现在不得不放弃心理学导论课，那会让我的学习进度整整倒退一年。我真的不能再多读一年了，我从勤工俭学和家庭储蓄中得到的财务支持是无法负担那样的后果的！

播音员： 卡罗尔，我希望能找到办法。

卡罗尔： 我也希望如此。我真的很想保留基础教育项目，因为当老师一直是我的梦想。我真的很爱孩子，而且我觉得我一直都能和他们很好地沟通，尤其是小学生。我特别喜欢教三年级的学生。那是我真正想做的。

播音员： 谢谢，卡罗尔。（停顿）因为人们想回归正常生活，所以即便痛苦已经过去，可还是要正视一场意外造成了多少麻烦。我是（广播电台名称）的（播音员姓名）。

一个帮忙的机会。 在被试听了这段广播后，他们收到了负责这项研究的教授的一封信。教授在信中写道：

> 当我预览《小人物新闻》试播带时，我注意到卡罗尔·马西需要一个心理学导论课学生的帮助，这样她就可以补上住院期错过的课程。我突然想到，既然你是一名心理学导论课的学生，你也许可以帮助她。
>
> 因此，我联系了卡罗尔，问她是否愿意给你写封信，向你解释她的处境并请求你的帮助。起初，她不愿意这样做，因为她不想强加给你。但由于她还没有找到任何人来帮助她，而且最后期限也快到了，她终于同意写信了。随信附上她的信。

卡罗尔的一封手写信解释了她的需求，并请求被试帮忙——同意帮她复习过去一个月的心理学导论课的讲稿。她在信中补充道："我的老师说你在课堂上表现如何或你在哪一个小组并不重要。重要的是你愿意花时间帮助我。"

对逃避容易程度的操纵。卡罗尔的信中还包括了一种易于逃脱的操纵，这是通过改变特定情境——如果被试没有帮助她，那被试是否希望在未来看到卡罗尔——来实现的。在容易逃脱的情况下，信上说：

> 因为我还坐在轮椅上，老师告诉我可以把剩下的课程资料拿到家里学习。这样我就不用坐轮椅上学了。当然，我很乐意在你想见面的地方见你。

在逃脱困难的情况下：

> 我下周就要开始上课了。我在（日期）的（时间）和（教师姓名）在一起。我知道有很多不同的班，但如果和你在同一个班，我相信你很容易找到我。没有几个学生会坐在轮椅上课，而且双腿都打着石膏。

卡罗尔的信中提到的时间、日期和指导老师与被试于研究开始时完成的调查（实际上是虚构的）中列出的时间、日期和老师相同。女实验者在卡罗尔的信中插入了这些信息，而被试则收听广播。因此，在逃脱困难的情况下，被试知道他们会看到卡罗尔在课堂上，并提醒自己她所处的困境。那些容易逃脱的人，如果他们决定不帮忙，就不会见到她。

操纵和测量共情关心。 对卡罗尔的共情是通过倾听来操纵的，就像凯蒂·班克斯实验使用的操纵那样——保持客观（低共情），想象被采访者的感受（高度共情）。此外，在两个小型电击程序研究中，研究人员对卡罗尔需求的突出情绪反应进行了测量。在听了广播之后，在了解帮助的机会之前，被试在一份问卷中报告了他们的情绪反应，问卷中列出了共情关心和个人痛苦的形容词（所有评分均为 1= 完全不；7= 非常严重）。通过以中位数为分界点的差异分数（共情形容词的平均分减去痛苦形容词的平均分）产生了以个人痛苦为主的群体和以共情关心为主的群体（见图 3–5）。

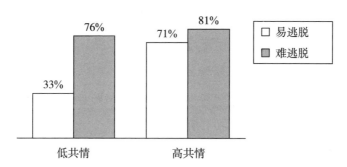

图 3–5　在逃脱容易程度 × 共情关心实验设计的每个单元中帮助卡罗尔·马西的被试比例（用倾听来操纵共情关心）

结果。如图 3–5 所示，在 2（易逃避）×2（操纵共情关心）设计的四个单元格中，对卡罗尔的帮助模式再次证实了利他假说的预测，而非去除共情假说。在基于情绪反应的测量 2×2 设计单元格中，结果也是如此（见图 3–6）。

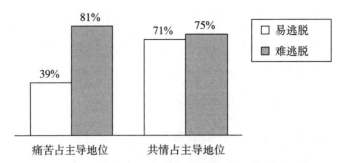

图 3-6　在逃脱容易度 × 共情关心实验设计的每个单元中帮助卡罗尔·马西的
被试比例（基于主导情绪反应的测量）

结　论

　　本章所描述的每一项实验都是为了在产生利己动机以消除共情的行为中证明共情关心。但结果证明，利他动机消除了一个人的共情需要——这并不像我所期望的那样。

　　考虑到结果，我发现自己被迫以更严肃的态度来看待这种令人不安的可能性，即共情引发的帮助是出于利他动机。尽管每一项实验都有其局限性，但纵观所有实验的结果，我们得到的信息似乎很清楚：自我中心主义的动机重新转移并不是导致共情产生帮助的原因。如果我要坚持我的假说，那么我们所做的一切都是为了自我利益，我就需要把注意力从这个主要的质疑身上转移到其他利己的可能性上。通过对需要帮助的人产生共情而增加帮助的最终目标可能是什么？

A Scientific Search
for Altruism:
Do We Care Only
About Ourselves

第二部分
抽丝剥茧

第 4 章

我们会为了避免羞耻或内疚
而去帮助他人吗

对凯蒂、伊莱恩、查利和卡罗尔的实验研究都认为，高共情关心的人比低共情关心的人有更多的助人行为。这是为什么呢？我不相信共情关心会产生利他动机，但是第 3 章中所提到的实验让我相信消除共情的原因并非利己动机。那原因又是什么呢？正如第 1 章开头提到的，当我们帮助他人时，可以得到许多好处。不仅能够将我们从因他人的困境所引起的共情之中解救出来，而且也能帮助我们避免因无法给予帮助而带来的消极情绪，例如羞耻和内疚。而且我们也会从做好事中获得益处，例如赞美、尊重和自豪感。

避免羞耻和内疚以及寻求赞美和自豪都被认为是共情关心能增加助人行为的利己主义解释。因此，当首要假设——去除共情假说——经不起推敲时，研究者的注意力立即转向以下两种假说。我认为二者的其中之一必定起到了确定性作用，或者二者共同发挥着作用。首先被提出的是共情特定惩罚假说（empathy-specific-punishment hypothesis），该假说着重于避免羞耻和内疚。对该假说和共情 – 利他假说之间的竞争性预测的检验是本章的主题。对于寻求赞美和自豪的共情特定奖励假说（empathy-specific-reward hypothesis），将在第 5 章中进行讨论。

共情特异性惩罚

在开始检验之前，非常重要的一点是理解为什么惩罚是具有共情特异性的。毕竟，即使没有共情，当我们未能帮助需要帮助的人时，我们也能预料到会遭受社会谴责和自我谴责。当他人倾向于看轻我们，我们自己也会这么做。但是，对这些消极因素的预期，并不能解释为什么那些具有高共情的人比具有低共情的人更愿意帮助他人。如果用避免羞耻和内疚来解释共情引发的助人行为，那么我们必须相信，如果我们没能帮助那些我们给予共情关心的人，我们会感受到额外的谴责。为了避免这种预期的共情特定惩罚，我们必须做出更多助人行为。

这里我们需要区分共情特定惩罚假说的两个类型，因为它们需要不同的检验方法。第一种类型认为，当我们感到共情关心时，我们的动机是避免共情特定羞耻（empathy-specific shame）——来自他人的反对和谴责。第二种类型认为，我们试图避免共情特定内疚（empathy-specific guilt）——因未完成我们应做的事而自我谴责。

这两种类型形成了图 2–1 的两种新形式（见第 2 章）：第一种用避免共情特定羞耻代替了目标 B（消除自我共情关心）；第二种用避免共情特定内疚代替了目标 B。"逃离"在每个新的图式中指的都是逃避特定形式的惩罚。考虑到这些修正后的图式，我们准备检验这两种类型的假说。为了简单起见，我们将第一种称为羞耻假说（shame hypothesis），将第二种称为内疚假说（guilt hypothesis）。由于其中一种或两种都能够解释共情引发的助人行为，所以这两种假说我们都要关注。

检验羞耻假说

在凯蒂·班克斯实验的最初报告发表后不久，社会心理学家里克·阿切尔（Rick Archer）和他的几个同事提出，对共情特定羞耻的预测导致了高共情被试对凯蒂的帮助有所增加。他们声称，如果被试没有按照自己共情关心的感觉去做的话，会想要逃避主试对他们的负面评价。

几年后，伊莱恩和卡罗尔·马西的实验报告发表时，里克声称避免羞耻也可以解释此结果。他声称，伊莱恩实验中的高共情被试担心，如果没能接替伊莱恩，就会被实验的主试看不起。卡罗尔·马西实验中的被试担心，如果他们不主动和卡罗尔一起复习讲稿，提供本次帮助机会的教授会对他们做出负面评价。里克声称，如果没有负面评价，这些处于容易逃避条件下的高共情被试所提供的帮助并不比低共情者更多。

但是，所有这些实验的被试都面临着同样得到负面评价的可能，为什么我们没有看到低共情被试的帮助增加呢？要知道，负面评价的问题是高共情特有的。如前所述，当感到共情关心时，羞耻假说假定我们相信别人会特别期望我们能帮助他们。因此，高共情被试认为，他们若没有提供帮助，可能会受到特别严厉的负面评价，从而会以提供帮助的方式来避免这种评价。而低共情被试则不需要回避共情特定谴责。

里克的推理阐明了两个普遍原则，这两个原则在为包括同情－帮助关系在内的任何实证关系提出新的解释方面都很重要。第一，新的解释必须能够解释所有支持现有解释的论据。在目前的情况下，羞耻假说必须能够解释第 3 章所提到的实验的所有论据，这些实验的模式与利他假说所预测的一致。里克已经指出了它是怎么做到的。第二，新的解释必须能够解释现有解释所不能解释的新论据。羞耻假说可以解释，当消除了负面评价的机会时，高共情被试的帮助会减少，但利他假说却不能。

虽然里克预测了这种下降趋势，但他没有收集新的论据来验证他的预测，所以我和同事们就收集了相关论据。如果新的论据如里克所说的那样支持羞耻假说，并与共情 – 利他假说相矛盾，排除了利他动机作为共情引发的助人行为研究中的解释，那么可能在其他情况下也是如此。

消除负面社会评价的机会：珍妮特·阿诺德研究

为了验证羞耻假说，我、吉姆·富尔茨（Jim Fultz）和三位优秀的本科生一起进行了两项研究。在每种情况下，不论被试的共情关心水平是高还是低，我们都会给予他们帮助那些需要帮助的人的机会，并且没有人会知道他们是否决定给予帮助（甚至被帮助的人也不会知道）。在这种情况下，没有人会因为他们没有帮忙而对他们产生负面评价。因此，如果共情引发助人行为的动机是为了逃避因为没有达到他人期望所带来的羞耻感的话，那么同情 – 帮助关系就会消失。相反，如果共情关心通过产生利他主义动机来满足被帮助个体的需要，正如共情 – 利他假说所主张的那样，即使没有机会进行负面评价，同情 – 帮助关系也应该存在。

为了让他们相信没有人会知道他们是否会拒绝帮助，被试从不同的消息来源获得了关于一个人需要和希望得到帮助的信息，以及关于帮助机会的信息。因此，只有被试同时知道关于需要帮助和帮助机会的信息。

远程学生的孤独。吉姆和我第一次在堪萨斯大学的一个小型相关研究中运用了这种方法。作为引言故事的一部分，被试被告知每一个研究阶段都有两名男性或两名女性参与。事实上，22 名被试都是女性，因为需要帮助的人是一名孤单的女学生，我们认为有些男性不会仅仅把这种情况看作单纯给予帮助的机会。

被试是单独完成研究的，但被试认为另一个心理学本科生也参与了研究。当每个被试来到实验室时，被要求坐在一个小隔间里，并且会被询问是否认识参加研究的另一名叫珍妮特·阿诺德（Janel Arnold）的学生。当实验者得知被试不认识珍妮特（当时大学里没有叫这个名字的人）时，主试会说这项研究是关于第一印象的。实验中珍妮特被安排到了另一个房间，这样他们两人就不会在研究开始前见面并形成印象。这就解释了为什么被试从未见过虚构的珍妮特。

书面指导语中有更加详细的解释，这项研究关注的是基于书面而非面对面交流的印象。研究中的两名被试一名是沟通者，另一名是倾听者。沟通者会给倾听者写两封信，给出关于她自己真实而准确的信息。倾听者要对沟通者形成印象。为了对二者交流的信件保密，甚至对主试保密，它们将被放在密封的信封里，只供倾听者阅读。写完第二封信后，沟通者就会离开。倾听者会留下来，填写几份反应和印象问卷。所以，两个人依旧不会见面。所有问卷填写是完全匿名的。

读完指导语后，每名被试（表面上是随机的）均被指定为倾听者。珍妮特会扮演沟通者，然后实验者会让被试独自等待珍妮特的信。

珍妮特需要一个朋友。很快，第一封信出现在被试的隔间门下面。在信中，珍妮特讲述了自己的一些情况：她的名字，她来自俄亥俄州的卡姆登，以及为什么她在离家这么远的地方上大学。随后她承认自己在堪萨斯感到有点失落和格格不入。在第一封信后不久的第二封信中，珍妮特表达了更多孤单的心情：

> 我想我只是觉得有点不自在，因为我真的没有朋友……我敢打赌，有段日子我对任何人说的话不会超过几十个字……如果我有一个可以依靠的人，一个我知道我可以每天和他待在一起的人，那肯定会有所帮助——就算只是聊聊天或者在一起待一会儿。坐在这里，我甚至想知道你是否能帮我。
>
> 哦，我想时间差不多了。再见。

在阅读完这封信后，被试完成了问卷调查。涉及情绪反应的问卷询问被试在阅读完沟通者的信后，感受到了多少情绪（1= 完全没有；7= 非常多）。问卷中有六个形容词（同情的、怜悯的、温柔的、心软的、温暖的和感动的）来衡量共情。通过对每一名被试在这些形容词上的反应计算平均分，以此来衡量她对珍妮特的同情程度。

成为珍妮特朋友的机会。接下来，主试返回并收集问卷，然后给被试一封负责本研究的教授的信，让她独自阅读。教授的信介绍了第二项关于关系发展的研究，被试可以自愿参与，但不会得到任何补偿或课程学分。这项关系研究包括在接下来的一个月里与沟通者的一次或多次会面。之所以提到会面是因为"在这项研究的被试中，偶尔有人表示有兴趣与研究中的另一个人见面并建立关系。因此，我们希望给愿意见面的被试提供这样做的机会"。

教授的信中还明确表示，除非被试愿意见面，否则不会告诉珍妮特第二项研究：

> 我们将联系沟通者，看他 / 她是否希望在你希望会面时与你见面。如果你不愿意的话，我们就不会联系沟通者，他 / 她也不会知道你曾经被问到过是否要见面。

我们给被试提供了一份包含帮助措施的问卷。被试首先被问道："你是否希望我们与沟通者联系，看看他 / 她是否愿意与你见面？"对这个问题回答"不"的人只需将表格密封在给教授的信封里。这些信息不包括姓名或任何其他身份信息。那些希望我们联系沟通者的人提供了他们的姓名、地址和电话号码，以及沟通者的姓名和他们希望在下个月与他 / 她相处的时间：1 ~ 3 小时、4 ~ 6 小时、7 ~ 9 小时、超过 10 小时。然后，他们把问卷封在给教授的信封里。

不想让我们联系珍妮特的被试的帮助分数为 0。那些想和她见面的人得到的分数从 1 分到 4 分不等，这取决于他们选择了四个时间选项中的哪一个。这就产生了一个 5 点（0 ~ 4）帮助问卷。珍妮特的信故意让她看起来有点沮丧，这样被试就会把和她见面看作是一种帮助，而不是一种享受。

结果。通过这个引言故事和程序，被试认为只有自己知道珍妮特需要一个朋友以及自己有机会成为她的朋友。珍妮特知道前者，但不知道后者。主试知道后者，但不知道前者。因此，任何一方都不可能因为拒绝帮助而被做出负面评价。尽管如此，被试报告的共情关心助人行为量表得分和用二分法对助人行为的测量值（0= 无帮助；1= 任何程度的帮助）均呈正相关。平均来说，被试报告的共情越多，她的帮助分数就越高。

这些正相关并不像羞耻假说所预测的那样，当没有机会进行负面评价时，同情－帮助关系就会消失。这些正相关反而是利他主义所预测的，仍然出现了同情－帮助关系。

这项小小的研究，其结果只是暗示性的，但并不是出于你所预期的原因。问题不在于样本量较小。统计检验也将样本量考虑在内，尽管只有 22 名被试，但所报告的共情关心与每项帮助问卷之间非正相关的概率小于千分之一。几乎可以肯定，两者正相关。

既然如此，为什么结果仅仅是暗示性的呢？因为共情关心是被测量的，而不是被操纵的。在没有操纵和随机分配的情况下，对珍妮特的共情关心和想见她之间的联系可能是多重因素共同作用的结果。例如，那些对她有更多同情心的人可能更善于交际，或者他们自己可能也很孤独。如果有这两种可能性之一，他们见珍妮特的原因就可能是为了给自己找个朋友，而不是为了成为珍妮特的朋友。里克·阿切尔声称，共情引发的帮助是为了避免羞耻，这一说法并没有得到公平的检验。因此，我们进行了第二项研究，以提供更清晰的认识。

珍妮特去得克萨斯州。第二项研究是在得克萨斯大学进行的。我们使用了与第一项研究相同的程序和帮助测量。但这次，我们同时操纵了给予负面评价的机会（有机会、无机会），以及对珍妮特的共情（低、高）。羞耻假说预测了这种 2×2 设计中四个条件的一对三帮助模式：当存在负面评价的机会时，高共情条件下的帮助行为应该多于低共情条件下的帮助行为；当不存在负面评价的机会时，高共情与低共情条件下的帮助行为都应较少。总体上看，有负面评价机会 / 高共情条件下的帮助行为应多于其他三个条件。

与之相反，共情 – 利他假说预测，即使没有负面评价的机会，高共情条件下的帮助行为也应多于低共情条件下的帮助行为，即它预测了高共情条件下的更多帮助行为和低共情条件下的更少帮助行为，而不是一对三帮助模式。

来自得克萨斯州心理学导论课的 32 名女学生参加了该项实验，研究人员将其随机分配在 2×2 设计的四个条件中，每个条件有八人。（本章及后续章节中描述的所有实验操作均采用随机分配设计，因此为简洁起见，不再赘述。）

操纵对珍妮特的共情。被试阅读完实验介绍后（由于该项研究是在得克萨斯州进行的，而不是在堪萨斯州，因此进行了一些小的修改，除此之外与之前的实验介绍相同），再次被分配了倾听者角色。与之前的研究不同，本项研究中被试接受的是书面的指导语。指导语要求被试在阅读和思考沟通者的信件时采用特定的视角。与凯蒂·班克斯实验和卡罗尔·马西实验中使用的共情操纵相似，被分配到低共情条件下的被试被要求做以下事情：

仔细客观地阅读沟通者信中的信息。尽量把注意力集中在获得沟通者信息的技巧上。试着关注用于传达沟通者信息的技术。

被分配到高共情条件下的被试被要求：

仔细阅读沟通者信中的信息，试着以写信人的视角阅读。尽量想象这个人在给自己写信时的心理感受。

与第 3 章中的一样，主试直到所有测量完成后才知道被试的身份。（这一点在本章及后续各章中报告的每项实验中都是如此，因此不再赘述。）

除了珍妮特是得克萨斯州而非堪萨斯州的学生外，她的信与之前研究中的内容相同。阅读完信件后，被试完成了相同的情绪反应问卷，然后再次将被试对六个共情形容词的反应水平进行平均，以测量被试对珍妮特的共情水平。与第一项研究相同，这项测量既可以帮助我们检验共情操纵的有效性，又可以检验共情关心与帮助的相关性，以确定共情是否为积极的。

操纵负面评价的机会。我们通过同时变化三个变量来操纵负面评价的机会：主试是否知道珍妮特需要一个朋友，被试的情绪和帮助反应是否匿名，珍妮特是否知道被试不想见她。

在没有负面评价机会的情况下，程序基本上与先前的研究相同。

1. 书面指导语中做出了解释，沟通者的信将密封发送，并且只能由倾听者阅读。

2. 所有问卷的回答都将是匿名的。此外，那些不想与珍妮特见面的被试将他们在关系发展研究中的空白回复表格密封在给教授的信封里，他们决定不与珍妮特见面的信息会完全保密。

3. 教授的信中说，只有当你想见面时才会联系沟通者谈见面事宜。如果你不想见面，我们将不会联系沟通者，而且他／她也不会知道有人问过你关于见面的事情。

在有负面评价机会的条件下，情况完全不同。

1. 书面指导语没有提到密封的信封，而是说主试与倾听者会轮流阅读沟通者的信。

2. 主试会在倾听者完成问卷时回收所有问卷，以便"将信件内容与倾听者形成的印象进行比较"。此外，不会提供用于回复教授的信封，这意味着如果被试不帮忙，主试就会知道。

3. 教授的信中说，沟通者和倾听者都被要求参与关系研究："我们想邀请你和沟通者参加……沟通者还收到了一封信，信中提到了这种可能性……如果你和沟通者都想见面，我们将安排初次见面的时间和地点。"

这些变化突出了主试和珍妮特做出负面评价的机会。

结果。 实验结果表明了共情操纵的有效性，高共情条件下报告的共情关心明显高于低共情条件下的共情关心，并且不受是否会被给予负面评价的影响。为了表明负面评价操纵的有效性，所有被试均了解主试与珍妮特是否知道他们拒绝见珍妮特。（对于本章其余部分和后续章节中报告的实验，除非有理由怀疑操纵的有效性，否则我不会提及操纵检验。如果没有提及，则可以假定操纵已被检验并认为是有效的。）

与第一项研究一样，提供的与珍妮特在一起的时间是我们对帮助行为的测量（以相同的 0 ~ 4 量表编码）。图 4–1 显示了 2 × 2 设计的每个条件在这个量表上的平均反应。看看反应模式告诉了我们什么？

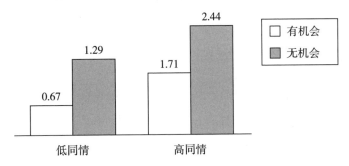

图 4–1　在负面评价机会 × 共情的实验设计中每个条件下自愿帮助珍妮特的平均时间

羞耻假说预测，在有负面评价机会的条件下，高共情的人会比低共情的人有更多的帮助行为，但在没有负面评价机会的条件下则不会。我们在图 5–1 中看到的结果并不符合该假设，统计检验也没有为这种模式提供证据。相反，我们看到了共情–利他假说预测的共情操纵效应。即使没有接受负面评价的机会，高共情者也会比低共情者有更多的帮助行为。此外，与第一项研究一样，在不会被给予负面评价的条件下，被试的共情水平和帮助行为之间呈现明显的正相关（还需要注意的是，被试在有可能受到负面评价的条件下做出的帮助行为往往比不会受到负面评价的情况下要少，这也许是他们对负面评价所带来的社会

压力做出的反应)。

意义

再次强调，如果共情产生利己主义动机以避免负面评价，我们的结果就与预期不一致。如果共情导致人产生利他主义动机以减少感受共情的需要，结果就与预期一致。基于这两项研究的证据，我认为我们必须排除羞耻假说。我和同事们将注意力转向了针对共情特定惩罚假说的第二个假设——内疚假说。对于这种假说，我抱有更高的预期。

验证内疚假说

内疚假说认为，高共情的人之所以会有更多的助人行为，是因为他们希望避免共情所带来的自责和内疚。相比羞耻假说，我从一开始就认为内疚假说的观点更可信。请记住曼德维尔的主张：

> 拯救即将掉入火场中的无辜婴儿没有任何外在价值。这种行为没有好坏之分，无论婴儿能得到什么好处，我们都只是帮了自己。人们会因为看到婴儿掉下来而没有竭尽全力挽救而感到痛苦，自我保护机制会使我们避免这种痛苦。(1714/1732，p.42)

正如第 2 章所说的那样，曼德维尔可能一直在思考如何摆脱看到婴儿要跌落时的痛苦。但当他说"会引起痛苦"时，他在想的似乎不是将要面对的痛苦，而是没有努力阻止婴儿跌落而产生的内疚感。

为了验证避免内疚感是否为同情 – 帮助关系的基础，高共情的人不仅要摆脱负面的社会评价，还要摆脱负面的自我评价，而这并不容易做到。让其他人不知道我们有帮助他人的机会，能够使我们免受社会评价。但是，当面对需要帮助的人时，我们就有了进行自我评价的机会。我们必须了解消除自我评价的必要性和机会，因此我们必须知道，如果不提供帮助，我们就会产生自责和内疚感。

道德哲学家 F.C. 夏普（F. C. Sharp）谈起亚伯拉罕·林肯的生平故事时，讲述了这样一个小故事来说明这个问题：

> 当他们过桥时，他们看见河岸上有辆马车，车上拉着一只惨叫的老母猪，因为它的小猪崽掉进了泥沼，有被淹死的危险。当那辆马车开始上坡时，林肯先生喊道："马夫，你就不能停一下吗？"然后林肯先生跳下马车，跑过去把小猪崽从泥沼里抱了起来，放到了岸上。
>
> 当他回来的时候，他的同伴说："亚伯，这个小插曲和自私有什么关系呢？""哎呀，上帝保佑你，埃德，这正是自私的本质。如果我继续走下去，让那只痛苦的老母猪为那只小猪崽担心，那我一整天都不会心安。我这样做是为了自己安心，你不明白吗？"［原稿来自伊利诺伊州的斯普林菲尔德，并于 1897 年发表在《公众舆论》（*Public Opinion*）上。］

如果我们对未能提供帮助的内疚感的预期像林肯那样被彻底内化，那么即使有机会不去帮助他人，我们也很难逃避这个责任，我们也不能期望一整天心绪平静。不过我们中很少有人将这种预期的内化达到这样的程度。相反，考虑到内疚带来的不适，我们会努力寻找方法去忽略这种不适，或者为没有帮助他人而自我辩解。当我看到一个无家可归的人在街上乞讨时，我会想："他的情况虽然很糟糕，但我没办法帮助每个人，因为他可能会把钱花在喝酒或吸毒上。"这样就为不帮助乞丐找到了理由，我就可以毫无愧疚了。和大多数人一样，只有当我没有帮助他人的这一行为很明显并且无法辩解时，我才会害怕陷入自责。如果我是林肯——有重要的职务并且穿着整洁——我怀疑我可能会再三斟酌是否帮助那头老母猪和它的小猪崽。

通过忽视需求来避免内疚

如果能够避免因没有帮助他人而产生的内疚感，那么我们就可以通过避免进一步接触需要帮助的人来消除内疚感的影响，就像第 3 章中伊莱恩和卡罗尔·马西实验中所做的那样。在实验中，处于难逃脱状态的被试知道他们会再次看到需要帮助的人，并被提醒如果自己没有帮助他们，就即将面临自责的威胁。那些容易逃脱的人可以把自己不提供帮助的行为抛诸脑后，不会把受难者从威胁中解救出来。

与这种可能性相一致的是，有证据表明，在伊莱恩实验中，容易逃脱条件下的被试比难逃脱条件下的被试更不关心内疚和自责（Batson, Bolen, Cross, & Neuringer-Benefiel, 1986）。这样的话，伊莱恩的实验结果不仅与去除共情假说相矛盾，而且与内疚假说相矛盾，因为这两个假说在这些实验中预测了相同的助人模式。

但是，尽管伊莱恩的实验对内疚假说提出了质疑，但他们没有设计实验加以验证。我想要更确切的证据，因此，我和几位同事进行了三项新的实验（Batson et al., 1988）。

为不帮忙找个好理由以避免内疚

如果人们为了避免内疚而提供帮助，那么给他们一个不帮忙的好理由理应能消除提供帮助的必要。什么是好的理由？我们认为仅仅告诉人们不帮忙也没关系是不够的。这样做实际上可能会加重内疚感（想象有人说："不帮助那个流浪汉也没关系。"）。人们需要为不帮忙提供正当的理由。

我们想到三个看似合理的理由：（1）其他像我一样的人没有提供帮助；（2）我有其他重要的事情要做而无法提供帮助；（3）我没有资格提供帮助。我们分别用这三个理由进行了实验，我将就其中两项实验进行了详细介绍——即用第一个理由和第三个理由进行的实验。这两项实验的程序同上，并且使用第二个理由的实验也得出了相同的结论（Batson et al., 1988）。

其他像我一样的人没有提供帮助。不提供帮助的方法之一是向那些被求助的人提供一些信息——与他们类似的人面对同样的请求会作何反应。如果像我一样的人大多提供了帮助，我会觉得我也应该提供帮助，否则我可能会感到内疚。所以，如果我的最终目的是减少内疚，我会更愿意提供帮助。但是如果只有少数人提供帮助，我就不太会感到内疚，也不太可能出手相助。

为了验证这一逻辑下的内疚假说，我们的研究程序需满足以下两个条件：一是助人关系的存在；二是不会因为已经获得了他人的帮助而不再需要我的帮助。序言中提到的凯蒂·班克斯实验程序就满足以上两个条件。回想一下，被试通过收听试用版无线电广播了解了凯蒂的需求，并且有机会为她提供帮助。被试在收听广播时采取两种不同的视角（观察、想象），以此来操纵共情关心（低、高），并进一步发现共情-帮助关系。此外，被试从凯蒂的来信中了解到她和她的弟弟妹妹需要"能得到的一切帮助"。无论其他人做了什么，被试都知道他们的帮助仍然是必要的。

不帮助凯蒂的正当理由。为了给不帮助凯蒂提供一个正当理由，我们修改了原来的回复表格，这样就可以写下八个被试的姓名和回复。对于被试拿到的表格，前七个空格已经填上了与被试同性别的学生的名字（均为虚构）。在没有理由的条件下，七个被试中有五个自愿为凯蒂提供帮助（三个人自愿提供1～2小时，一个人自愿提供3～5小时，一个人自愿提供6～8小时）。在有理由的条件下，七个被试中有五个没有提供帮助，另外两个愿意提供帮助（一个人自愿提供1～2小时，一个人自愿提供3～5小时）。和之前的实验一样，我们通过指导语来操纵共情关心：保持客观（低共情）或想象感受（高共情）。我们告诉被试接下来还会有八名被试获得一张新的回复表，以此让他们明白自己不是凯蒂获得帮助的最后机会。同时，表格填写完毕后会被密封在信封中秘密地交给凯蒂，以确保被试的姓名和回复不会被后面的被试看到。

除了拒绝助人理由（有、无）× 共情关心（低、高）这四个水平外，我们还加入了另外两个重复水平，低共情（客观）和高共情（想象）。和最初的凯蒂·班克斯实验一样，在这些水平下，研究人员给了被试一张只供他们填写回复的表格。他们只需简单地填写或选择不填，然后将其封入信封即可。

预测。内疚假说和利他假说都预测了在重复水平中共情和助人之间的关系。如果其中任意一个没有该预测，则不会被纳入我们的研究。这两种假说预测了操纵"找理由不帮忙"的不同效果。与表 2-3 中的预测一致，内疚假说预测不同共情水平的被试均会因有正当的不施以援手的理由而避免内疚，所以与有理由条件相比，在无理由条件下两组被试均更可能提供帮助。这种差异在高共情被试中尤其明显，因为他们不仅预料到了普遍的内疚感，还要面对共情带来的内疚。与表 2-2 中的移情预测一致，利他假说预测了一种一对三模式，对于低共情被试来说，他们在无理由条件下比在有理由条件下表现出更多助人行为（归因于避免内疚）。对于高共情被试来说，他们在两种条件下均表现出更多的助人行为。找到一个正当的不助人理由，对高共情被试帮助凯蒂以实现利他主义目标没有任何影响。

结果。为了检验这些相反的预测，我们将 120 名心理学新生（60 名男性，60 名女性）分为六组（高、低共情组和 2×2 设计的四组），每一组包括 10 名男性和 10 名女性。在每种水平下，凯蒂都非常需要帮助。更重要的是，在以下两种情况，即只有两位被试提供了帮助，以及没有被试有之前被试的帮助信息时，凯蒂的需求水平与之前七名被试中有五名被试帮助她时的需求水平是一样的。

每组被试的助人比例见图 4-2。由图可知，主试首先在重复测量组发现了同情-帮助关系（低共情，35%；高共情，60%），这与最初的凯蒂·班克斯的实验结果一致。现在来看一下操纵借口对助人的影响，见图 4-2 右侧的两栏。高共情组的更多助人行为是因为缺乏正当的不助人理由吗？

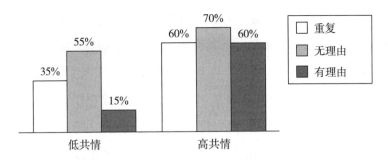

图 4-2　在有借口不助人 × 共情关心实验设计中各水平下帮助凯蒂的比例

显然，事实并非如此。与内疚假说的预测相反，有一个正当理由并没有减少高共情被试的助人行为。相反，2×2 设计中的助人反应呈现出了利他假说所预测的一对三模式：有借口／低共情组的助人比例（15%）低于另外三组，从而不支持特定于共情的内疚说法。

尽管如此，我仍然不愿意放弃内疚假说。所以我们又做了另外两项实验，其中一项实验使用了另外两个不助人理由。这里我只描述最后一种。

我没有资格提供帮助。试想一下你必须完成一项需要付出努力的任务才有资格提供帮助。在这种情况下，你在这项资格任务上的努力程度可以衡量你减少求助者痛苦的动机强度（需要获取资格）和避免内疚的动机强度（不需要获取资格）。但是，为了避免内疚而不获取资格，就必须将任务的失败合理化。那什么时候失败是合理的呢？一种情况是，当合格的标准很高时，几乎所有人都会失败。如果标准过高，你就不会因为未达到标准而受到自己或他人的责备。

为了使用这种理由来检验内疚假说和利他假说的价值，我们需要一个存在同情－帮助关系，并且可以引入资格任务的实验程序。伊莱恩实验的程序即满足要求。当"逃避看到伊莱恩遭受攻击"这一资格任务比较简单的时候，主试发现了同情－帮助关系（见第 3 章）。如果把助人的资格标准定得特别高，使得被试可以轻易避免内疚感，那么还能发现同情－帮助关系吗？

不帮助伊莱恩的正当理由。为了找到答案，我们引入了一项资格任务，告诉被试我们正在研究对于表现出一定水平"视觉数字能力"的个体（使用数字扫描任务进行测量）来说，厌恶条件对"听觉数字能力"的影响（通过数字回忆任务进行测量）。这个变化意味着，只有那些在数字扫描任务上表现优秀的人，才可以帮助伊莱恩做数字回忆任务（并接受电击）。随后我们操纵该标准的困难程度。一些被试觉得很简单，而其他人则觉得非常难。正如第 3 章所描述的（Batson et al., 1983），两项实验我们都测量了共情关心，并且以中位数为界限划分了两个组（数值分布的下半部分和上半部分）：一半被试在观看伊莱恩时个人痛苦占主导地位，另一半则是共情关心占主导地位。这是一个 2（困难水平：简单、困难）×2（共情关心：低、高）的设计。

预测。内疚假说假设不同共情水平的被试都不会真的想替伊莱恩承受电击，并且高共情组的被试会特别担心如果他们不提供帮助会感到内疚。如果资格标准很容易达到，那么无法获得帮助资格这一理由就不成立。避免特定于共情的内疚感的唯一方法是提供帮助，然后获取资格。但是如果标准很高，大部分人都达不到，被试则不会因为没资格而受到责备。他们可以先答应替伊莱恩承受痛苦，然后在资格任务上省力，以确保自己不会获取资格，借此来表现自己的无助。也就是说，他们可以放水。内疚假说预测，与资格标准简单时相比，在标准难以达到时（未获取资格是合理的）声称他们想帮助伊莱恩的高共情被试的任务表现会更差。

利他假说假设，个人痛苦占主导地位的被试很有可能利用这个机会放水。但是，与资格标准简单时相比，共情关心占主导地位的被试，在标准难以达到时预测了更好的任务表现，而不是更差。只有那些自愿替伊莱恩承受痛苦并获取资格的被试，才能达成减轻伊莱恩痛苦的利他目标。并且，在高标准条件下，他们必须表现得非常好才能成功。

加入一项资格任务。在这项实验中，每名女性被试在抵达实验室后需要等待另一名被试——伊莱恩来共同完成任务。在此期间，她需要先完成一项数字扫描任务。这项任务共计 120 秒，需要被试在满是数字的页面，从左至右，一行一行地进行浏览，然后圈出所有包含 13 和 47 的数字组合。被试不知道的是，他们随后需要在另一页上圈出两个相同的数字组合，以获取帮助伊莱恩的资格。开始做的数字扫描任务只是为了熟悉操作。

在进行数字扫描之后，被试阅读了一份关于这项研究的指导语：该研究探讨了厌恶条件对数字能力和印象投射的影响。其中一名被试是操作者，在随机接受电击的同时进行数字回忆任务。另一名是观察者，在操作者执行回忆任务时观看闭路电视，然后报告对于这位操作者的印象（如果你想复习一下该程序，请参阅第 3 章）。

与之前实验的不同之处在于，指导语还指出任何一名操作者都必须具有一定的数字能力：

> 数字能力通常与智力或数学能力无关。它只是一种简单的能力，有些人表现出来了，而有些人没有。只有在数字扫描任务中的表现达到一定标准，展现了数字能力的个体，才能成为数字回忆任务中的操作者。

操作标准难度。指导语的最后一段提到了关于定义资格标准难度的信息。简单标准条件下的被试被告知"针对数字扫描任务中的表现采用了一个适度严格的标准。平均 70% 的大学生符合标准"。在这种情况下，被试基本不会认为自己没有资格（很少有大学生认为他们在任何技能上会排在后 30% 之内）。相反，在困难标准条件下，被试被告知"针对数字扫描任务中的表现采用了一个极其困难的标准。平均来说，只有 20% 的大学生符合标准，所以如果你没有达标，请不要感到惊讶或困惑"。对于这些被试来说，无法达到标准是一件很正常的事。

被试在阅读完指导语后，被分配为观察者，而伊莱恩则是操作者。需要注意的是，伊莱恩在达到数字扫描任务的标准后，实验者会对被试说："既然你是观察者，我们就不需要你进行数字扫描任务，我甚至都没有打分。"然后他把那页纸揉成一团扔进了废纸篓。

一个帮助伊莱恩的机会——如果你能获得资格。接下来被试会被带去观察室，在那里他们可以看到伊莱恩在面对电击时的痛苦反应，而他们可以代替伊莱恩接受剩下的部分或所有的电击（具体可参照第 3 章）。

在我们做这个实验的时候，我们找到了一种更有效的方式来给伊莱恩提供帮助。我们让主试将演示的两个版本预先录制到录音带上：一个版本用于简单标准条件，另一个版本用于困难标准条件。当监视器的屏幕变为空白后，主试只需等待大约 30 秒，然后通过单向音频对讲机播放相应版本的录音即可。当然，被试会认为他们听到的是现场直播。

在录音接近尾声时，主试会对处于简单标准条件下的被试说：

> 哦，我差点忘了。即使你自愿代替伊莱恩，你也只能在数字扫描任务中达到合格标准后才能获得资格。在数字扫描任务中，平均每 10 个大学生中能有 7 个符合标准。我可能把你之前的测试结果搞错了，所以你需要再做一次任务，让我来看看你是否具有资格。

对于那些处于困难标准条件的被试来说，唯一的区别就是合格率从 70% 变成了 20%。

在录音结束大约 20 秒后，主试会进入观察室询问被试的决定。那些决定帮忙的被试又做了一次数字扫描任务，而那些拒绝帮忙的人则没有做。

结果。在 60 名女性被试中，36 名女性决定在自己获得资格的情况下帮助伊莱恩。对这 36 名被试来说，内疚假说预测在数字扫描任务中，处于困难标准条件下的被试会比处于简单标准条件下的被试表现更糟，尤其是那些共情主导的被试。相反的是，根据共情－利他假说的预测，痛苦占主导的被试在困难标准条件下的表现会更差，而共情主导的被试表现会更好。

图 4-3 显示了被试在 2（资格标准难度）×2（共情关心）的实验设计中每个单元格被被试正确圈出的平均组合数。如你所见，行为模式是依据利他假说预测的，而非内疚假说。虽然痛苦主导的被试在困难标准条件下的表现比简单标准条件下的表现更糟，但以共情为主导的被试的表现明显会更好。尽管被试可以找到一个很好的借口去解释自己为什么没有达到标准，但那些对伊莱恩产生高共情的被试会竭尽所能去帮助她。他们似乎是为了帮她消除不适感，而不是为了避免内疚。

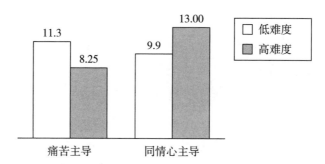

图 4-3　在资格标准难度 × 共情关心（用主导情绪反应进行测量）实验设计中愿意帮助伊莱恩的被试在资格任务中的平均得分

意义

在第一项实验中，实验结果表明知道大多数人拒绝帮助降低了低共情而不是高共情个体帮助的可能性。在最后一项实验中，当标准非常困难时，低共情个体降低了在资格任务上的表现，而高共情个体提高了他们的表现。尽管困难标准为以下两件事提供了现成的借口是事实：一是不合格，二是可以为了避免内疚而不必提供帮助。

这些结果表明，那些低共情的被试所提供的帮助至少部分是由于希望避免因为没有做正确的事情而感到内疚。但那些被诱导产生高共情的被试所提供的帮助却并非如此。高共情的被试即使有一个好的借口来逃避提供帮助，他们的帮助率也是比较高的。并且，当他们有一个很好的不能达到标准的借口时，他们也会更努力地获得帮助资格。如果共情关心激发了导致需求降低的利他主义动机，这是可以预期的。如果共情能够唤起利己主义动机来避免共情所带来的内疚，结果就会与我们的预期有所不同。

结 论 ──∞

　　当一起考虑本章中所描述的四项实验的结果和所有其他相关实验的结果时，我们发现了一致的模式。在所有实验中，实验结果都不支持羞耻或内疚的共情特定惩罚假说。我们查看了似乎最有可能找到支持每个版本的证据的地方，但什么都没有发现。取而代之的是，共情 – 利他假说的预测与事实保持一致。

　　很明显，共情关心产生的帮助动机并不指向避免共情的特定的羞耻或内疚的利己主义目标。越来越多的证据表明，动机实际上是利他主义倾向的，伴随着惊恐、坚定和颤抖的复杂感觉，我转向了最后一个利己主义倾向的假设，即共情特定奖励假说。

第 5 章

我们真的会为了追求自豪感 而去做好事吗

在通常被认为是共情诱导的助人来源的利己动机中，只剩一个假说尚未被检验。第 3 章提到的实验证据排除了一个被主要怀疑的对象——去除共情。第 4 章的实验排除了共情特定惩罚假说。现在只剩下共情特定奖励未予检验。本章考察了共情特定奖励的经典假说——自豪假说（pride hypothesis）。该假说的核心内容是，当感觉到共情关心时，我们会为了提升自尊而做好事去帮助别人。

测试自豪假说

自豪假说建立在这样一个事实之上：当我们帮助了遇到困难的人时，我们就有资格得到表扬（有时是别人的表扬，但更多时候是自己给自己的表扬）。所以，当我们遇到需要帮助的人，我们就会为了得到这些奖励而帮助他们。正如曼德维尔所说："世上最谦卑的人一定会承认，善行的回报，即随之而来的满足感，在于他通过思考自己的价值而获得的某种快乐。"（1714/1732，p.43）

就像第 4 章中考虑的惩罚一样，本章正在讨论的能使自尊提升的自豪感也是具有共情特定性的。在帮助了遇到困难的人之后，毫无疑问，你是一定会自鸣得意、备感欣喜的。除此之外，自豪假说还指出，当我们帮助了对其产生共情关心的人时，我们还会获得另外一种良好的感觉。根据该假说，共情的出现之所以会增加帮助行为，是因为我们想要得到这种由共情引起的喜悦。

虽然第 3 章和第 4 章中有很多证据明显支持共情 – 利他假说，但根据自豪假说，共情仍可能是利己主义行为。这是因为自豪假说与"去除共情假说"和两个版本的"共情特定惩罚"有一个非常重要的差异。根据前文提到的假说，如果我能够避免被引起共情（或者在不帮助别人时能避免愧疚感和罪恶感的产生），那么无须做出助人行为，我的目标便能实现。

但这个说法在自豪假说中是不成立的。根据自豪假说，即使选择逃避很容易，即使没人知道我曾袖手旁观，即使没有理由责怪自己不提供帮助，但是在我感到共情关心时，我仍然会产生帮助别人的动力。当前，也有实验结果证实了这一现象。为什么我还会想要帮忙？因为只有通过帮助别人，我才能得到共情专属的奖励，所以我必须做好事。因此，第 3 章和第 4 章给出的所有证据，都可以被归因于想从自我价值感中获得快乐的共情特定性欲望。

该如何检验第三种提到的不同于利他假说的利己主义假说呢？在此，第 2 章中基于苏西和弗兰克的例子制订的研究策略并不适用。参照图 2–1，该策略的目的是免去通过左边路径实现目标 A 的过程，从而更容易地实现目标 B。但根据自豪假说，如果不帮助别人（即省去左边路径），便没有其他获得自我满足的方法了。所以，我们需要一个新的实验策略。

幸运的是，我们发现了一种很简单的现象：仅仅看到对方脱离困境是没用的。只有在做出了助人行为时，我才有资格获得那种良好感受。所以我们的研究策略是这样的：不再研究共情关心对助人行为的影响，转而关注人们在得知自己的帮助没能解决掉那些引人共情的困难后，他们会作何感受。例如，我们可以先让人们对另一个人产生不同水平（高 / 低）的共情，然后再告知他们，对方的需要已经得到了满足，不用他们帮忙了，继而观察人们在此情景下的情绪变化。或者，我们可以看看，当人们发现虽然自己并没有做错什么但自己的提供帮助并未解决对方的困难时，他们的情绪会作何变化。我和我的同事把这两种情况都纳入了研究。

得知你的帮助是不必要的：布赖恩 / 珍妮特实验

在第一项测试自豪假说的实验中，我们比较了被试在解决了引发他们共情的人的困难之后的情绪，和在他们实施帮助之前便被告知"对方已经不需要帮助"时的情绪（Batson et al.，1988）。因为只有当一个人帮助了别人时，其自豪感才会得到提升，所以自豪假说认为，比起看到他人需要被偶然化解，高共情者在扮演"救世主"时会产生更多的积极情绪。此外，如果寻求尊重感是引发共情的唯一动机，那么当别人的需要偶然间消失时，高共情被试的情绪应该毫无变化。偶然事件是不能让你的自尊得到共情性提高的，只有帮助行为才可以。

相反，共情－利他假说的观点认为，与自行解决问题时相比，当受困者的需要被偶然化解时，高共情者应该会感觉到相似的积极情绪。当高共情者无法为受困者提供帮助时，如果受困者的需求被偶然消除了，那他们会感到更开心一些。也就是说，高共情者的最终目标就是"利他"，也就是帮别人解决需求。所以，不论是用什么方法，只要能够达到目标，就一定能让高共情者的积极情绪有所提高。

从这个逻辑出发，我们设计了一项实验，实验被试是心理学导论课上的 80 名学生（40 名男生、40 名女生），此外，还有一位与被试同性别的学生会一同参与实验。当被试到达实验室，他们会阅读一段指导语，了解该项实验研究的是不同任务特征对表现的影响。

四种任务特征

表面上，我们设置了四种任务特征：（1）你的表现会影响到谁——仅自己、仅别人、双方；（2）后果类型——积极、消极、中性；（3）任务情境的稳定性——任务中可否做出行动、后果类型是否稳定，或两者皆有；（4）任务情境的复杂性——简单（变量仅仅是自己收获的后果类型，表现为积极、消极或中性三个水平）或复杂（后果类型、影响对象、稳定性均会发生改变）。在每两名被试中，一名被随机分配到简单任务情境中，另一名则作为复杂任务情境下的被试。被试之间不会面对面地接触，但是复杂任务情境的被试可以听到从简单任务情境被试那边传来的音频。

不同类型的后果具体表现如下：积极后果是获得正确答案后会收到兑奖券或是避免遭受电击；消极后果则是每错一次就会遭受一次电击，强度不大但会令人非常不适；中性后果则仅仅告知被试的答案是正确还是错误。

此外，指导语还描述了不稳定情境的变化方式，比如将行动机会的变化描述为体育比赛中的替补运动员和剧场里的替补演员，他们需要时刻练习，保持专业能力，并准备在必要时接手工作——尽管他们有可能永远不会登场；将后果类型的变化描述为体育场上的落后者最后成了赢家。毕竟落后者大可以破釜沉舟，而赢家则必须小心谨慎。

帮助布赖恩 / 珍妮特的机会

被试阅读完指导语后，主试会告知他们被分到了 9 号实验条件（谎称是随机分配）。被试们身处复杂的任务情境中，要用自己的行动为身处不稳定情境中的另一个人争取积极后果。这时，会有一页文件告诉被试，简单任务情境中的另一人（男性被称为"布赖恩"；女性则被称为"珍妮特"）被分配到了消极后果条件，他 / 她在任务中每犯错一次就会遭受一次电击。但是，被试可以帮助布赖恩 / 珍妮特免于遭受到电击之苦。

每当你答对一道题，那个处于简单任务情境中的人将会获得中性的后果，也就是仅仅是信息，而不是在他或她犯错后受到电击。如果你答对的题目数量足够多，那么他或她将不会受到电击。

但这种助人机会并不是时刻都有的，因为被试所分配到的实验条件是不确定的，所以在执行助人行为之前，行动机会、后果类型都可能发生变化（二者还可能会一同变化）。

对布赖恩／珍妮特的共情关心和初始情绪

等被试理解了实验条件的设定，他们就会通过对讲机听到简单任务情境中的那个人的对话，但实际上，他们所听到的其实是事先准备好的录音带。他们要讨论的话题是"我现在在想什么"。布赖恩／珍妮特犹豫了一下，然后说：

说实话，我想的是，这可真是件令人震惊的事。我是说，我刚来这里时，我真没想到事情会是这样。后来我才明白，原来我每答错一道题都要被电击一次。我觉得这主意不怎么样，可是这可能也没什么大不了的。（停顿）他们都电过我好几次了，我已经明白了。哇！（紧张地笑）我并不想让自己听起来像个懦夫，但我的确很惊讶，电击还是挺疼的！尽管电流没有那么强烈，尽管我想我还能坚持下去，但是我只盼我不要再犯任何错了。（停顿）好吧，我相信，情况不会那么糟糕。

听完布赖恩和珍妮特的陈述后，被试完成了一份情绪反应问卷，用以评估其在执行任务前所感受到的不同情绪的程度。在 24 个需要被评估的情绪形容词中，有六个词是先前的研究中用来测量共情关心的，即同情的、怜悯的、温柔的、心软的、温暖的和感动的。我们平均了被试对这六个词的反应，然后依据中位数把他们划分为低共情组和高共情组。

完成情绪反应问卷之后，还有一个关于当前情绪的测量。它包含了七个九点的双极量表（坏心情与好心情、悲伤与快乐、不满意与满意等），主试要求被试在每个条目后写下"最能代表你现在的感受"的分数。

对行动机会和先行解决需要的实验操纵

被试完成这个情绪测量后，主试会假装查阅一个随机数字表，以了解执行任务的机会或后果类型是否有任何变化。实际上，主试拿出的文件是事先准备好的。文件上描述了被试情况的变化（如果有的话），然后主试把文件交给被试（主试没有看文件的内容，因此并不知道具体情况），让其独自阅读。

"先行解决需要"由文件中关于布赖恩/珍妮特后果的描述所操纵。在没有先行解决需要的条件下，被试会读到布赖恩/珍妮特的后果没有变化："简单任务情境下的那个人仍然处于消极后果状态，每错误一次就会遭受一次电击。"在有先行解决需要的条件下，被试读到布赖恩/珍妮特的后果发生了变化："简单任务情境下的那个人被重新分配到中性后果条件下，他们不会受到电击，只是会被告知答案是正确的还是错误的。"

"行动机会"是由被试读到关于他们自己的行为表现来操纵的。在有行动机会条件下，被试读到的情况没有变化："你将有行动机会。"在无行动机会条件下的被试读到的情况是："你将没有行动机会。"

将这两种操纵与共情关心程度（以共情关心中位数为界限）相结合，进而设计出两个"有无先行解决需要 × 有无行动机会"的2×2的实验设计，一个设计是针对低共情被试的，另一个设计则针对高共情被试。在每个2×2的实验设计中，只有"有先行解决需要/有行动机会"组的被试仍然享有助人机会。对于"有先行解决需要/无行动机会"组的被试来说，布赖恩/珍妮特仍然会因为错误而受到电击，但现在他们却无能为力了。对两组有先行解决需要条件下的被试来说，布赖恩/珍妮特已经不用他们来帮忙了。

接下来，有行动机会组的被试的做法如下：他们在120秒内从左到右，一行一行地看一张写满数字的纸，并且尽可能多地圈出 13 和 47 的组合（与第 4 章中描述的最后一个实验中使用的数字扫描任务相同），设计这个任务的目的是让被试能够圈出足够多的组合，进而免除布赖恩 / 珍妮特受到电击。

情绪变化

在完成了数字扫描任务后，有行动机会组的被试完成了第二份情绪测量问卷（与第一份问卷相同）。无行动机会组的被试在阅读了他们的任务特征的变化后，立即完成了第二次情绪测量。和之前一样，主试要求被试在每个九点双极量表上写下"最能代表你当前感受"的分数。为了评估情绪的变化，我们把每个被试执行任务后的得分（七个项目的平均分）减去执行任务前的情绪得分。这样一来，得分情况便可以表现出积极和消极的情绪变化。

预测和结果

两种假说只对高共情组被试的反应做出了相反的预测，所以我们可以集中分析 2×2 实验设计中高共情组被试的情况。根据自豪假说，被试的情绪变化模式应表现为"一对三"：在"未先行满足需要 / 可行动"的条件下，被试的帮助满足了布赖恩 / 珍妮特的需要，所以情绪要么不会改变（如果高共情组被试在预测试时就已经感觉良好、期待能够提供帮助），要么会变得更加积极（如果他们在实际帮助之后才感到自尊提升）。而在另外三种条件下，无论以哪种方式剥夺高共情组被试的良好助人感觉，他们的情绪都会变得更加消极。

根据利他假说，高共情组被试的表现同样会呈现出"一对三"模式，但具体情况却与前文提到的完全不同：在"未先行解决需要 / 无行动机会"条件下，布赖恩 / 珍妮特的需要仍待满足，但被试却不再能够提供帮助。在这种情况下，被试们的心情也会变得更加消极。而在另外三种条件下，无论出于何种原因，布赖恩 / 珍妮特的需要都已不复存在，所以，被试的情绪要么保持不变，要么变得更加积极。

图 5–1 呈现的是高共情组被试的心情在不同条件（2×2 设计）下的平均变化值。如图所示，研究结果与利他假说相符，而与自豪假说不符。而且，这种结果是具有共情特异性的，而低共情组被试没有统计学意义（有关数据未予呈现）。

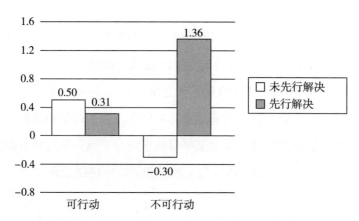

图 5–1　在这项"有无先行解决需要 × 有无行动机会"的实验设计中，被允许和不被允许帮助布赖恩/珍妮特的高共情组被试的平均情绪变化

解释

根据自豪假说，只有当自己能帮到布赖恩/珍妮特时，高共情者才会感觉更好、感到自尊的提升。然而与预测相悖，被试帮布赖恩/珍妮特满足需要后的情绪，并没有明显好于需要被偶然满足时。这种模式符合共情–利他假说，但不是我希望看到的模式。

得知你的帮助并未消除需求：朱莉的实验

为了坚守我最终的利己主义猜想，我决心发掘更多证据。因此，我和乔伊·威克斯（Joy Weeks）从本章开头提到的第二种可能性出发，继续进行有关研究。我们做了两项实验，每项实验中都会让被试对求助者产生或高或低的共情感，并给他们伸出援手的机会。但是，在助人行为结束后，一部分被试会发现，虽然自己并没有做错什么，但他们的救助未能见效（Batson & Weeks，1996）。

根据自豪假说，这些被试（无论是否被诱发产生了共情）不会产生消极的情绪。因为对高共情被试来说，只要自己诚心实意地做出了义举、只要不会因助人失败而受到责备，那么他们就完全能从助人行为中得到共情性回报。正如我们常说的"心意最珍贵"，他们已经表达过助人的意愿了。只有当他们需要为失败负责时，他们的心情才会变得消极，因为此时的他们错失了施行善事、提升自尊的机会。相反，利他假说则认为，尽管被试不会因失败而受到责备，但只要对方的需要没能得到满足，那些高共情组被试也会备感消极。根据此假说，被试们助人的目的应该是满足对方的需要（而不是获得尊重），所以即使自己是无可非议的，但他们仍然会感觉很糟糕。毕竟他们想要的不只是表扬。

助人任务失败后的情绪变化

为了验证上述预测，我和乔伊进行了一项实验。实验被试为 60 名单独招募的女大学生和一名陪同实验的心理学导论课女学生。到达实验室后，每位被试都会被邀请进入一个小隔间，在房间里面完成一个关于自己现在心情情况的问卷。主试会告诉被试，由于心情可能会影响实验表现，所以需要他们在实验中多次填写这一问卷。与布赖恩 / 珍妮特实验一样，这份问卷包含七个双极量表。被试们需要在每一条目（例如，坏心情和好心情）后写下最能描述自己当前感受的分数。

被试完成首次情绪测量后，主试会问他们是否认识本实验的另一名被试——朱莉·罗杰斯（Julie Rogers）。在确认不认识后（根据记录，当时其学校里并没有叫这个名字的学生），便可以开始阅读实验指导语。

被试读过指导语得知，该实验研究的是任务特征对人们的表现和态度的影响。实验中的两名被试将各自执行一项不同特征组合的任务。所研究的特征有：（1）后果——对谁而言（自己或他人）和类型（积极或消极）；（2）表现标准的难度范围——从非常容易到完全不可能。积极的后果要么是获得纽约当地商店 30 美元的礼品券，要么是避免轻微但不舒服的电击（静电强度的两到三倍）；消极的后果是失去彩票或受到电击。只有在完成任务之后，被试才能知道标准的难度。如果一个人的任务会对另一个人产生影响，那么在执行任务前，这个人会收到对方发来的一段音频，描述他对自己任务情况的感觉。

一个帮助朱莉的机会。在阅读完指导语后，主试会告诉被试他们的任务分配。从表面上看，所有人都会被安排到对另一个人有积极后果的情境中。朱莉被分配到一个会对自己产生消极后果的情境。指导语解释了任务的含义以及包括帮助朱莉的机会，相关段落如下：

> 如果一名被试没有达到他或她的任务难度标准，那么另一名被试将会受到一系列轻微但不舒服的电击。这一难度标准的范围从非常容易到完全不可能。另一名被试有两分钟的时间来完成他或她的任务。但是，成功完成自己的任务会给另一名被试额外增加一分钟的时间，从而提高他或她任务达标的可能。

被试们要执行的任务同样是数字扫描任务（在两分钟的时间里，一行一行地扫描一张满是数字的文件，并且尽可能多地圈出 13 和 47 这两个数字）。被试只有在完成任务之后，才能知道他们需要圈出多少个组合才能成功。届时，将会从"非常容易"到"完全不可能"这一范围中（表面上是随机的）选定表现标准。

对朱莉共情关心的操纵。等被试理解了自己表现的含义后，就会听到朱莉的话，她描述的是"我现在在想什么"。在听到之前，被试会收到听的指令。与凯蒂·班克斯和卡罗尔·马西实验中的共情操纵相似，那些被分到低共情组的人被告知要保持客观，而那些被分到高共情组的人则需要想象另一个人的感受。

被试听到的话实际上是一盘预先录制好的录音，本质上与布赖恩 / 珍妮特实验中使用的录音相同。朱莉说她受到了几次电击并感到吃惊，"电击还挺疼的！"她希望自己的任务能达标，以免再遭受更多电击。

对帮助任务失败理由的操纵。在听了朱莉的话之后，被试执行了数字扫描任务。时间一到，主试就会去给他评分，然后查阅随机数据表来选定被试的表现标准，并决定他们是否达标。主试拿回一张反馈单，留下被试独自阅读。所有的被试都看到自己未能达标。因此，朱莉将不会有额外的时间来完成她的任务。

被试所面对的标准因其分组而异。对于那些被分到"不合理失败"条件下的学生，其标准是"相对简单"，并且表格表明："在像你这样的心理学导论课学生中，70% 的人成功地达到了这个标准。"对于那些被分到"合理失败"条件下的学生，标准是"完全不可能"，表格上写着："在像你这样的心理学导论课学生中，我们发现没有人（0%）能成功达到这一标准。"我们假设，被告知没有人能达标的被试不会对自己的失败感到负有责任，而那些被告知大多数人都能成功达标的人会对自己的失败感到负有责任。

知道朱莉仍会受到电击后的心情。当被试看到这个反馈的同时，主试将去了解朱莉的表现结果，并且在回来后给被试留下第二张表格以供其阅读。它描述了另一个人的结果。朱莉被分到了（表面上是随机分配的）一个非常困难的标准，她没有达标，所以她将会受到电击（让被试了解朱莉的标准是非常困难的，但并不是不可能完成的，让被试意识到他们失败的后果——如果再多给朱莉一分钟，她可能已经成功了）。在读完这张表格后，被试需再次完成一个和第一次一样的当前情绪问卷。用被试知道她帮助失败后的得分减去最初情绪测量的得分来评估其情绪变化。

预测和结果。自豪假说预测了这个 2（失败的理由：不合理，合理）×2（共情关心：低，高）的实验设计中失败的理由的主效应。不合理失败后的情绪将比合理失败后的情绪更消极，特别是在高共情状态下。当合理失败时，被试仍然会因助人获得回报，包括共情性回报。在不合理失败的情况下，他们不会这样。相比之下，利他主义预测合理失败和低共情条件下被试的负面情绪变化相对较小，但在其他三种条件下，特别是在两个高共情条件下，被试的负面情绪变化相当大。在高共情条件下，无论他们的失败是否合理，被试都没有达到利他的最终目标，即消除朱莉的困境。

图 5-2 显示了每个实验条件下被试的平均情绪变化。统计测试为利他假说预测的"一对三"模式提供了明确的证据。与其他三种条件相比，合理失败和低共情条件下的负面情绪变化较少。与自豪假说的预测相反，高共情被试的负面情绪变化在合理失败和不合理失败条件下没有显著差异（所有平均值的负号表示，与实验开始时相比，每组被试在得知他们提供的帮助未能满足需求后，报告的积极情绪较低）。

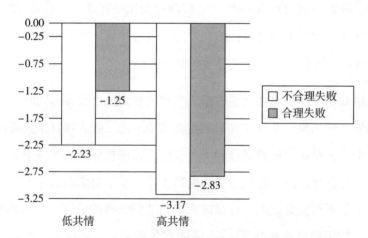

图 5-2　在失败的理由 × 共情关心的实验设计中，各组被试知道他们的
帮助失败后的平均情绪变化

这种结果模式表明，低共情的被试会关注试图帮助他人的回报。当他们的失败没有正当理由时，他们的情绪显著下降。当他们有了准备好的正当理由时，下降幅度要小得多。相比之下，高共情的被试似乎更关注朱莉的幸福，而不是他们自己的回报。即使他们的失败是正当的，当朱莉的需要未被满足时，

他们会感到难过。

我还没有准备放弃，也许高共情被试感觉糟糕仅仅是因为他们没有成功地完成任务。为了验证这种可能性，乔伊和我再次测试了自豪假说，这次使用了一个程序，被试成功地完成了他们的任务，但朱莉的困境仍然存在。

帮助任务成功但没能消除朱莉的困境后的情绪变化

我们的第二项实验是一个简单的双因素设计，每种条件下分配有 15 个女大学生。我们再次评估了低共情和高共情被试的情绪变化，这些被试提供了帮助理由，但没能消除朱莉的困境。这次为了消除任何关于被试是否为他们的失败负责的疑问，所有被试都成功地完成了她们的任务。然后她们了解到，朱莉被随机分配了一个显然不可能完成的任务，并且无法避免电击。所以，尽管她们成功了，但她们提供的帮助并没有消除朱莉的困境。

预测与先前实验的合理失败情况相似，自豪假说预测高共情被试会表现出积极而非消极的情绪变化。他们不仅表现出他们渴望帮助别人，而且成功提供了他们所能提供的所有帮助，这让他们符合自尊提升的自豪感，即共情诱导的助人承诺。相反，利他主义则预测高共情被试将表现出消极的情绪变化，他们的利他动机的最终目标——消除朱莉的困境——还没有达到。

引言故事和情绪变化的测量与先前的实验相同。被试首先完成当前情绪问卷，然后（表面上是随机的）被分配到对另一个人有积极影响的条件中，朱莉被分配到一个对自己有消极影响（电击）的条件中。因为他们的表现对朱莉有影响，所以他们在完成任务前会收到来自朱莉的信息。

来自朱莉的信息和之前一样（对样例电击感到惊讶，并希望避免再次受到电击），但被试不是从对讲机中听到音频信息，而是收到了一张手写便条。这张便条让我们尝试了一种新的操纵共情的方法，即不需要在被试收到信息之前给他们指导说明，而是在便条中写明前瞻性的引导信息。第一个版本客观地呈现了需求情境（低共情条件）；第二个版本中除了含有关于需求的相同信息之外，也鼓励被试想象朱莉对其自身状况及其后果的感受（高共情条件）。朱莉在第二个版本的开头说："我不知道你是否能轻易地想象到我现在的感受，但事情是这样的。"她在结尾又说道："通过这些你能想象到我现在的感受吗？"

了解他们努力帮助无效后的心情。在看完朱莉便条上的信息后，被试进行了与第一个实验相同的数字扫描任务。然后他们得知，他们（表面上是随机的）被分配了一个中等难度标准的任务，如果他们达到了这个标准，朱莉就会得到额外的一分钟来完成她的任务。然而，朱莉被随机分配到了一个绝对不可能达到标准的任务，她没有达到这个标准——即使有这额外的一分钟。结果，朱莉受到了电击。在阅读了这些信息后，被试完成了和第一份完全相同的另一份情绪问卷，以此来评估前后情绪的变化情况。

结果。正如利他假说所预测的那样，实验再一次发现，高共情条件下被试的消极情绪变化（M= –2.70，即第二次情绪测量得分减去第一次的得分）明显大于低共情条件下被试的消极情绪变化（M= –0.68）。这种差异与自豪假说的预测相反。高共情的被试已经成功地提供了力所能及的帮助。如果这就是他们的目标，他们完全有权自我感觉良好，但这显然不是。

意义

两次实验的结果都没有为自豪假说提供支持。相反，如果那些高共情被试是出于利他主义动机去帮助朱莉，那么每种操纵条件下的情绪变化都应该与预测的结果一致。即使当高共情被试因为表现出助人行动而获得共情特有的自豪感时，他们也不快乐。

看来这种可能性越来越大，即我们最后一个利己主义的可能性假设，不能因为共情作用带来的助人行为增加而被推翻。我和同事们做了最后一次尝试，试图找到证据。这一次，我们使用了一种非同寻常的研究方法。

共情诱发的助人与奖励相关的想法有关联吗

想象一下，你刚刚听了凯蒂·班克斯的广播（见序言的内容），你听到了凯蒂在父母去世后努力不让自己的弟弟、妹妹被人收养的故事，你会感到共情关心。现在你正在读凯蒂的请求帮助信。但是，与最初的凯蒂实验不同的是，在做一个简单的反应任务时，你被要求多思考几分钟自己的决定。完成任务后，你将有机会对凯蒂的请求做出回应。在这几分钟里，你会想些什么呢？如果你的最终目标是做好事并获得回报，就像自豪假说所预测的那样，你就应该考虑一下帮助他人而使自尊提升的好处。如果你的最终目标是满足凯蒂的需求，就像利他主义宣称的那样，你需要考虑的应该是她的需求。

我们怎么知道你脑子里在想什么？直接问你似乎是徒劳的，因为可能你也不知道或不愿说出来。幸运的是，大约一个世纪前，约翰·斯特鲁普（John Stroop）发明了一种不需要直接汇报就能评估人们想法的技术（Stroop，1938）。

用斯特鲁普测试探究思想

斯特鲁普测试包括让人们尽快说出所印刷的不同单词的字体颜色。当被试在思考一些与某个单词的意思有关的事情时，说出该单词的字体颜色所需的时间会增加，即反应延迟。

在斯特鲁普测试的原始任务中，单词是颜色的名称（如红色），并以指定的颜色或不同的颜色（如蓝色）印刷。当字体的颜色与命名的颜色不匹配时，反应延迟显著增加。显然，即使人们没有被告知要阅读这个单词，他们也会情不自禁地去阅读，并思考其含义。当字体的颜色和由单词命名的颜色不匹配时，想着单词的意思就会干扰快速说出字体颜色的能力。随后的研究表明，这种效应并不局限于命名颜色的单词。无论在什么领域，如果单词的意思与他们的想法有关，人们都会比较慢地说出字体的颜色。

斯特鲁普测试为评估与共情诱发助人相关的想法提供了一种思路，这种方法不依赖于被试有意报告他们想法的意识或意愿。如果被试考虑的是获得共情特定自豪（empathy-specific pride）的利己目标，那么高共情被试的帮助应该与回报相关的词语（如夸奖和自豪）的颜色命名时长呈正相关。如果他们考虑到去除共情诱发需求的利他目标，他们的帮助应该与需求相关的词语（如失去和需求）的颜色命名时长呈正相关。

介绍一种由凯蒂需求引发的反应时间测量方法

为了验证假设，我们在凯蒂·班克斯实验程序中增加了斯特鲁普测试。被试听完播音员的广播并了解到解救凯蒂的机会，在做出决定之前，主试给48名被试呈现了一系列词语，被试要在每个词语呈现时尽快说出每个词的字体颜色（Batson et al., 1988）。词语分为四个类别：奖励相关词（reward relevant）、惩罚相关词（punishment relevant）、需要相关词（need relevant）和中性词（neutral）。（我们加入惩罚相关词，以便对第4章验证过的共情特定惩罚假说进行再次检验。正如所预计的一样，假设预测高共情被试的帮助反应和那些由于不帮助而预计会产生愧疚感相关词的颜色命名时长呈正相关。）

被试被分为高共情或低共情两组，每组有24名被试。词语类型（奖励、惩罚、需要、中性）是被试内变量，即每名被试都会看到四种类型的词语。

在指导语中，被试被告知，该实验是要借助斯特鲁普测试的反应时间指标来评估《小人物新闻》试播录音对思维的影响。为了蒙蔽被试，假装进行测验，屏幕上会逐一呈现出由大写字母拼写而成的单词。其中一些单词与收听广播后可能产生的想法有关，另一些则不然。每呈现一个单词，实验组的被试需要尽快说出这个词是否与他们的想法有关，而控制组的被试则需要说出这个单词的字体颜色。指导语还强调："控制组被试的反应将为解释实验组被试的反应提供一个基线水平。因此，无论你被分到哪一组，都需要尽自己最大的努力。"

阅读完指导语后，所有被试都会接到通知，称自己被分配到了控制组（谎

称是随机分配），也就是说，她们每看到一个单词，都需要汇报出其字体颜色
（红、蓝、绿、棕）。之所以要谎称存在实验组，是为了向被试合理解释为什么
需要对反应时间进行测量，为什么一些词语与听完广播后可能会产生的想法相
关。每个被试都做了一系列的练习测验，以此来熟悉反应时间的测量。在练习
中，屏幕上会呈现一行 X，其颜色是上述四种颜色中的一种，被试则需要尽快
报出字体的颜色。

对凯蒂的共情关怀的操纵

在听到试播录音之前，先给被试播放声音指导语。和其他的凯蒂实验一
样，一半被试需要客观地听（低共情组），另一半被试则要想象受访者会对事
件作何感受及事件会对她的生活有何影响（高共情组）。

当广播结束后，主试返回实验室并交给被试两封信，之后便再次离开，让
被试独自阅读。第一封信来自负责这项研究的教授。它介绍了帮助凯蒂的机
会，并且向被试提出两个要求：继续阅读第二封信（凯蒂的求助信，见序言），
并且在之后做反应时间测量任务时，要时刻想着自己的决定。

衡量奖励、惩罚、需求和中性单词的颜色命名延迟

在反应时间任务中，被试需要尽快说出呈现的 16 个词语的字体颜色。其
中有四个和奖励有关的词语，分别是美好、骄傲、光荣、赞扬；四个和惩罚有
关的词语，分别是责任、愧疚、羞愧、义务；四个和需要有关的词语，分别是
失去、困苦、领养、悲剧；四个中性词，分别是成对、干净、额外、光滑。在
英语中，这四组单词的长度和使用频率是匹配的。不同类型的词语以混合顺序
呈现，单词和颜色的匹配在被试间予以平衡。

在完成了反应时间测量任务后，被试会收到一张表格，供他们填写自己愿
意花多少时间来帮助凯蒂。帮助时长被分为五个等级：0＝没有帮助意愿；1＝

有意帮助 1 小时；2＝有意帮助 2～3 小时；3＝有意帮助 4～5 小时；4＝有意帮助 5 小时以上。

结果

本研究得出的共情－帮助关系与最初在凯蒂实验中的发现是一致的，高共情被试比低共情被试更有可能提供帮助（分别为 63% 和 29%）。在斯特鲁普测试方面，我们考察了报告字体颜色时间的反应延迟与帮助意愿之间的相关性。结果发现，在高共情被试的测试结果中，只有和需要有关的词语的反应时间与帮助意愿之间的相关性是较为明显的。而这正符合共情－利他假说的预测。与共情特定奖励假说和共情特定惩罚假说的预测相反，反应时间与奖励相关或惩罚相关的词之间并非正相关（根据惯例，为了控制反应时间的个体差异，先从被试对其他三类词汇的平均反应时间中减去他们对中性词的平均反应时间，然后再计算它们之间的相关性）。

这种相关性模式表明，高共情助人者考虑的是凯蒂的需要，而非自己获得自尊提升的机会——之所以这样做，并不是为了获得奖励或避免羞愧和内疚。如同之前的失去助人机会和助人失败的实验，我们的这项斯特鲁普测试也没能为自豪假说提供任何证据支持——这一假说该"出局"了。

结 论 ——◇

至此，我所有的利己主义猜想都已经被否决了。这些实验旨在验证对自尊提升奖励的渴望是可以引发共情诱导帮助的，然而结果却适得其反，再三证明了利己主义并不是助人的原因。基于第 3 章和第 4 章中描述的实验，我已经得出结论，我所猜想的另外两种利己主义原因（消除自身不愉快共情感受的愿望、避免共情特定羞耻和内疚的愿望）也是不成立的。一项项实验都无法支持这三个原因中的任何一个。相反，这些证据始终与共情－利他假说的预测相符。

带着一种听天由命的心态，我想起了自己在序言末尾所引用的夏洛克·福尔摩斯的那句话："当你把所有不可能的情况排除掉之后，无论剩下的情况多么不可思议，都必定是真相。"似乎是时候承认共情－利他假说的正确性了。只有它能解释我和同事们所收集到的证据。

这一结论令我既烦恼又激动。我们成功地用实验解决了一个有关人性的古老问题，并得出了一个看似不太可能但似乎又不可否认的结论："设身处地地为人着想、关心他人。"（Doyle，1890，p.111）不只存在于天真的幻想中，而是切实可行的。与拉·罗什富科、曼德维尔以及几乎所有行为和社会科学家的假设相反，利他动机是你我生活中的一股真实存在的力量。人类彼此之间的情深意长超乎我的想象。

哲学家和经济学家亚当·斯密在他的著作《道德情操论》（*The Theory of Moral Sentiments*）的开篇就指出：

无论一个人看起来有多自私，他的本性中也应当有一些原则促使他关心他人的命运、促使他必须要别人感到幸福，尽管除了看到他人幸福使自己也感到快乐之外，他从他人的幸福中得不到任何其他好处。这种本性，就是怜悯或同情，即当我们看到或想象到他人的不幸时所产生的情绪。（A.Smith，1759/1976，p.9）

我准备给出结论，承认斯密这一大胆的思想并非一厢情愿。我和同事们所做的这些实验证实了共情－利他假说，反驳了三项典型的利己猜想。这些实验让我相信，斯密竭力表达的这个假说是正确的。

但是，我还是太仓促了。社会心理学家们告诉我，我的结论为时过早。他们提出了两种新的共情特定奖励假说，每一种都可以解释上述所有的有关共情诱导的利他的证据。这些想法扩展了理论构想，扩大了我们的搜索范围。

第 6 章

A Scientific Search
for Altruism:
Do We Care Only
About Ourselves

我们提供帮助真的只是为了
感觉更好吗

1973 年，鲍勃·恰尔蒂尼和他的两位同事贝蒂·达比（Betty Darby）和
乔伊·文森特（Joyce Vincent）提出了一种消极状态缓解模型（negative-state-
relief model），以解释为什么人们在造成或看到伤害后更有可能提供帮助
（Cialdini，Darby，& Vincent，1973）。他们推断，当我们感觉不好的时候——
要么是因为我们造成了伤害，要么是因为我们目睹了什么——我们渴望有更好
的感受。到童年中期时，我们已经了解到，当我们为有需要的人提供帮助时，
我们会得到一种情绪振奋。所以当我们感觉不好的时候，我们会提供帮助，为
了获得这种提升和更好的感觉。

鲍勃和他的同事为消极状态缓解模型提供了支持。他们进行了一项实验，
在实验中，所有本科生被试，无论是男性还是女性，要么造成伤害（他们拉出
一把椅子，但不小心把三盒电脑卡片撒了出来①，这是一位研究生的论文所研究

---

① 在 20 世纪 70 年代，计算机程序和数据被存储在经过精心排序的穿孔大卡片上，将卡片按顺序放回原处
需要几天时间。

的一部分），要么观看伤害（实验者拉出椅子，把盒子弄撒了）。事件发生后不久，实验者的一位朋友要求这些被试，以及那些既没有造成伤害也没有看到伤害的被试打电话帮助她完成课堂项目。

造成或目睹该事件的人比没有造成或目睹该事件的人给予的帮助更多。但是，如果在被要求帮助之前，那些弄撒卡片或目睹过此事的人被给予了一种情绪增强的体验（意外地给他们支付了一美元，因为他们做了五分钟的图片评分任务，或者赞扬他们在跟踪任务上的表现），他们就不太可能提供帮助。想必是美元或赞扬已经激发了这些被试的情绪，他们不再需要帮助来缓解事故造成的不良情绪。鲍勃总结说，对于许多人来说，帮助只是一种我们用来让自己感觉更好的方式。

对共情 – 帮助关系的一种新利己主义解释：悲伤缓解假说

当第 3 章和第 4 章描述的关于共情引起的利他行为的证据出现时，鲍勃和另一组同事转向他的负性状态减轻模型，为这些证据提供一个新的自私解释（Cialdini et al.，1987；Schaller & Cialdini，1988）。与以自尊为重点的自豪假设不同，该假设侧重于我们通过帮助共情的对象获得的特定于共情的尊重。鲍勃和他的同事认为，当我们为一个需要帮助的人感到共情关切时，我们会经历一种消极的情绪状态，比如悲哀或抑郁，并且会激发我们缓解这种消极状态的动机。用他们的话说：

> 我们假设，观察者对患者的高度共情会增加观察者自身的悲伤，而减轻痛苦是利己主义的愿望，而不是缓解患者痛苦的无私愿望，这会激发帮助……因为帮助对大多数正常社会化的成年人来说都包含有奖励成分，它可以被用作恢复情绪的工具。（Cialdini et al.，1987，pp.749, 750）

我将这种对共情 – 帮助关系的解释称为悲伤缓解假说（sadness-relief

hypothesis）。

悲伤缓解假说是新解释吗

悲伤缓解的动机可能听起来像是回归到了"去除共情"假说，也就是认为共情诱导帮助的假说是由一种摆脱我们厌恶的共情情感的愿望所驱动的（见第3章）。事实上，这些假设在两个重要方面存在差异。

首先，去除共情假说认为，利己的目标是消除一种不好的感觉，即我们的共情关心，而悲伤缓解假说则认为，利己的目标是获得一种好的感觉，一种情绪的提升——其中，来自帮助的提升是多种可能性中的一种。报酬或表扬也可以起作用，就像在最初的消极状态缓解实验中一样。这些其他方面的情绪增强剂不会消除共情作用或引起它的需求，但它们可以让我们感觉更好。根据悲伤缓解假说，当我们感受到共情关心时，这就是我们所追求的目标。

其次，悲伤缓解假说声称，引起共情诱导帮助的情绪状态不是以他人为导向的共情关心，而是因目睹需求而引起的以自我为导向的悲伤。你可能记得，当解释什么是共情关心时（见第2章），我提到它包括对一个有需要的人感受到的悲伤。我还说过，这种以他人为导向的悲伤与我们在遇到不好的事情时所感受到的自我导向的悲伤并不相同，后者包括看到某人需要帮助时的不幸经历。基于这一区别，悲伤缓解假说声称，用于诱发他人导向的共情关心的研究程序也会引起自我导向的悲伤，这是一种由增强情绪和缓解个人悲伤的愿望所激发的帮助，而不是消除他人导向的共情关心（如去除共情假说所声称的）或共情诱导的需要（如利他主义所声称的）。

对共情诱导的利他主义的现有证据的解释

回想一下在提出新的解释时要遵循的两个普遍原则（见第4章）。首先，这一新提出的利己主义假说是如何解释利他假说的现有证据的？鲍勃和他的同事指出，悲伤缓解假说就像共情 – 利他假说一样，预测了即使在很容易摆脱需要的情况下（见第 3 章）的一种共情 – 帮助关系：经历高共情（因而悲伤）的个体感觉很差，需要情绪增强，因此，来自帮助而产生的良好感觉成为唯一增强情绪体验的可能，那些体验到高度共情的人可能会有更多的帮助行为。容易逃避可能会让他们摆脱伊莱恩、查利或卡罗尔的需要，但这不会提升他们的情绪（强调通过帮助减轻个人悲伤的感觉不同于个人痛苦，正如我们在第 3 章中所看到的，在容易逃脱的情况下，个人痛苦不会产生更多的帮助）（Cialdini et al.，1987）。

悲伤缓解也可以解释共情引起的帮助增加，即便在你没有提供帮助他人也不会知道或你没有提供帮助也是合理的情况下（见第 4 章）。能够避免羞耻和内疚是不够的，被试需要一些能够让他们感觉更好的事情。

鲍勃和他的同事们没有提到我在第 5 章提到的证据，即如果你提供帮助，但是这么做不能消除引起共情的需求，那么消极情绪仍然存在。他们之所以没有提这些，是因为这些证据在他们提出新的解释之后才发表出来。如果在这些证据之前已经发表过的话，我猜想他们会说，一旦被试了解到诱导共情的需求仍然存在，一股新的悲伤情绪会取代他们表现出的助人行为所缓解的悲伤。

预测新的结果

至于第二个原则，悲伤缓解假说预测了利他主义无法解释的新结果。它预测，如果在提供帮助之前，以下任何一项都是正确的，那么对需要帮助的人有高度共情的人不会比低共情的人更愿意帮助别人：

1. 这些人得到的是一种无关的情绪提升体验；

2. 这些人被引导相信他们现在的情绪是固定的，帮助不会让他们感觉更好；

3. 这些人期望有一个情绪增强的经验，即使他们没有帮助。

在这三种情况下，要么是不需要帮助来提高情绪（1、3），要么是不能提高情绪（2）。

在这些情况下，利他主义并没有预测高共情被试提供的帮助会比低共情被试所提供的帮助更大。如果没有其他人可以帮助，那么只有通过自己这样做，那些有高共情者才能达到消除共情诱导需求的利他主义目标。如果悲伤缓解的预测被证明是正确的，那么共情 – 利他假说肯定是错误的。

初步测试

鲍勃和他的同事不仅仅预测了新的结果。他们进行了两项实验来验证他们的预测。第一项实验使用了刚才列出的三种技术中的第一种来缓解悲伤。一些被试在产生共情关心之后，在提供帮助之前，得到了一种无关的情绪增强体验（意外的报酬或表扬）。第二项实验使用了第二种技术。在共情诱导之后，一些被试被引导相信他们现在的情绪在接下来的 30 分钟左右不会改变。

虽然这两项实验的结果既非确凿也不十分清楚，但鲍勃和他的同事认为他们"似乎支持一种利己主义（消极状态缓解模型）的解释，而不是无私（共情 – 利他主义模型）的解释，即在高共情条件下帮助会加强"（Cialdini et al.，1987，p.757）。但鲍勃和同事们也指出，分心可以解释每项实验中的明显支持。在共情诱导之后引入一个无关的情绪增强物（金钱、赞扬，或者引入情绪固定信息），可能会把被试的注意力从他们的共情情绪上转移开。

戴夫·施罗德（Dave Schroeder）及其同事进行的实验的结果，强调了分心在这些实验中产生了明显支持悲伤缓解假说的可能性（Schroeder, Dovidio, Sibicky, Matthew, & Allen, 1988）。与鲍勃团队所做的研究几乎同时，戴夫团队也试图用第二种技术——情绪修复——来测试悲伤缓解假说和共情 – 利他假说的相对优点。但重要的是，他们的过程不太可能分散被试的共情感受（在共情诱导之前，被试被告知药片所具有的情绪修复特性。在诱导和提供帮助之间，只有一个简短的提醒）。他们的结果并不支持悲伤缓解假说；相反，他们

第 6 章 我们提供帮助真的只是为了感觉更好吗

支持共情 – 利他假说，这样的结果就对悲伤缓解假说提出了质疑。

使用预期情绪增强来缓解悲伤

为了给这些相互竞争的假说提供测试，以避免分散注意力，鲍勃和他的同事马克·沙勒（Mark Schaller）进行了一项新的实验（Schaller & Cialdini，1988）。在实验中，心理学导论课的学生听了卡罗尔·马西的采访，一些人在客观（低共情）条件下，另一些人在想象（高共情）条件下，然后他们有机会与她一起复习课堂笔记（如果你需要复习卡罗尔·马西实验程序，见第 3 章）。马克和鲍勃并没有在共情诱导和提供帮助的机会之间插入情绪增强或情绪修复信息，而是转向第三种提供悲伤缓解的技术：预期的情绪增强。一些被试被告知，在他们做出帮助决定后，会立即听到一段喜剧的录音——为他们提供一种比帮助更便利的方式来增强情绪。另一些人被告知他们会听到信息录音——没有机会增强情绪。为了将共情诱导后的注意力分散到最低限度，被试在研究开始时了解了即将出现的录音（喜剧或信息）。在归纳和帮助机会之间只插入了一个简短的提醒。

此过程产生了预期情绪增强（否，是）× 共情关心（低，高）的 2×2 实验设计。在没有预期增强的条件下，悲伤缓解和利他主义都预测高共情被试比低共情被试更有可能提供帮助，就像过去的结果一样。在期望情绪增强的条件下，预测则有所不同。在低共情和高共情的被试中都能看到，悲伤缓解预测了较低的帮助程度，因为后一种被试现在可以期望在不通过帮助的情况下缓解他们的悲伤。利他主义仍然预测低共情被试存在低帮助程度和高共情被试存在高帮助程度。通过喜剧节目来增强他们的情绪，不会让高共情被试达到消除卡罗尔的需求的利他主义目标（还有一种情况是，被试希望有机会帮助卡罗尔以外的人，但我省略了这种情况，因为它没有用于测试两个相互竞争的假设）。

结果如图 6–1 所示。尽管马克和鲍勃认为它们支持缓解悲伤，但我认为二

105 /

人的研究对这两个假说均未提供明确的支持。要了解原因，请查看该图。在无预期增强的情况下，高共情被试提供的帮助比低共情被试提供的帮助更多（73% vs 27%）。这是每个假说所预测的。在预期增强的情况下，高共情被试和低共情被试的帮助率没有显著差异（60% vs 53%），并且高共情被试提供的帮助在某种程度上比没有预期的增强条件下要少一些。这两种结果都是悲伤缓解假说的预测，是利己主义的，而非利他主义。但是，预期情绪增强 / 低共情组合中的帮助率高于无预期情绪增强 / 低共情组合的帮助率，这与悲伤缓解假说的预测相反。此外，当预期增强时，高共情组和低共情组之间的帮助率不存在差异，这至少是由于预期情绪增强 / 低共情单元格的这种不可预测性增加，就像是预期情绪增强 / 高共情单元格的这种预测减少，这是一个混合的信息。

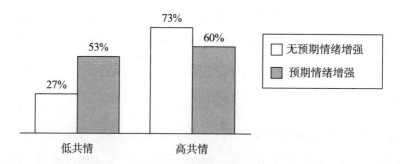

图 6-1　在预期情绪增强 × 共情关心实验设计的每个单元格中帮助卡罗尔·马西的被试所占的百分比（使用倾听视角操纵共情关心）

未来的测试

鲍勃和他的同事声称这三项研究的结果均支持悲伤缓解假说，这并不能使我信服。但是，我对最后可能是对共情 – 帮助关系的一种利己主义解释或许会获得一些支持的可能性深感兴趣。因此，我和同事们进行了三个系列实验来检验悲伤缓解假说（Batson et al., 1989）。为了避免分散被试的共情情绪的可能性，我们使用了预期的情绪增强操作，类似于马克和鲍勃所采用的方式：我们的被试认为，他们在做出帮助决定后，会立即去参与第二项实验，在第二项实验中，他们会观看一段五分钟的视频，该视频要么不会增强他们的情绪（无预期情绪增强条件），要么会增强他们的情绪（存在预期情绪增强条件）。

检查我们的预期情绪增强操作

我们进行的三项实验中的第一项实验没有涉及共情，也没有用来测试相互竞争的假设；相反，我们想要确定我们预期的情绪增强条件能够提供悲伤缓解。如果确实如此，那么被引导感到悲伤（而不是共情）的被试在没有期望任何情绪增强的情况下应该比那些处于中性情绪的被试提供更多帮助，但在期望增强的情况下不会提供更多帮助——这是在最初的消极状态缓解实验中发现的模式。

我们的第一项实验精确地产生了这种结果模式。在那些期待会观看到不能改善情绪的视频的被试中，那些被要求从他们的过去中回想一件让人感到悲伤的事件的人，随后会比那些被要求思考不会引起悲伤的日常事件（例如开车或步行上学）的被试更有可能帮助陌生人。在期待看到使他们感到高兴的视频的被试中，那些回忆起难过经历的人不会比那些没有引起这些回忆的人有更大的提供帮助的可能性。当我们确信我们的预期情绪缓解条件提供了悲伤缓解时，我们转向测试悲伤缓解和利他主义的相对优点，以其作为共情诱导帮助的解释。

再次观察预期情绪增强的效果

我们的第二项实验使用了伊莱恩/查利的实验程序（见第 3 章），第三项实验使用了凯蒂·班克斯的程序（见序言）。在第二项实验中，我们使用对伊莱恩/查利的困境的情绪自我报告来识别低共情（个人痛苦占主导地位）个体和高共情（共情关心占主导地位）的个体，就像我和同事之前多次做的那样（Batson et al., 1983）。在第三项实验中，我们使用听力指令来为凯蒂创造低共情和高共情，就像杰伊·科克和我所做的那样（Coke et al., 1978）。在每项实验中，从持续暴露于需要的情境中逃脱是很容易的，并且在每项实验中，预期的情绪增强操作（在下面的材料中有所描述）与我们的第一项实验相同。

预期情绪增强对帮助伊莱恩/查利的影响。悲伤缓解假说对预期情绪增强（否、是）× 共情关心（痛苦主导、共情主导）这个 2×2 实验设计的帮助模式做出了三个预测。第一，因为在无预期情绪增强条件下，帮助是唯一的选择，以缓解与共情相关的悲伤，在这种条件下，报告共情占主导地位的个体应该比报告痛苦占主导地位的个体更能帮助伊莱恩/查利。第二，在预期情绪增强的情况下，高共情被试知道他们不再需要通过帮助才能得到情绪的增强，对共情占主导地位和痛苦占主导地位的被试来说，帮助行为出现的可能性应该都是低的。第三，根据前两个预测，在预期情绪增强条件下，报告共情关心占主导地位的个体的帮助应低于无预期情绪增强条件。

相反，利他主义预测，在无预期情绪增强以及预期情绪增强两种条件下，感到个人痛苦占主导地位的个体对伊莱恩/查利的帮助程度要低，而感到共情关心占主导地位的个体的帮助程度更高。情绪增强不会让那些对伊莱恩/查利产生共情关心的个体转向消除他或她需要的利他主义目标。

为了验证这些预测，40 名本科生（19 名女性、21 名男性）被分配到两个实验条件中：无预期情绪增强组（8 名女性、11 名男性）和预期情绪增强组（11 名女性、10 名男性）。当被试到达实验室时，他们得知自己和另一位同性别的心理学导论课学生（伊莱恩、查利）将同时参加两项研究。第一项研究是关于厌恶条件下的任务表现，第二项研究是关于媒体对情绪的影响。

两项研究都有书面介绍。厌恶性条件研究的引言故事和程序详见第 3 章。媒体研究涉及观看一个长达五分钟的视频，这些视频来自之前的研究中发现的对观众情绪有高度可靠和一致影响的五个类型中的一个。类型从类型一（"引起强烈的幸福感和愉悦感"）到类型五（"引起强烈的沮丧感和悲伤感"）。表面上，媒体研究的目的是明确产生这些情绪影响的特征。

在开始任何一项研究之前，被试都被告知他们在每项研究中的角色。在任务执行研究中，所有人（应该是随机的）都被分配为观察者，并且在早期伊莱恩/查利实验的逃避条件下，他们被告知将只观察工人的前两次试次。

用于媒体研究的视频类别用来操纵预期的情绪增强。无预期情绪增强条件下的被试被分配（同样是随机的）观看第四类视频，这将引起"强烈的沮丧感和悲伤感"。预期情绪增强条件下的被试被分配观看第一类视频，这类视频会引起"强烈的幸福感和愉悦感"（我们用第四类来描述无预期情绪增强的情况，因为适度的悲伤似乎最清楚地反映了被试在观看伊莱恩/查利对电击的反应后的情绪）。

一旦被试了解到他们会在媒体研究中看到哪一段视频，厌恶条件研究就开始了，并如期所望地进行：被试看到伊莱恩/查利对电击反应强烈，并看到玛莎/米奇在第二次试次结束时停止了程序。然后，被试报告了他们的情绪反应（在喝水休息期间），并有机会取代伊莱恩/查利的位置。帮助机会的呈现是预先录制在录音带上并通过对讲机播放的，其中简短提醒了即将到来的视频及其效果。在做出帮助的决定后，被试听取了情况汇报并得到了解释。此处没有媒体研究。

图 6-2 显示了本实验每个单元格中给伊莱恩/查利提供帮助的被试的百分比。与这两种假说相一致的是，在无预期情绪增强条件下，那些感到共情关心占主导地位的人比感觉到个人痛苦占主导地位的人所提供的帮助更多。但是，与悲伤缓解的预测相反，在预期情绪增强条件下也是如此。即使有预期的情绪改善，那些感觉更多共情关心的人比那些感觉个人痛苦的人也会提供更多帮助——正如利他主义所预测的那样。

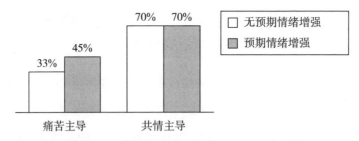

图 6–2　在预期情绪增强 × 共情关心实验设计的每个单元格中帮助伊莱恩 / 查利的被试所占的百分比（基于测量主导的情绪反应）

接下来是帮助凯蒂·班克斯的内容。第三项实验的被试通过收听《小人物新闻》的试播了解了凯蒂·班克斯的需求，并且有机会帮助她。共情通过听指令被操纵：客观（低共情）、想象（高共情）。预期的情绪增强完全按照第一项实验和第二项实验的方式进行操作。对此，预期情绪增强（否、是）× 共情关心（低、高）的 2×2 设计与第二项实验的设计相似。

图 6–3 显示了每个单元格中自愿帮助凯蒂的被试的百分比。在无预期情绪增强的情况下，被试在高共情条件下提供的帮助比低共情条件下提供的帮助更多。并且与悲伤缓解假说相反，预期情绪增强条件下也是如此。显然更多证据支持了共情 – 利他假说。

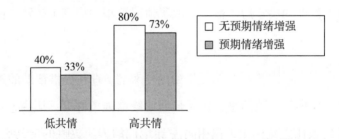

图 6–3　在预期情绪增强 × 共情关心实验设计的每个单元格中帮助凯蒂·班克斯的被试所占的百分比（使用倾听视角来操纵共情关心）

影响。如果期望观看被承诺能够缓解悲伤情绪的第一类视频，并且我们第一个实验结果表明确实能够缓解悲伤情绪，那么在第二和第三项实验中，驱使高共情被试更多地提供帮助的动机就不仅仅是对悲伤缓解的渴望。在每一项实验中，甚至在那些不需要帮助就期待情绪增强的人中，我们也能够发现一种共情 – 帮助关系。

我们所进行的三项实验的结果使我严重怀疑悲伤缓解是引发共情性帮助的罪魁祸首。但在得出结论之前，我要再提一个实验结果。

增加帮助是针对共情诱导需求的吗

杰克·多维迪奥（Jack Dovidio）、朱迪·艾伦（Judy Allen）和戴夫·施罗德试图使用一种新策略来检验悲伤缓解和共情 – 利他假说的相对优点。他们没有在暴露于共情诱导的需要和帮助机会之间插入增强情绪的体验，他们没有引导被试相信他们的共情诱导情绪是无法改善的，并且他们没有让被试认为即使他们没有提供帮助，也会获得增强情绪的体验；相反，在诱导有需要的人产生共情后（使用听力指令——客观、想象），杰克和他的同事给了一些被试一个机会来帮助其消除共情被诱导的需要，并给了其他人一个机会来帮助消除同一个人的不同需要（Dovidio，Allen，& Schroeder，1990）。因此，他们的实验属于"需要帮助"（相同、不同）× 共情关心（低、高）的 2 × 2 设计。

悲伤缓解假说认为，任何情绪增强体验，包括帮助消除不同需要的情绪增强体验，都可以缓解与感受共情关心相关的悲伤。因此，悲伤缓解预测高共情被试比低共情被试更有可能提供帮助，不仅在共情诱导的需要相同时如此，在不同的情况下也是如此。

相反，利他假说认为，共情关心产生的动机指向消除共情诱导需要的最终目标。因此，利他主义预测了在相同需要 / 高共情组合中的高帮助表现和其他三个组合中的低帮助表现。消除不同的需要无法让高共情的个体达到他们的目标。

由于用于测试这些相互竞争的预测的过程相当复杂，因此我在这里只描述结果，过程不再赘述。当需要相同时，与那些感到低共情的个体相比，被诱导的高共情的个体会提供更多的帮助。当需要不同时，他们则没有这样做。这是利他主义所预测的模式，而不是悲伤缓解所预测的。

据此，杰克和他的同事们认为，他们的研究结果为共情－利他假说提供了一致的支持……我们的结果并不支持恰尔蒂尼等人（1987）的假设，即悲伤解释了共情关心对帮助的影响（Dovidio et al.，1990，pp.257-258）。

结 论 ───∞

结合七项实验的所有结果，这些实验旨在测试悲伤缓解和共情－利他假说的相互竞争的预测，我得出了同样的结论。显然，与鲍勃团队的说法相反，共情－帮助关系不仅仅是一种想要获得情绪提升和缓解悲伤的利己主义欲望的产物，可能还有其他的原因。尽管最初的证据似乎令人鼓舞，但我觉得这个新的质疑必须消除。

尽管如此，我还是不能断定利他主义是首要原因，就像我认为悲伤缓解不是首要原因。我收到了一封来自土耳其的信，它提出了另一个利己主义的可能性——第三个版本的共情特定奖励假说。再次产生希望后，我转向了这个新的目标，试图寻找证据来证明我的假设，即我们所做的一切都是出于自身利益。

第 7 章

我们真的能从他人的快乐中得到快乐吗

这封来自伊斯坦布尔的信足足写了满满九页纸，寄信者名叫凯尔·斯密斯（Kyle Smith）。他的名字听起来似曾相识。

凯尔在信的开头提醒我，在几年前，我曾寄给他一些实验材料，以帮助他完成他的学位论文研究。那时的他是华盛顿大学的一名研究生，在杰克·基廷（Jack Keating）和埃兹拉·斯托特兰两名教授的指导下进行研究和学习。在信中，凯尔解释了他为什么会从伊斯坦布尔给我写信。自我和他最后一次联系后，他先后完成了博士学位、结婚，然后搬到了土耳其（他的妻子是土耳其人），并在伊斯坦布尔的马尔马拉大学任教。凯尔在信中描述了自己的学位论文研究，并随信附上了在两位教授指导下所写的论文手稿（我将在下一部分中对这份手稿加以讨论）。在讨论他的论文之前，我想分享一下信里的最后一段话："人们可能会从他人的快乐中获得一种强烈的快乐，这种认知让我夜不能寐。"诚然，这些想法同样使我辗转反侧。

共情－愉悦假说

在论文中，凯尔、杰克和埃兹拉介绍了一种新的以自我为中心的假说——共情－愉悦假说（empathic-joy hypothesis）。他们在开头引用了 17 世纪道德学家让·德拉·布鲁耶尔（Jean de La Bruyère，1645—1696）的话，"最美妙的快乐是使其他人得到快乐"（La Bruyère，1688/1963，p.90）。然后，他们补充道，"看到别人痛苦时所产生的共情，可以帮助你获得快乐，但如同让·德拉·布鲁耶尔所说，我们也可以从他人的快乐中获得快乐"（K.D.Swith，Keating，& Stotland，1989，p.641）。

凯尔和他的同事在论文中提到，比起因帮助人们、做好事而得到的愉悦（见第 5 章）和得到的情绪上的鼓励（见第 6 章），那些具有共情关心的人更加享受共情对象的需要被消除时所感受到的快乐。"有人提出，来自受助者的反馈所传达出的共情愉悦的前景，对于共情目击者愿意提供帮助的特殊倾向是至关重要的"（K.D.Smith et al.，1989，p.641）。这种愉悦是共情所特有的，因为：

> 共情关心折射出一种个体对受害者情绪状态的广泛敏感性，其中包括个体在提供他人所需的帮助时，更能感受到他人的喜悦和解脱。与自我关注的人相比，具有共情关心的人可能更容易获得和更满意地感受到共情愉悦，并为此而经常帮助他人。（p.642）

共情－愉悦假说提到的动机显然是以自我为中心的。它的最终目标是见证受帮助者从困难中解脱出来的喜悦。通过满足共情诱导的需要有助于达成这个目标。相反，虽然共情－利他假说预测一个具有共情关心的人在得知共情诱导需求被解除时会感到愉快，但是该假说声称其感受到的快乐是移除共情诱导需求的意外结果而不是最终目标（见表 2-1）。

像第 5 章和第 6 章中所研究的共情特定奖励假说和悲伤缓解假说那样，第三个版本可以解释所有在第 3 章和第 4 章中看起来支持了共情－利他假说的证据。与之前的版本不同的是，这一版本同样可以解释第 5 章和第 6 章中的所有证据。这是因为共情 – 愉悦取决于共情诱导需求被移除，而不取决于别人移除它（见第 5 章）或是仅仅增强任何情绪体验（见第 6 章）。这种需求可能会因为某个人、某段时间（时间能抚平一切伤口）或偶然间得到了满足，然后你就会因此感到愉快。此外，只有在共情诱导需求被移除的时候，才能获得由共情引发的情绪增强，并且这种情绪增强不需要其他催化剂。

所以，像利他假说一样，共情 – 愉悦假说也将移除他人的需求作为必要目标。尽管如此，这两种假说还是不同的。消除他人的需求是利他主义的最终目标，但是对于共情 – 愉悦假说来说，它是工具性的目标。前者的动机是利他主义的，而后者的动机是利己主义的。

从概念上讲，共情 – 愉悦假说与共情 – 利他假说之间的区别是明显的。至于如何对两者加以区别并检验和判断其正确性，尚且没有明确的说法。如果像凯尔、杰克和埃兹拉所说的那样，消除对方的需要是共情愉悦的必要条件，那么两种假说做出不同预测的情况就不容易找到了。一个具有共情关心的人，如何能达到其中一个动机的最终目标，却不同时达到另一个动机的目标呢？就像苏西的最终目标是和谐，但她能到达那里的唯一途径是真正地关心弗兰克。

凯尔和他的同事们认为，在事实上区分这两种假说的关键在于，消除需要是必要条件，而不是为了体验共情愉悦。这一事实表明，有一种方法可以从这两种假说中产生相互竞争的预测，即改变潜在帮助者是否期望收到与需要帮助的人的情况改善相关的反馈：

> 当反馈被撤销时，一个对共情愉悦的前景敏感并将这种愉悦体验作为他或她的最终目标的人，应该会产生显著受挫感。反馈提供了对情感线索的直接体验，而情感线索是体验共情愉悦所必需的。尽管移情的人可能会从想象他人解脱和幸福中获得一些愉悦，但我们假设，通过提供或近似于个人接触的反馈，能最大限度地放大共情愉悦的潜力，而当反馈被撤销时，这种愉悦也会减少。（K.D.Smith et al.，1989，p.642）

这一推理引发了一个实证问题：如果高共情的人不能如期所望地得到能证实他人情况改善的反馈，他们的助人行为会不会比低共情的人还要少？对于这一问题，共情－愉悦假说给出的答案是肯定的，而利他假说则认为是否定的。为了达到消除共情需求的利他目标，反馈不是必要的。

预期反馈对有压力的学生回答问题的影响

为了找出哪一个预测是正确的，凯尔、杰克和埃兹拉进行了一项实验。被试为 63 名华盛顿大学的本科生（包括 28 名男性和 33 名女性，以及 2 名因记录问题不能确知性别），他们被给予机会，去帮助一名难以适应大学生活的女性新生。除了操纵对这名新生的共情关心外，他们还操纵了被试是否期望知道她在他们的帮助下情况得到改善的结果。这两种操作产生了一个反馈（是、否）× 共情关心（低、高）的 2×2 实验设计。根据共情－愉悦假说，只有当潜在的帮助者预期会收到关于需要帮助的人的感觉能好到什么程度的反馈时，才会建立共情－帮助关系。

> 当反馈得到保证时，移情的人可以期待通过帮助使自己从共情关心的状态过渡到共情愉悦的状态，我们也会期待共情关心和帮助之间有熟悉的正相关关系。然而，如果可预见的反馈缺失，那么帮助就是一种与目标无关的反应，我们会发现移情者拒绝帮助的频率和非移情者一样大。因为非移情者对受助者的情感反馈与移情者不同，所以我们期望他们在有反馈和没有反馈的情况下提供相同频次的帮助。（K.D.Smith et al.，1989，pp.642-643）

所以，共情－愉悦假说预测了一个在 2×2 实验设计下的一对三帮助模型：高帮助率会在高反馈／高共情组出现，低帮助率会在其他三组出现。相比之下，共情－利他假说预测高共情组相较于低共情组将会有更多的帮助行为，不论被试是否期待反馈。在每一种反馈中，提供帮助是达到利他目标的唯一途径。

对 042 号被试的共情关心

当这项实验的被试来到实验室进行个人研究时，他们被告知这项研究是关于学生如何应对大学生活压力的。表面上看，研究人员会有一些采访视频，在这些采访视频中，先前的被试讲述了他们的经历。每一段采访视频都会有一名被试观看和评估，以判断这种情况的典型程度。事实上，所有被试都被分配（通过一个能被操纵的绘图）观看同一段采访视频，视频显示的是一名大一女性新生，被称作 042 号被试（实际上是由一名实验者扮演的角色），她因不堪大学的生活压力想要辍学。她不仅承受父亲要求她取得好成绩的压力，而且发现课程比预期的要难得多。她也不喜欢住在宿舍里，因为她被舍友孤立了。042 号被试几乎要被这些问题压垮了，她想知道自己是否是唯一一个遇到这些困难的人。

在观看 042 号被试的采访视频之前，主试以卡罗尔·马西实验（见第 3 章）中使用的指导语为模板，通过给被试观看不同的指导语来控制其共情关心。低共情条件下的被试被要求保持客观，而那些处于高共情状态的被试则被要求想象被采访者的感受。

帮助 042 号被试的机会——不管有没有反馈

在观看了采访视频后，被试完成了一份情绪反应问卷，问卷中包含了以前研究中用来衡量共情和个人痛苦的形容词，然后主试让他们选择如何度过剩下的时间。一个选择是回答 042 号被试在采访中提问是不是大多数大学生都会经历和她一样的困难。这些回答在第二天会转达给 042 号被试。另一个选择是观察和评估另一名学生的采访，帮助的衡量标准是被试是否选择回答 042 号被试的问题。

在做出选择之前，处于反馈状态的被试被告知，如果他们写了答案，当他们返回实验室进行随访时，他们将看到对 042 号被试的第二次采访（所有被试都希望得到跟进）。第二次采访将集中在他们的建议如何影响 042 号被试的调整。对于处于无反馈状态的被试来说，如果他们回答了 042 号被试的问题，就不会收到后续反馈。

观察结果的三种方法

共情操纵对帮助有显著影响。被试更多地选择在高共情条件下（81%）回答 042 号被试的问题，而不是在低共情条件下（50%）回答问题。但是，共情操纵对自我报告的移情关注或主导情绪反应（自我报告的移情关注减去自我报告的痛苦）都没有显著影响，所以共情操纵是否有效尚不清楚。有鉴于此，凯尔、杰克和埃兹拉选择放弃他们的实验设计，转而专注于另一项实验的设计。这项实验通过主导情绪反应的中位数为界限来识别出低共情和高共情的被试（分布的下半部分与上半部分）。然而，他们也报告了低共情组和高共情组是由实验操纵创建的，并且这些组是根据自我报告的共情中位数划分而成的。在表 7–1 中，我分别展示了使用这三种方法来创建低共情组和高共情组的结果，因为不同的方法支持不同的假设。

表 7–1　在反馈 × 共情关心实验设计中每个组中帮助 042 号被试的被试的百分比
（基于三种不同的方式来创造低共情和高共情，每个组中有 15 ～ 17 名被试）

反馈情况	低共情	高共情
实验操纵（观察与想象）		
反馈	62%	93%
无反馈	38%	69%
自我报告共情（低与高）		
反馈	60%	94%
无反馈	44%	62%
主导情绪反应（痛苦与共情）		
反馈	62%	93%
无反馈	53%	53%

资料来源：K.D.Smith et al.（1989）。

如表 7–1 所示，当低共情和高共情以实验操作为基础时（上面一组），被试帮助模式的百分比和共情 – 利他假说的预测相同，而不同于共情 – 愉悦假说的预测：即使在无反馈条件下，高共情条件下的帮助率（69%）显著高于低共情条件下的帮助率（38%）（反馈组中的百分比高于无反馈组，可能是因为与没有反馈时相比，有反馈时人们更倾向于追求任何目标）。当低共情和高共情是基于自我报告共情的中位数分组时（中间一组），结果相似，但较弱。当低共情和高共情是基于显性情绪反应（下面一组）时，结果是由共情 – 愉悦假说预测的，而不是共情 – 利他假说：在反馈 / 高共情组中，帮助率显著高于其他三个组中的每一个，在无反馈条件下，帮助率的百分比在低共情和高共情组中是相同的。

哪个方式才是正确的方式

这三种创建低共情组和高共情组的方法哪一种是正确的？凯尔、杰克和埃兹拉选择了主导情绪反应，并得出他们的结果支持共情 – 愉悦假说的结论。他们通过指出在伊莱恩和卡罗尔·马西的实验中主导情绪反应被用作衡量标准（见第 3 章）来证明这一选择的合理性。然而，他们没有注意到，在这些实验中，与他们不同的是，操纵移情和主导情绪反应产生的作用是相同的，而不是交互的。

此外，我觉得凯尔和同事们对主导情绪反应的关注是有问题的，因为 042 号被试的需求与伊莱恩和卡罗尔·马西的需求之间有两个重要的差异。

第一，被试们可能对伊莱恩和卡罗尔·马西的需求（对伊莱恩来说是创伤导致的对电击的敏感性，对卡罗尔·马西来说是车祸中造成被打上石膏的腿）不会产生共情。但有一部分被试本身就是大学一年级和二年级的学生，他们可能也经历过类似于 042 号被试的适应问题（与这种可能性一致的是，被试经常说对 042 号被试的问题比较熟悉）（K.D.Smith et al.，1989，p.646）。显然，在适应大学生活时有类似问题的被试对 042 号被试的共情报告会更高。不难想象，这些人会特别想知道他们对她的问题的回答是否被证明是有益的。这些信息只有在反馈条件下被试才能获得，可能在他们自己的应对工作中是有用的。因此，至少对反馈／共情主导组的一些被试来说，选择回答 042 号被试的问题可能是为了自助，而不是帮助她。

第二，当面对另一个人身体不适时，就像伊莱恩或卡罗尔实验一样，被试痛苦的报告似乎反映了另一个人的不适引起的自我导向的个人痛苦。但是，当了解到有人在努力应对挑战性的情况时，比如凯蒂·班克斯或 042 号被试，关于痛苦的报告更有可能反映出这个人以他人为导向的共情痛苦——除非他或她的痛苦让我们想起了自己的痛苦。正如第 2 章中提到的，因为他人而感受到的痛苦是一种共情关心的形式，而不是个人痛苦。事实上，与通常用于评估共情的形容词（同情、怜悯等）相比，其他导向的痛苦报告有时可以提供更好的共情关心指标，这更容易受到想要把自己呈现为一个善良、有爱心的人的渴望的影响。如果这是真的，那么用共情减去痛苦的衡量标准来评估对有适应问题的人的共情关心，比如 042 号被试，就可能会产生误导。它可能会从共情指数中减去共情关心，留下一个相对纯粹的积极自我展示欲望指数。这种愿望很容易产生凯尔和他的同事所发现的帮助模式，他们使用的是主导性情绪反应：那些报告更多共情的人提供的帮助比报告痛苦的人更多，但只有在期待反馈时才会这样。

含义

鉴于这些依赖主导情绪反应的问题，在凯尔及其同事的实验中，共情的实验操作可能是创建低共情组和高共情组的最佳方式。如果是这样的话，他们的结果就支持共情－利他假说，而不是共情－愉悦假说。这种支持反过来表明，对共情愉悦的渴望不是产生共情－帮助关系的原因。

但是，考虑到实验的不一致和不确定性，一个更合适的结论是共情－愉悦假说需要更明确的检验。因此，我和同事们进行了三项新实验（Batson et al., 1991）。

预期反馈效果的另一个测试

在我们的第一项实验中，我们使用了一个像凯尔、杰克和埃兹拉那样的反馈 × 共情关心实验设计，但是需要的情况不同。我们想让被试面对他们不太可能拥有的需求，也想要一个被成功操控的共情关心。我们考虑使用伊莱恩 / 查利的电击情况，因为在这个过程中，我们发现主导情绪反应的测量是有效且适当的，但是我们不能想出一个合理的方法来消除反馈。被试知道，如果他们接受电击，伊莱恩 / 查利的需求就会被消除。

因此，我们转而关注凯蒂·班克斯，以及她在父母去世后为照顾弟弟妹妹所做的努力。我们选择了凯蒂，尽管她的需求涉及应对挑战性的情况，这意味着衡量主导情绪反应并不合适。我们从凯蒂之前的实验中了解到——包括第 4 章、第 5 章和第 6 章中描述的那些实验——听了她的话后，痛苦的报告反映了对她的同情而不是个人痛苦。但我们也知道，我们可以通过改变倾听指令（保持客观，想象感受）来成功地操纵对凯蒂的共情关心。

一个帮助凯蒂的机会——不管有无反馈

为了能够操纵反馈，我们有必要改变被试能够提供帮助的方式。在最初的凯蒂实验中，可供选择的帮助方式包括当她在上课时和她的弟弟妹妹在一起，清理房子周围的东西，提供交通工具和帮忙筹集资金。前三个选项涉及与凯蒂的个人联系，而这将确保反馈。我们需要一种不涉及个人联系的方式来帮助他们，所以我们只给被试一个选项：在自己家为募捐活动做填写信封和地址的工作。那些处于反馈状态的人读到，尽管他们不会见到凯蒂，但"她已经说过，她一定会为任何帮助她的人提供后续信息，以说明你的努力对她行为影响的结果"。那些不处于反馈状态的人读到，因为他们不会见到她，"你不可能了解到你的努力对凯蒂行为影响的结果"。

我们的实验也包括了无信息条件。这个条件是被试不会被告知关于反馈的任何事，这使得我们可以使用修改后的帮助措施，看看被试在高共情条件下是否比在低共情条件（在最初的凯蒂实验中）下有更多的帮助。参加实验的 72 名女大学生被分配到 3（无信息、反馈、没有反馈）×2（低共情、高共情）设计的六个小组中，每组有 12 名被试。

预测和结果

当没有反馈（无信息条件）时，共情－愉悦假说和利他假说都预测高共情组比低共情组有更多的帮助，这重复了过去的结果。在反馈 × 共情关心设计的四组中，我们做了与凯尔、杰克和埃兹拉相同的竞争性预测：当告知被试他们将会收到反馈时，两种假说都预测高共情组比低共情组有更多的帮助。当没有反馈时，预测会有所不同。共情－愉悦假说预测，在高共情组和低共情组中，帮助都是一样少；利他假说再次预测，高共情组比低共情组有更多的帮助。

一个成功的共情操纵。就像之前的凯蒂实验一样，我们通过倾听指令来操控共情是成功的。高共情条件下的被试比低共情条件下的被试报告了明显更多的共情关心——无论是总体条件下还是每次反馈条件下。与此同时，与他的建议一致的是，当对不涉及身体不适的需求作出反应时，痛苦的表达往往反映出共情关心，因此报告似乎更多地反映了其他人对凯蒂的共情关心，而不是以自我为导向的个人痛苦。我们的结论是，倾听指令操作不仅是成功的，而且是比主导情绪反应（报告的共情减去报告的痛苦）更有效的创造高共情组和低共情组的方法。

无法支持共情－愉悦假说。该实验中每组被试自愿帮助凯蒂的百分比见表7-2。在没有信息的条件下，高共情组（75%）比低共情组（42%）有更多的帮助，重复了在之前凯蒂实验中发现的共情－帮助关系。在反馈条件下，高共情组和低共情组的帮助水平分别为 58% 和 67%，两者之间无统计学差异。有趣的是，低共情被试而不是高共情被试提供的帮助随着反馈预期的增加而增加。回想起来，这种增长似乎相当合理。如果低共情组的个体不太关心凯蒂的幸福，而更关心他们自己，他们可能对听到自己的努力取得成功的喜悦特别敏感。

表 7–2　　　　在反馈 × 共情关心实验设计的每个组中帮助凯蒂的百分比

反馈条件	移情作用的关注	
	低（客观的）	高（想象的角度）
没有任何信息	42%	75%
笔者（复制）		
信息的反馈	67%	58%
没有反馈	33%	83%

资料来源：Batson et al.,（1991）。

在无反馈条件下，高共情组（83%）的帮助水平显著高于低共情组（33%）。这种差异与共情 – 愉悦假说相反。这是由共情 – 利他假说所预测的。

总而言之，我们的第一项实验是对凯尔，杰克和埃兹拉的反馈 × 共情关心设计的概念性复制，但没有共情操纵可能失败和自我帮助混淆的问题，因此不支持共情 – 愉悦假说，结果却支持共情 – 利他假说。此外，我们发现的一些迹象表明：低共情被试比高共情被试更有动机接受反馈提供的快乐。

共情愉悦与想再次知晓需要帮助的人的信息

在第二项和第三项研究中，我们试图用不同的策略去寻找可以支持共情 – 愉悦假说的证据。我们没有给被试帮助他人的机会，而是让他们在听过一段年轻女子需要帮助的访谈之后做出选择，即选择是继续听这个女子的最新访谈还是看其他人的访谈。在做出选择之前被试会得知，该年轻女子的情况在最新的访谈中将有可能得到显著改善。有些被试得知这种可能性只有 20%，有些人得知有 50%，有些人得知有 80%。在听最初的访谈之前，我们通过给被试指导（客观、想象）来操纵共情关心。通过上述两种操作，我们得到了改善可能性（20%、50%、80%）× 共情关心（低、高）的 3 × 2 设计。

我们推理认为，如果那些高共情的人是出于利己动机去获得共情愉悦，那么他们期待听到最新消息取决于他们获得共情愉悦的可能性，而获得共情愉悦的可能性又取决于年轻女性好转的可能性。同时，如果高度共情的个体出于利他主义的关注对待需要帮助的人的福祉，他们应该对了解年轻女性的情况感兴趣，而不受其他因素的影响。就像一位母亲，尽管诊断消息是不好的，也会焦急等待受伤孩子的消息；即使改善的机会并不大，出于利他主义动机的个体也希望知道最新消息。

选择得知苏珊的最新信息

在我们的第二项研究中，我们模拟了凯尔、杰克和埃兹拉的 042 号被试的需要情境，选择了 72 名本科女生作为学生压力频率研究的一部分，她们被分到六个组中（即改善可能性 × 共情关心的 3×2 设计），每组 12 人。所有人都被告诉要观看及评价两段录像，每段录像中展示的都是对一个压力很大的学生进行的访谈，而这个学生仍然在大学咨询中心等待咨询的名单上。每名被试在第一段录像中见到的都是苏珊，她是一名在适应大学生活方面遇到困难的大一新生。在看过第一段录像之后，被试将面对的是继续看苏珊最新访谈还是看其他学生访谈的选择。

与苏珊共情。为了控制被试对苏珊的共情关心（低、高），在观看第一段访谈录像之前会给被试指定一个观察角度（客观、想象）。主试给被试解释：如果采用这个观察角度（不管是什么），人们能更好地理解及评估学生的问题。然后让被试独自观看五分钟的视频。

在视频中，一位男性心理学家采访了苏珊（扮演这一角色的知情者）：苏珊认为自己很难适应大学生活，成绩落后，对未来也很迷茫。她的父亲向她施加压力，让她取得好成绩，特别是数学。此外，她也没能和室友成为好朋友，她被室友孤立了。苏珊最后总结说，压力和孤独击垮了她，她正在考虑退学。

在填写了一份情绪反应问卷后，被试有机会选择他们第二次观看的内容。

他们可以看苏珊一周之后的第二次访谈录像，也可以选择去看其他学生的采访录像。一份信息表解释了这两种选项，它还包括我们操作苏珊将会变好的可能性。

苏珊得到改善的可能性。20% 的可能性条件下的被试将会读到：

> 在选择你想看的录像时，你应该知道咨询中心报告说，对于有第二类压力问题（慢性压力）的学生，就像你在看第一段录像中看到的学生一样，在没有咨询的情况下，他们在一周内表现出明显改善的可能性只有 20%。由于第一次和第二次访谈通常间隔一周，这意味着你看到的学生在第二次访谈时，他或她的情况有可能会变好，但可能性不大。（Batson et al.，1991，p.420）

50% 可能性条件下的被试阅读同样的信息，但第二类压力问题被描述为"急性压力"，而对于这一类学生来说，"他们有 50% 可能性表现出显著的改善"，这意味着你不清楚你在第二次访谈中看到这个学生时是否能感觉对方的情况已经变好，即有可能改善也有可能没有改善。对于处于 80% 可能性条件下的被试来说，第二类压力问题再次被描述为急性压力，但他们会被告知，对于这类学生，"他们有 80% 可能性会有显著的改善"，这意味着在第二次访谈时，虽不确定但很有可能，你会觉得你看到的学生的情况好多了。

在所有三个条件下，被试都得到了保证，即选择第二次访谈的权力完全取决于他们自己，而且每种选择对研究都同样有效。他们会被单独留下阅读信息表并做出选择。由于被试没有机会提供帮助，所以不可能出现可能影响凯尔及其同事们所得实验结果被自助混淆因素干扰的风险。

预测和结果。如果对一个需要帮助的人产生共情关心，从而通过激发出利己主义动机来获得共情愉悦，那么在高共情组中，苏珊会变得更好的可能性和选择看她第二次访谈的可能性之间应该存在线性关系。应该很少有被试在 20%可能性条件组中做出此选择，更多的被试会在 50% 可能性条件组中做出选择，而在 80% 可能性条件组中做出选择的人应该是最多的。

如果处于高共情组中的个体对需要帮助的人的福祉表现出利他关心，那么他们应该想知道苏珊的情况如何，即使这个消息很可能是坏消息。此外，尽管他们对收到最新消息的愿望应该是三个改善可能性组中相对较高的，但可能性最高的是 50% 的组——存在最大的不确定性。在 20% 和 80% 的组中，被试认为他们已经知道她会做什么，那么他们就不需要看最新的情况了。因此，符合利他假说的高共情组的百分比模式要么是高的，要么是高且呈曲线的（选择观看第二个采访的更多的是 50% 可能性条件组的被试，而不是在其他两个组中），而不是共情 – 愉悦假说预测的线性增长。

图 7–1 显示了每个组中选择查看苏珊最新情况的被试的百分比。这些比例是由共情 – 利他假说预测的，而不是共情 – 愉悦假说。在不同程度的改善可能性中，高共情被试比那些低共情参与者更有可能选择再次见到苏珊（分别为 44% 和 22%）。高共情组中没有出现共情 – 愉悦假说预测的线性增长；相反，我们看到了共情 – 利他假说所预测的曲线模式，50% 可能性条件组所占的比例最高。

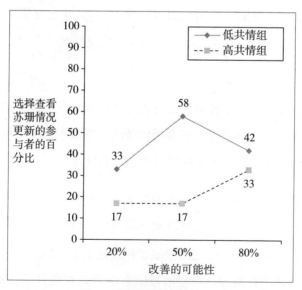

图 7–1　在改善可能性 × 共情关心实验设计中每个组选择查看苏珊
最新情况的被试的百分比

选择接收凯蒂的最新消息

我们的第三项实验使用了与第二项实验相同的改善可能性 × 共情关心的 3×2 设计。共情－愉悦假说和共情－利他假说所做出的预测是相同的。但是，引起共情关心的是新人。好吧，实际上，她是一个老朋友——凯蒂·班克斯。

与先前使用凯蒂进行的实验不同，第三项实验的被试没有获得任何帮助机会。相反，在进行第二项实验的过程中，被试被告知他们将收听校园广播电台的两个实验性无线电广播并对其做出反应，并且可以对要收听的下一个广播进行选择。本实验中，他们或许可以选择继续听第一个人的采访，也可以选择听其他人的采访。然后再次仿照第二项实验，我们通过在第一次广播之前给被试客观的（低共情）或想象的（高共情）听觉指令来操纵对凯蒂的共情关心。

在108名被试（54名男性、54名女性）中，有18名（9名男性、9名女性）被分配到3×2设计的各个小组中。该过程除了省略帮助机会和增加对改善可能性的操纵与选择措施，与最初的凯蒂实验相同。

可能会听到第二次有关凯蒂的广播。 为了给新的操作和措施提供一个合理的理由，被试在导言中读到一个有关《小人物新闻》试播中的有趣问题：人们是希望听到的每个广播都是关于不同的人的，还是希望听到的一个或多个广播是关于同一个人的：

> 为了帮助我们回答这个问题，你将有机会在你的第二次广播中选择是否希望听到关于同一个人的后续采访，或者是否希望听到关于一个不同的人的采访。（Batson et al., 1991, p.422）

导言还解释说，负责的教授认为，改善一个人处境的可能性对于听众是否想再次听到这个人可能很重要。因此，他让由四位专家（医生、律师、精神病医生、社会工作者）组成的小组审查了接受初次广播采访的每个人的情况，以确定在第二次广播和第一次广播之间有显著改善的可能性。在选择他们希望收听的第二次广播之前，主试将向被试提供一份包含此信息的评估表。

凯蒂的情况有所改善的可能性。与之前的实验中的改善可能性操作类似，处于 20% 可能性条件下的被试在评估表上会阅读到以下内容：

> 到第二次广播时，凯蒂的情况有显著改善的可能性为 20%。虽然希望渺茫但有可能的是，她会觉得自己在第二次采访时情况会更好。

处于 50% 可能性条件下的被试会阅读到以下内容：

> 到第二次广播时，凯蒂的状况有显著改善的可能性为 50%。尚不清楚她是否认为第二次采访时她的情况会更好，可能完全没有改善，抑或有所改善。

那些处于 80% 可能性条件下的被试则会阅读到以下内容：

> 到第二次广播时，凯蒂的状况有显著改善的可能性为 80%。虽不确定但很有可能，她在第二次采访时会认为自己的情况好了很多。
> （Batson et al., 1991, p.422）

结果。图 7–2 显示了选择收听有关凯蒂最新消息的被试的百分比。像以前的实验结果一样，这些百分比模式是由共情－利他假说而不是共情－愉悦假说所预测的。在所有改善可能性的平均水平上，高共情的被试比低共情的被试更有可能再次选择听凯蒂的信息（分别为 54% 和 33%）。高共情的样本中，没有出现共情－愉悦假说所预测的线性增加；相反，我们看到了共情－利他假说所预测的曲线，50% 可能性条件下的样本的百分比最高。

虽然统计上没有显著差异，但在这个实验中，低共情样本的结果却呈线性增长，就像我们第一项实验中的反馈结果相同一样。如果任何被试都对听到好消息的可能性敏感，那么这些被试似乎是那些对凯蒂较少同情的人。与共情－愉悦假说相反，这种敏感性在被诱导产生高度共情关心的被试中没有出现。

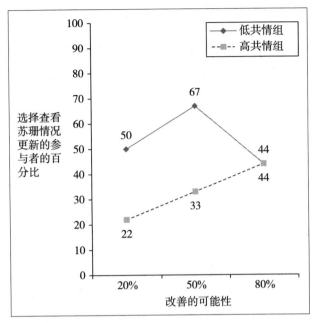

图 7–2 每一位被试在设计中选择一个关注点的改善可能性所占的百分比

影响

我们设计了三项实验来检验假设，即共情关心促成的帮助动机是为了获得见证受苦者在满足了其需求后的喜悦，而不是为了实现转移其需求的利他主义目标。这三个实验结果非常一致，也和凯尔、杰克和埃兹拉在他们的实验设计中所发现的一致。然而，这个结果和共情 – 愉悦假说不一致。我们的实验数据没有如其预测的那样出现。相反，实验数据符合共情 – 利他假说的预测。

我们的实验为人们的动机提供了支持，即人们渴望见证需求者的感受变好。在这里有个建议证明了这样一个动机存在于那些共情水平低的人中。这个不是共情 – 愉悦假说所预测的，但是它说得通。低共情者更倾向于关注情况的最终结果对自己的影响，包括听到一个悲惨故事的幸福结局所带来的快乐。相反，被诱导感受到共情关心的人实际上关注那个人的状态，而不是经历共情愉悦的机会。大概听到好消息这件事无疑能激励他们，但这不是他们的目的。

结 论 ———◦∞

为了避免在实验中出现和凯尔、杰克和埃兹拉一样的问题，我们的三项实验对共情愉悦所扮演的角色建立了更清晰的评估。实验结果告诉我，凯尔和他的同事被他们对主导情绪反应的关注所误导。更广泛地说，实验结果告诉我共情–愉悦假说是错的。被共情唤起的个体没有被激发去见证共情目标的需求被转移时的那种愉悦——是时候排除第五个猜想了。

回到第 5 章的末尾部分，实验证据并没有为共情–利他假说的第三个经典的共情替换理论——追求骄傲——提供支持。而且第 3 章和第 4 章的证据也没有支持之前的两个经典替换理论：转移共情与避免特定共情的羞耻和内疚。现在，第 6 章的证据和这一章不能支持鲍勃·恰尔蒂尼和他的同事以及凯尔和他的同事提出来的新的自我中心猜想的提案。我必须再一次面对亚当·斯密的开场白，再一次准备跟随福尔摩斯并且接受共情–利他假说的事实。

我又一次太快了，但并不是所有人都认为关于共情–帮助友谊关系的利己主义解释的研究结束了，三个新的可能性被提出。

对我来说，仔细研究了本章和之前的章节之后，我不敢再确信共情–利他假说是错误的。但我仍然想要找到证据证明它是错的——如果它是错的，我想成为第一位发现者。然而现在，我的怀疑也指向了利己主义的替代方案。我不能忽视这个证据。共情–利他假说经受住了诸多考验，而利己主义的替代理论则没有。不过，我依然想要思考这三种新的可能性。也许其中一种可以证明我最初的假设一直是正确的。

然而，就你而言，你可能已经感到厌倦了：希望一次次被提起然后破灭。我们并没有找到答案，而是不断排除可能性。看起来都是死胡同和失望，这并不是一种好的感觉。

不幸的是，这就是科学研究的常态。在行为实验的实验方法领

域中最简洁并且可能是最棒的出版物（只有 84 页）中，唐·坎贝尔
（Don Campbell）和朱利安·斯坦利（Julian Stanley）总结道：

> 正如你看到的，我们的科学生态系统是一个错误答案比正确答案
> 多得多的系统，我们不难预料到大多数实验都是令人失望的。我们必
> 须在某种程度上提出新的实验来对抗这种影响。而且，总的来说，我
> 们必须站在更悲观的角度来为实验提供正当性，不是把它当作万能
> 药，而是把它作为取得累积进步的唯一可行途径。我们必须向学生
> 传达对单调乏味和失望期待以及坚持不懈的责任，就像我们在生物
> 和物理领域已经取得的成就那样。我们必须让学生扩展他们关于贫困
> 的誓言，不仅要接受财务方面的贫困，还要接受实验结果上的贫困。
> （Campbell & Stanley，1966，p.3）

这些不太愉快的文字并不能带来多少安慰。尽管如此，我希望你
能坚持下去，不是因为研究很简单，而是因为它值得继续。知道我们
是为了别人而关心他人，还是仅仅为了自己，这将告诉我们关于我们
的本质和潜力的重要信息。

我承认实验很费时，比预期的时间要久。但要记住，人们对利他
主义是否存在的质疑已经几千年了。在几十年内找到答案实际上是很
快的，并不漫长。

事情并不像看起来那么糟糕，我们的探索不仅向前迈出了一步，
而且我们已经取得了很多成就。实验不会止步于此，而是在思考过这
三种新的可能性之后还要坚持下去。

A Scientific Search
for Altruism:
Do We Care Only
About Ourselves

第三部分
拨云见日

第 8 章

关于利己猜想新的可能性

在讨论新的可能性之前，让我们回顾一下我们到目前为止的进展。我们搜寻过程的第一步是找出利他的一种可能来源。根据凯蒂·班克斯实验的最初结果（见序言）以及大卫·休谟、亚当·斯密、查尔斯·达尔文和其他西方主要思想家的观点，利他最有可能的来源似乎是共情关心：我们对处于困境中的人可以感受到的以他人为导向的情感。识别这一来源时引出了共情－利他假说，该假说主张共情关心能产生一种动机状态，其最终目标是消除共情诱导需要（见第 1 章和第 2 章）。然后进行了一系列实验来检验消除这种需要是一种最终目标（利他）还是仅仅是一种工具性目标，最终目标是获得一种或另一种自我利益（利己）。

之后检验了五种利己的可能性。首先是去除共情假说，这一假说长期以来被认为是共情诱导帮助的解释（见第 3 章）。当实验证据无法支持这一主要的猜想时，注意力转向了另外两个典型的利己解释：避免共情特定羞耻和内疚（见第 4 章）和获得共情特定的自豪感（见第 5 章）。两者都经不起仔细的推敲。相反，结果再次支持了共情－利他假说。在超过 10 年的研究后，我准备承认我们总是受自我利益驱使的假设是错误的。

其他人并不这样认为。他们发现了两种新的利己猜想：悲伤缓解（见第 6 章）和共情愉悦（见第 7 章），一些初步证据似乎支持每一种解释，但更仔细的实验都未能得到如预测的那种模式。证据再一次支持了共情 – 利他假说，因此这两个利他的猜想都被拒绝了。我准备再一次拒绝我的假设。这也再一次表明，我的想法还不成熟。

三种新的可能性被提出。与提出新的以自利为动机来解释由共情引起的帮助行为不同，这三种新的可能性从三个不同的方向进行了探索。第一种可能性，也就是本章讨论的主题，声称没有单一的自利是由共情所激发的动机的最终目标。相反，利己动机就像一个集群。有时其中一种会明显支持利他，有时又会支持另一种。

在 20 世纪 90 年代初，这种新的可能性使鲍勃·恰尔蒂尼和其他几位心理学家都怀疑共情关心会产生利他动机，从而质疑通过一次只检查一种利己选择来检验共情 – 利他假说的策略。鲍勃这样表达了他的担忧：

> 虽然这种方法在概念和程序质量方面非常出色，但对我来说，这种方法的不足在于，共情 – 利他假说是在默认情况下是被间接支持的。考虑到逐一抨击一种利己选择的模式，这一点特别值得关注。也就是说，可以想象，如果反射性痛苦（reflexive distress）[鲍勃对共情情绪厌恶（aversive empathic emotion）的术语] 作为增强帮助的影响因素被排除，不同的利己猜想（比如悲伤）可能仍在起作用。同样地，如果在一套不同的实验程序中减少了悲伤的影响可能性，那么可以想象另一种利己的解释，例如对社会认可或自我尊重的担心，可能会被激活。对于其他的利己动机的组合也是如此。关键在于，为了在特定条件下提供对帮助的利他中介作用的最有力的证据，似乎有必要进行研究，同时排除每个利己猜想的解释力度。（Cialdini，1991，p.125；

Hoffman，1991；Sorrentino，1991）

我觉得这里需要考虑的不只一点，而是三个相关的问题。鲍勃的第一个担忧是，我们对利他的研究的焦点一直集中在利己猜想上，而共情 – 利他假说则是间接解决这一问题的；鲍勃的第二个担忧是，我们已经用不同的实验程序依次对利己猜想进行了检查；鲍勃的第三个担忧是，我们需要那些能一次排除所有合理的利己猜想的实验设计。不得不说，以上三点中的每一点都有一定道理，但我不认为这些有什么值得担心的。下面就让我们逐个考虑。

关注利己猜想

首先，鲍勃表示因为研究利他的实验都集中在检验共情诱导帮助的各种利己解释上，所以对利他假说的支持是间接的，只是"默认"的。在某种意义上这样解释是对的，但在另一种意义上却不是。

他是对的，这是因为实验的目的是揭示被检验的利己解释的真伪。选择实验条件是为了确定共情诱导的帮助的最终目标是否在于获得所提出的自我利益。这种聚焦是错误的吗？是否应该把重点放在最终目标是否在于消除引发共情的需求上？我当时不这样认为，现在依然如此。

在第 2 章中，我们发现有必要关注利己的最终目标。利他假说和任何可行的利己解释都假设，共情关心可以驱使一个人消除共情诱导的需求（图 2–1 中的目标 A）。利他和利己假说的不同之处在于，消除这种需求是获得假定的自我利益的最终目标还是工具手段（图 2–1 中的目标 B）。为了区分这些可能性，实验采用了能够揭示自我利益激励效应的条件。具体来说，创造的条件要么提供了一种比帮助他人成本更低的获取自我利益的途径（比如易逃避或不帮助的理由），或者阻止了让帮助成为一种获取自我利益的途径（比如修复情绪或不提供反馈）。这些条件是被创造出来，因为它们是有诊断性的，就像苏西从她爸爸那里得到两张音乐会的门票。

面对开放集合问题

研究发现，这些条件很难减少人们对消除共情诱导需求的兴趣，这表明共情诱导帮助背后的动机并非所涉及的自我利益。但它并没有提供明确的证据证明这种动机是利他的。这种可能性仍然像共情 – 利他假说预测的那样，是作为一种获取其他自我利益的工具。这就是为什么当一个利己猜想被排除时，其他能够解释现有证据的猜想必须被考虑到。这是必要的，因为我所说的开放集合问题：除了那些我们已经考虑到的，总会有其他可能。虽然明确的相反证据可以排除一种可能解释，但支持性证据必然是暂时的。

再想想苏西和弗兰克。即使苏西邀请弗兰克去听音乐会，她也可能是为了避免因伤害弗兰克的感受而感到内疚，而不是因为她在乎他。在弗兰克确信苏西的最终目标是他之前，这一点和其他所有合理的解释都需要被排除。同样，当我们感到共情时，即使很容易逃避，我们也会帮助他人，因为除了消除共情之外的利己动机正在起作用，例如减轻悲伤、寻求共情愉悦、追求自豪或避免羞耻和内疚。正如鲍勃所说，必须考虑这些可能性，而且它们确实存在。这正是我们要寻找的。

如果共情产生的合理的利己动机是无限的，那么这种寻找注定会失败，但似乎并不是这样的。第 3 章至第 7 章所考虑的五种利己动机已经列出了 1990 年以前提出的各种可能性。从那以后，没有新的利己动机被提出——可能是因为现在这么做相当困难。回想一下必须遵循的两个原则（见第 4 章）：（1）新的猜想必须能够解释所有支持现有猜想的证据；（2）新的猜想必须能够解释现有猜想所不能解释的新证据。到 1990 年，支持利他假说的证据广泛而多样。而要找到一个利己动机来解释这一切，即便不是不可能，也是很困难的。寻找与利他假说相反的新证据也是一样的。在这种情况下，把重点放在这五种主要的利己动机似乎既必要又合理。

为利己动机提供理想的机会来展示它们的力量

此外，在每项实验中被检验的利己动机并没有作为一种影响因素被鲍勃考虑的两种方法排除：使动机无关（程序控制）或在分析结果时修正其效应（统计控制）。相反，通过创造条件，给每个利己动机一个理想的机会来展示其影响效应。这是通过使图 2–1 中的目标 A 到目标 B 的过程并不是更优选择来实现的。如果 B 是最终目标，那么这种变化应该使它无须提供帮助。

例如，在测试去除共情假说（见第 3 章）时，一些被试知道要想摆脱共情诱导的情境，他们必须帮助（难以逃避），而其他人知道他们不必这样（容易逃避）。如果高度共情的被试被引导去消除他们的共情，那么他们在困难的情况下比在容易的情况下更有可能提供帮助。比较这两种情况下的反应给了移除共情动机一个展示其效应的绝佳机会。

同样，当检验羞耻假说（见第 4 章）时，一些被试了解到需要帮助的人和实验者都知道他们有帮助的机会（存在负面社会评价的明确机会），而其他被试清楚没有其他人知道他们有帮助的机会（没有负面社会评价的机会）。如果害怕未能达到他人期望而感到羞耻是共情诱导帮助的动机，那么高共情的被试在出现负面评价的机会时应该比没有出现负面评价的机会时更有可能提供帮助。同样，这种利己动机并没有受到约束或控制，而是给了每个利己动机可能的解释，展示了它能做什么的绝佳机会。

利己动机在某项实验中失败，但是在随后的某个时候被证明具有影响力，这是否合理？我认为不合理。如果一个假设的影响因素在不同的情况下没有表现出它应该显示的预期效果，那么我们就有理由得出结论：这个因素不是声称的因果关系。换言之，当一个因果假设在理想条件下被检验，后因缺乏支持证据而被拒绝时，那么它就是不正确的。如果任何科学研究都是累积和进步的，那么这就是一个基本的假设。

相互竞争的预测，而不仅仅是利己的预测

这些观察使我们产生了一种不真实的感觉，即共情 – 利他假说得到了"间接支持"，即这一假说是被"默认"支持的。即使开放集合问题阻止了支持的决定性，利他假说也并不是未经检验而默认的。每一项实验的设计都是为了让共情 – 利他假说和被检验的利己假说做出相互竞争的预测。也就是说，这两个假说预测了实验环节中不同的行为模式，结果可能与共情 – 利他假说的预测不符，就像它们可能无法符合利己假说的预测一样。两个假说都得到了验证。不同之处在于，共情 – 利他假说一直都能通过检验，而利己假说则没有一个能通过检验。

每次检验一种利己猜想

鲍勃的第二个观点是，这些利己的可能性是逐一进行检验的。这是确切无疑的，但这有问题吗？同样地，我不这么认为。

该研究的目的是检验利他假说是否和所有看似合理的利己解释相矛盾。为了达到这一目的，有两种方法：要么我们进行一项或多项实验，这些实验包括同时检验所有不同解释所需的多种不同操作和测量；要么我们进行一系列实验，在这些实验中，利己解释被一个接一个地检验。第一种策略看起来既笨拙又不明智。那将需要进行一个采用大量变量和极其复杂的程序的实验。这个过程很可能会让被试应接不暇，感到混乱。第二种策略看起来更加可行。

但是，如果我们要依赖一次检验一种可能的方法，就必须避免鲍勃所描述的那种陷阱，在这种陷阱中，不同的利己动机可以解释在不同实验中对利他的明显支持。考虑到先前测试过的每一种利己解释都没有在最佳条件下显示出预期的影响力，所以没有必要再次测试每一种解释。但是，为了对比，有必要使用类似先前测试失败的解释的程序。在可能的情况下，应当采用先前解释预测与现在由共情 – 利他假说预测的不同结果的条件进行测试。这两种做法都是在

检验每一个新猜想后紧接着要考虑的。因此，尽管利己的猜想被逐一检验，但每次检验都建立在之前的检验之上，并将它们考虑在内。

例如，当注意力从测验利他假说与去除共情假说之间的冲突，转向检验它是否与羞耻和内疚以及自豪有冲突时，我们会注意至少使用一些以前使用过的同样需要情境和帮助的测量，比如给伊莱恩/查利一个打击，或者自愿抽出时间帮助凯蒂·班克斯或卡罗尔·马西。同时，在使用容易逃避条件时需要注意，在这种条件下去除共情假说与共情－利他假说所预测的结果模式不同。这些实践提供了可比较的程序，并防止了无意中引入在检验去除共情假说的实验中不存在的因素的可能性。在这种逐一检验出现问题之前，一个利己假说，在这些相同条件下进行检验时因缺乏支持而失败，必须重新浮出水面。

同时解决多重利己动机

鲍勃的第三个观点是，我们应该在同一个实验中考虑多种利己动机。这一建议意味着我们应该忽略针对每个利己动机逐一检验所累积的证据。出于刚才所说的原因，我不同意这一观点。但目前，让我们听从鲍勃的建议，寻找同时解决多种利己动机的实验。有这样的实验吗？考虑到确保后续实验的结果不能由已经考虑过的利己动机产生，至少后续的一些实验应该解决多重利己动机问题。

一次性解决方案

在寻找这样的实验时，让我们关注多重动机的极端情况，也就是涉及最多动机的情况。如果共情关心同时产生了所有五种利己动机呢？如果它同时激发了消除共情的动机，避免了羞耻和内疚，增强了自豪感，让人感觉更好并体验到共情愉悦呢？你可能会认为，共情关心很难同时引发这五个截然不同的最终目标。不过，让我们考虑一下这种可能性，因为如果一个由所有五种利己动机组成的集群不能解释在特定情况下由共情产生的动机，那么由五种动机的子集组成的集群也不能解释。任何一个子集都会少于五种可供采用的动机。

一致的证据。一种同时存在的选择可以说明很多被解释为支持共情 – 利他假说的实验证据。如前所述，它可以说明这样一个发现：逃避的难易程度，对高共情个体所起的作用是一样的（见第 3 章）——为了避免因不提供帮助而感到羞耻和内疚、因提供帮助而得到尊重、获得情绪的提升、体验共情愉悦，即使在逃避很容易的情况下，帮助也是必需的。

它可以解释当逃避很容易且不存在负面社会评价时的帮助行为（见第 4 章）：帮助仍然是必要的，以避免内疚、获得尊重、感觉更好，并体验共情愉悦。当逃避很容易且提供了不帮助的理由时，它可以解释帮助（见第 4 章）：帮助是获得尊重、感觉更好和体验共情愉悦的必要条件。它可以解释当那些感受到共情关心的人被告知他们不能提供帮助或他们的帮助不能消除需要时消极情绪的变化（见第 5 章）：这些人会因为失去情绪提升和共情愉悦而感到不愉快。而且，它还可以解释当逃避很容易，并且在提供了一种低成本的情绪提升体验的情况下的帮助（见第 6 章）：帮助仍然是体验共情愉悦的必要条件。很明显，同时存在的选择可以解释很多问题。

相反的证据。但也有一些结果无法解释。记住这些实验的结果，在这些实验中，除了检验帮助之外，还检验了其他东西，例如选择接收最新的信息（实验 2 和实验 3——在第 7 章中描述过）（Batson et al., 1991）。这些实验对于比较共情 – 利他假说和同时存在的其他选择的预期结果尤其有用：因为只有当感受到共情关心有作用时，五种可能的利己动机中的三种才是相关的，即避免羞耻和内疚、追求自豪感以及从帮助中获得情绪提升。在没有机会提供帮助的情况下，这三种动机要么不出现，要么无法获得。因此，选择接收最新信息实验的结果不可能是由于它们中的任何一个，或者是单独的抑或是作为一个集群的一部分。同时存在的选择必须依赖于剩下的两个利己动机中的一个，即消除共情、寻求共情愉悦。那么，两者中的任何一个都能解释结果吗？

　　都不能。回想一下，在两个选择接收最新信息的实验中，被诱导对一个需要帮助的人感到或低或高的共情关心的被试，在被告知需要帮助的人有 20%、50% 或 80% 的可能性得到实质性改善后，他们有机会了解需要帮助的人的情况。当改善的可能性增加时，共情关心被消除的可能性和感受到共情愉悦的可能性都会增加。因此，共情移除和共情－愉悦假说都预测，在被诱导产生高共情的被试中，选择获取最新信息的比例将在 20%、50% 和 80% 的条件下线性增加。与此相反，利他假说预测，感受到高共情的个体可能会选择获取最新信息，即使改善的可能性很小。

　　对于这两项实验，共情－利他假说与共情移除和共情－愉悦假说的预测结果不同。而且，鉴于其他三个利己动机并不相关，如果这些实验的结果如利他假说所预测的那样，它们就不能用五个利己猜想中的任何一个来解释——因此它们也不能用同时存在的选择来解释。所有的五种利己动机都将同时被排除。

　　在第 7 章中，我们看到了两个选择接收最新实验信息的结果。事实上，结果模式正如共情－利他假说所预测的，而不是由共情移除和共情－愉悦假说所预测的，所以不像同时存在的选择所预测的那样。有一些线性增长的证据在共情较低的个体中得到了预测，但在那些感受到高共情的个体中却没有。

　　这两项实验提供了所有一次性替代方案中最清晰的检验，但是除了帮助以外的其他实验结果也很难解释，特别是当这些结果结合起来的时候。例如，考虑一下打印目标相关单词的墨水的颜色（见第 5 章）。也请思考一下，当共情关心的帮助者在不是他们的错误的情况下得知他们的帮助并没有消除需求后的情绪变化（见第 5 章）。总之，通过回顾现有证据可以发现，除了缺乏合理性之外，同时存在的选择也缺乏实证支持。

小集群

　　如果同时存在的选择方案缺乏实证支持，那么任何依赖小集群的替代方案也同样缺乏支持。事实上，对于五种利己动机中的任何一种，更多的实验提供了相反的证据。显然，没有任何相互结合的利己动机能够解释一系列支持共情 – 利他假说的证据。

结 论 ———∞

第一种新的可能是，共情关心产生了一个集群，而不是产生了任何一种利己动机。有时一个集群成员产生的证据似乎支持利他动机，有时支持来自另一个集群成员。在一项给定的实验中发现被检验的利己动机不能解释结果是不够的，必须同时把这个集群的所有成员排除在外。

表达这种担忧的人提出了三个不同但相关的问题：（1）为利他提供支持的研究集中在检验利他的替代性解释上，而不是直接检验利他假说；（2）对于利己解释一次只能检验一个；（3）所有合理的利己解释都应该同时被检验。

回顾一下寻找利他主义的实验证据的收集方式，我不认为专注于利己的解释是一个问题——恰恰相反，考虑到研究的问题是利他的最终目标（消除共情诱导的需要）是否可能取代一个工具性的目标，而这一目标是在通往一个或另一个利己的最终目标的过程中产生的，这种对利己的关注似乎是必要的。

但采用这种策略必须谨慎行事。需要遵循三个原则：（1）因为关于共情诱导帮助的利己解释已形成了一套开放的解释，如果一种解释被排除，其他解释就必须被考虑；（2）不能简单地被排除或控制，每一个利己动机都需要有一个最佳的机会来展示它的力量；（3）在每一项实验中，如果结果模式像利他假说预测的那样，那么共情 – 利他假说需要做出明确的不同于利己假说的预测，以保证支持不是默认的。这些原则都是需要遵循的。

　　我也不认为一次检验一个利己动机是个问题。在检验每一个新的利己动机时，要注意确保先前被排除的动机不能用于解释利他假说所预测的结果模式。在使用的程序中，先前检验过的利己动机可能失效或无关，或者做出与利他假说不同的预测。

　　最后，关于同时检验多重利己动机的建议，相关研究数据已经存在。虽然不是基于此而设计的，但后来的一些实验通过主动检验或使五个利己动机变得不相关来检验同时存在的选择假设。这些实验证据不支持多重动机存在的可能；相反，实验证据支持共情－利他假说。

　　共情诱导的帮助是一系列利己动机作用的结果，这种想法没有通过检验。显然，这五种利己动机并没有结合在一起。另外两种新的可能性呢？它们中的任何一个可以成为解释支持共情－利他假说的证据吗？

第 9 章

他人是自我的镜子还是影子

第二种可能性就是当你感受到共情关心时，你就不会再将你自己和你所共情的对象看作两个不同的个体了；相反，你会在心理上将两者融合为一体，你会将他／她的需求看作自己的需求。因此，共情诱导的助人实际上是在帮助你自己，你的动机实际上是利己的，而非利他的。

四种融合形式

那么，自我－他人的融合包含怎样的过程呢？目前至少有四种不同的答案：（1）当我们对需要帮助的人产生共情关心时，我们与他们相互"认同"；（2）我们会把他们看作想象中的"自己"的一部分；（3）我们会从他们身上看到自己的某些特征；（4）我们会将自己和他人看作一个群体中可以相互取代的成员——拥有相同群体身份的两个等价的样本。

我承认，当我第一次听到上述某些观点时，我压根没把它当回事，因为这些用来解释共情－助人关联性的观点看起来似乎有些异想天开。这些所谓的感知过程真的会发生吗？还是说所谓的"自我－他人融合"仅仅是个比喻而已，只是帮助我们调和我们表现出关心他人的行为与我们假设我们的行为总是源于利己动机这两者之间的矛盾？你们自己判断。

自我－他人认同

哈维·霍恩斯坦（Harvey Hornstein）和梅尔·勒纳（Mel Lerner）是第一种形式的融合论的代表人物。霍恩斯坦认为，共情包含着"一体化的感受"以及"相互的认同"：

> 在某些情况下，人们将他人感知为"我们"而非"他们"。当这种情况发生时，人们相互羁绊，一个人深陷困境，他/她的伙伴也会因此感到紧张不安……一些自己与他人的不同之处被超越……当个体为他人利益考虑时，他/她自己的利益也得到了满足，紧张感随之降低。（Horastein，1978，pp.188-189）

霍恩斯坦认为，有三种情况能使人产生一体化的感受：（1）当他人的幸福能提升我们自身的利益的时候；（2）当我们与他人看起来相似的时候；（3）当我们与他人同属于同一个社会群体或团队时。在这些情况下，我们都会产生共情关心，我们有动机去帮助他人以消除自身的紧张感，从而满足自利动机。

梅尔·勒纳的观点与霍恩斯坦的略有不同：

> 当我们对受害者有认同感时，我们就会产生同情、怜悯和担忧的反应。实际上，有这些反应是因为我们脑海中正在想象自己也处于受害者所处的情境中。我们之所以满怀恻隐之心，当然还是为了我们亲爱的、无辜的自己。（Lerner，1980，p.77）

勒纳和他的同事詹姆斯·梅因德尔（James Meindl）一起探究了这种认同感达到什么程度才会发生自我与他人的融合。他们认为，当我们与他人处于一种认同关系中时，"我们与他人在心理上就是不可区分的，我们能体验到那些我们所知道的他人的体验"（Lerner & Meindl，1981，p.224）。与霍恩斯坦的观点不同，勒纳认为这种认同关系与基于相似性的关系是不同的。勒纳认为，相似性产生了合作，但并不是那种基于认同感而产生的"母爱似的、替代性"的共情关心。对他来说，和霍恩斯坦一样，他也认为共情促使我们帮助他人，也是一种我们帮助自己的方式。

自我中包含他人

丹·韦格纳（Dan Wegner）和阿特·阿伦（Art Aron）支持第二种形式的融合论。韦格纳认为"共情是一种由一己私欲所驱动的积极形式的社会行为"，因为当我们共情时，我们"会为他人考虑，就好像他人就是我们自己一样"（Wegner，1980，p.131）。我们的共情涉及一个包含着他人的"延伸自我"，同时也"部分源自对自我和他人的混淆"（pp.132-133）。

但退一步说，韦格纳承认这种混淆存在一定的界限。帮助他人需要一定的鉴别力来区分自我与他人，以便我们不会错误地帮助我们自己。韦格纳认为，角色取代（*perspective taking*，我称之为观点采择）会帮助我们鉴别出他人的观点并不是我们自己的，因此自我与他人的混淆并非完全的。

阿特·阿伦指出，亲密关系中就涉及"将他人包含在自我中"，他将其作为自我中包含他人产生共情的典型例子。当有共情感受时，"个体至少能够体验到他人的痛苦"（Aron & Aron，1986，pp.28-29）。具体来说：

> 当一个人（P）将他人（O）的某个或某些方面纳入自己的自我中时，在某种意义上来说，这个人（P）就把他人（O）——不仅仅是他人（O）的某些部分——包含到了自己（P）的自我中。也就是说，这个人（P）会因为他人（O）感到满意而感受到相同或相似程度的满意，会因为他人（O）受到伤害而感到痛苦，就像自己（P）也受伤了一样。这个人（P）会为他人（O）谋求快乐和幸福，就像这些快乐和

幸福是自己（P）的一样。这个人（P）认同他人（O），甚至在一定意义上来说是与他人（O）"合为一体"的。（Aron & Aron，1986，p.29）

阿伦在其后续文章中将他的观点与韦格纳的自我－他人融合论更紧密地联系在了一起：

在亲密关系中，许多有关他人的认知过程都是将他人看作了自己，或者把他人与自我混淆——这背后就是一种自我与他人的融合。这种融合是"一种弱化的自我－他人差异"，它是共情诱导助人的原因。（Aron，Aron，Tudor，& Nelson，1991，p.242）

从他人身上看到自己的特征

马克·戴维斯和鲍勃·恰尔蒂尼则更赞同第三种形式的融合论。戴维斯和他的同事们主要研究观点采择。正如上文所述，观点采择可以产生共情关心。戴维斯等人受到了阿伦有关自我中包含他人这种观点的启发，但他们的观点却与阿伦的完全相反。融合不是将他人包含在自我当中，而是在他人身上看到了自己的某些特征。

观点采择的心理过程是以一个观察者的视角来感知对方，在一定程度上来说，是把对方感知得更"像自己"。……在心理表征的层面，主动进行观点采择会产生自我与他人的融合……（我们的研究团队专注于）研究投射的过程，即把自己的特质归因到他人身上。而1991年阿伦等人的研究主要关注包含过程，即把对方的特质归因到自己身上。（Davis，Conklin，Smith，& Luce，1996，pp.713-714）

到了20世纪90年代中期，鲍勃·恰尔蒂尼放弃了原先解释共情诱导帮助的悲伤缓解假说（我们在第6章已检验并排除了这一解释），也放弃了帮派思想（我们在第8章已排除了这一解释）。他开始转而关注第三种融合形式。恰尔蒂尼和他的新同事们提出，"当一个人站在他人的角度（不管是因为听从了指令还是因为有情感依恋）对他人的体验感同身受时，这个人就会把自己纳入对他人的界定中"（Cialdini, Brown, Lewis, Luce, & Neuberg, 1997, p.482）。因此，产生共情关心能诱发更多的助人行为"并不是个体因为对亲近的他人产生了更强的共情关心，而是因为他们感受到了更多与他人的统一，也就是说，他们在他人身上感知到了更多自我的存在"。这是一种"象征性的融合，或者说是将他人进行了扩展，他人中包含自我"（Cialdini et al., 1997, p.483）。

鲍勃和他的合作者们准确地察觉到，如果（上述理论）是正确的，那么这一过程将极大地减弱共情–利他假说的逻辑性（Cialdini et al., 1997, p.482）。如果自我和他人之间的差异消失了，两者"合二为一"，那么利己主义与利他主义之间的差别也将随之消失——至少在共情–利他假说中这两个词之间的差异消失了。正如我们在第 1 章和第 2 章中提到的，在共情–利他假说中，利他主义是指最终目标是增加他人福利的一种动机状态，而利己主义则是指最终目标是提升自己福利的一种动机状态。在这种定义下，如果自我和他人合为一体，那么利他主义与利己主义也就合二为一了。

自我与他人是拥有相同群体身份的两个可相互取代的样本

在约翰·特纳（John Turner）提出的自我分类理论中，不同的社会感知层次下的自我感知是不同的（Turner, 1987）。当我的关注点在个体层次时，我感知到的自己是"我"而不是"你"。但是，当我的关注点在群体时，我感知到的你和我是"我们"而不是"他们"。也就是说，在群体层次进行自我分类时，会出现"自我感知的去人性化"。特纳相信这种去人性化会对社会性思考、情感和行为产生诸多影响，其中就包括共情和助人行为。

自我感知的去人性化是群体现象（刻板印象、群体凝聚力、民族优越感、合作与利他、情绪感染与共情、集体行为、群体规范与社会影响过程等）中的一个基本过程。群体行为是自我分类在抽象层面的表达，是自我感知转向去人性化的表现。自我被感知为一个社会群体中可相互取代的群体样本，而不再依据个体与他人的差异将自我感知为一个独立的个体。（Turner，1987，pp.50-51）

特纳用这种去人性化的观点来解释共情诱导的帮助，他推断：

> 自我感知的去人性化到达什么程度，私欲也会随之减弱到什么程度。可以推断，自我与内群体成员之间的认同感将会引起对内群体成员的需求、目标和动机等相关的利益的认同感。这种对利益的认同感蕴含着共情利他，使得个体将内群体成员的目标当作自己的目标。（Turner，1987，p.65）

对于特纳而言，共情诱发助人实际上是我们的自利动机所驱动的。尽管在群体层面上进行自我分类时，自利动机意味着增加"我们"的福利而不是"我"的福利。

启示

这四种自我－他人融合的形式有许多共同点，尽管它们激发的是不同的心理过程——其中一些心理过程还是互斥的（可以推断，我们不可能在将他人包含于自我当中的同时又将自我包含在他人当中）。但它们的共同点在于四种融合形式都得到了一个结论：当我们感受到共情关心时，就产生了一种感知／概念上的改变。自我和他人不再被看作不同的个体，而是被看作是一体的，或者被看作可以相互取代的等价体——至少在需求和动机上是等价的。我们为他人谋取福利实际上是自利的。

自我－他人差异

共情－利他假说不赞同任何一种形式的融合论所持有的观点，因为它反对根据融合论所得出的结论。共情－利他假说认为，当我体验到自己对处于困境中的他人产生共情时，我区分自我和他人的能力并没有降低。他／她的需求就

是他 / 她的，并不是我的或者我们的。我关心他 / 她，也不是为了我自己或者为了我们。亚当·斯密描述了当他听到别人失去了唯一的儿子时他可能会感受到的怜悯之情，这正好体现了共情 – 利他假说的观点，"我的悲伤……完全是因为你，和我自己一点关系也没有"（A.Smith，1759/1976，p.317）。如果真的如这些不同的融合形式所说的那样，当我们感受到共情关心时，自我 – 他人差异就消失了，那么共情 – 利他假说也就是错误的。接下来，又到了检验证据的时候了。

证据

在 20 世纪 90 年代，用自我 – 他人融合论来解释共情 – 助人关联性的论述有很多，但却没有支持这些论述的证据。融合论的支持者们所引证的、支持其观点的大部分研究，其证据相关性是有问题的，因为它们无法真正地检验共情诱发助人是因为发生了融合。

证据相关性存在问题

有四个流派的研究都属于证据相关性存在问题的研究，它们是哈维·霍恩斯坦、斯蒂芬·施蒂默尔（Stefan Stürmer）、阿特·阿伦和马克·戴维斯所报告的研究。

哈维·霍恩斯坦。 为了论证自我与他人认同的观点，霍恩斯坦引证了自己和其他人的一些研究。这些研究都表明当人们得知一个陌生人赞同自己的观点，和自己的价值观一样，或者和自己同乡或同族的时候，人们会对这个陌生人提供更多的匿名帮助（比如，将其丢失的信件寄回，或者归还其丢失的钱包）（Hornstein，1978）。遗憾的是，这些研究并没有对共情关心或自我 – 他人融合进行测量，因为我们并不清楚到底因为什么产生了这些效应。因为他人引发了共情？因为自我与他人发生了融合？因为提升了助人者的自我价值？因为喜欢、义务，还是因为什么？

特纳所引证的研究和霍恩斯坦的是一样的。他将这些研究作为支持群体层次进行自我分类时将自我和群体内成员感知为拥有共同利益的、可相互取代的样本的主要证据。但是，这些研究并不能对特纳的融合论提供任何明确支持，其可支持性并没有比霍恩斯坦更大。

斯蒂芬·施蒂默尔。斯蒂芬·施蒂默尔和他的同事们报告了四个不同的研究，在这些研究中，一部分被试可以帮助内群体成员，一部分可以帮助外群体成员（Stürmer, Snyder, Kropp, & Sein, 2006; Stürmer, Snyder, Omoto, 2005）。例如，在一项研究中，德国基尔大学的德国学生和穆斯林学生有机会帮助一个德国人或者一个穆斯林人找住所。施蒂默尔和他的同事们测量了共情，并发现当可以帮助内群体成员时，共情和助人行为之间存在关联，但是如果有帮助需求的人来自外群体，那么共情与助人之间的联系会减弱甚至消失。施蒂默尔和他的同事们将这一发现与特纳的思想联系在了一起，他们认为，自我利益在群体层面被表达为我们的利益（内群体成员）而不是他们的利益（外群体成员）。

我认为，这些研究发现并不能支持特纳的观点。基于特纳的观点以及几种融合形式的理论，共情和助人行为都应该出现内群体－外群体差异。相比面对外群体成员，面对有需求的内群体成员时，被试应该感受到更多的共情关心，并且给予帮助的可能性也更高。但是，施蒂默尔和他的同事们在其研究中并没有发现这种内群体－外群体差异，即在面对外群体成员时，人们对外群体成员的同情与帮助并没有比内群体成员更少。

那么，为什么帮助外群体成员时没有发现共情与助人之间的关联呢？这很可能是因为有一些其他能够影响外群体助人行为的因素产生了重叠效应。我们可能对需要怎样的帮助或者该如何帮助这一问题缺乏信心。我们可能会担心提供帮助会显得自己屈尊俯就，或者担心不予帮助显得自己骄傲等。当面对一个处于困境中的外群体成员时，这些变量都有可能掩盖共情与助人之间的关系。

阿特·阿伦。 阿特·阿伦和他的同事们发现，人们在判断自己是否拥有与其亲密他人（如配偶）非共享的特征时的速度更慢（Aron et al.，1991）。阿伦将这一发现解释为一种象征性的自我与他人的融合——特别是自我中包含他人的融合。他解释到，因为亲密他人已经成为自我的一部分，所以被试在判断自己是否拥有那些他们与其亲密他人非共享的特征时才会更加困难。我认为，这一效应可以有更加明显的解释。只提一点：我们和亲密他人之间的不同点可能会引起我们情绪上的警戒，对判断产生干扰，使我们的反应变慢。另外，阿伦和他的同事们也未对共情关心或者助人行为进行测量，因此，他们的研究无法支持共情与助人的关联性源于自我与他人的融合这一观点。

马克·戴维斯。 马克·戴维斯和他的同事们进行了两项研究，当大学生听到另一个学生的事情时，相比那些保持客观的被试，他们采用了想象视角的——不管是想象这个人的感受如何（想象他人），还是想象如果自己处于他／她所处的情景时的感受如何（想象自己），他们都会使用更多先前用于描述自己特征的词语来描述这个学生的特征（Davis et al.，1996）。但是，戴维斯和他的同事们发现这种效应仅仅存在于那些正性特质上。考虑到大部分人对自己的评价都是积极的，因此是不是真的像戴维斯推断的那样——自我特征被投射到了那个学生身上——还尚不明晰。或者，那些采用了想象视角的被试仅仅是对那个学生进行了更多的积极评价，从而导致和正性的自我评价产生了更多重叠呢？

另外，尽管戴维斯和他的同事们操纵了观点采择，但是他们的研究并没有回答共情关心与助人行为之间的关系究竟是不是因为自我与他人的融合。因为那个学生（和被试的性别进行了一致性匹配）仅仅讲述了他／她的社会经历和学术经历，并没有展现出任何不同寻常的特点或疑问。因此就没有理由产生共情关心，也就没有机会提供帮助。

证据有明确的相关性

幸运的是，有些研究的研究设计明确检验了自我－他人融合是否能解释共

情 – 助人的相关性这一问题。

为了他们你会做些什么？ 鲍勃·恰尔蒂尼和他的同事们是第一个做此类研究的（Cialdini et al.，1997）。在他们的三项实验当中，本科生被试（第一项实验中男性 44 人、女性 46 人；第二项实验中男性 36 人、女性 38 人；第三项实验中男性 82 人、女性 181 人）被要求想象以下四种类型之一的同性个体。

1. "一个你不太认识的男性 / 女性……你可以认出他 / 她和你上过同一门课，但如果你们在校园里碰面了，你不会跟他 / 她打招呼"（较近的陌生人条件）。
2. "一个你不太熟悉的男性 / 女性，不过如果你们在校园里碰面了，你会停下来跟他 / 她寒暄几句"（认识但不熟的人条件）。
3. "一个你的男性 / 女性朋友，你和他 / 她时常一起去校外玩耍"（好朋友条件）。
4. "一个你最亲密的男性 / 女性亲人，如果你有兄弟姐妹的话，可以是你的兄弟姐妹"（家人条件）。

存在三种需求条件。在第一项实验中，被试被要求想象这个人刚刚被驱逐出了住所，然后要求他们报告自己愿意提供帮助的意愿水平，有七个选项可供被试选择：（1）什么也不做；（2）给他 / 她一份房屋租售指南；（3）花几小时开车带着他 / 她去找新住所；（4）（假设你的住所空间充裕）邀请他 / 她和你一起住几天；（5）邀请他 / 她和你一起住一周；（6）邀请他 / 她和你一起住，直到他 / 她找到新住所为止；（7）邀请他 / 她和你一起住下去，并且免租金。

在第二项实验中，被试被要求想象这个人刚刚因一场事故而死亡，留下了两个无家可归的孩子。同样，被试被要求报告自己愿意提供帮助的意愿水平，同样有七个选项可供选择：（1）什么也不做；（2）给负责这两个孩子的儿童基金会捐 10 美元；（3）给儿童基金会捐 25 美元；（4）给儿童基金会捐 50 美元；（5）为两个孩子举办一个筹款活动；（6）让两个孩子跟你住在一起，直到他们找到可以永久居住的家为止；（7）让两个孩子跟你住一起，并且像抚养自己的孩子一样抚养他们。

在第三项实验中，被试被要求想象以下三种需求情景中的一种：想象第一项实验被驱逐的情景；想象第二项实验遗孤的情景；或者想象这个人需要打个电话。前两种需求情景下提供的帮助选项如上所述。对于打电话的需求情景，被试可选择的选项是：（1）什么也不做；（2）告诉他/她最近的付费电话在哪里；（3）帮助他/她找到一个付费电话；（4）开车带他/她去5分钟车程的地方打电话；（5）开车带他/她去15分钟车程的地方打电话；（6）为了开车带他/她打电话而逃课；（7）为了开车带他/她去打电话而逃课，而那节课将要进行考试（显然，这个实验是在没有手机的年代做的）。

上述的实验在测量完帮助倾向后，研究者还会测量被试自我报告的共情关心程度以及自我与他人的融合度/同一性。同情是通过对四个形容词的评定（均值）测得的，包括同情的、怜悯的、心软的、温柔的（1=完全不会；7=非常强烈）。融合度/同一性的测量是通过被试在两个问题上的平均得分测得的：（1）用阿特·阿伦的自我包含他人（IOS）量表测量了自我与他人的重叠程度（见图9-1）；（2）评估在说起对方时，使用"我们"这个词是否合适（IOS的指导语被修改过，恰尔蒂尼等人在1997年的实验中不再像阿伦他们那样要求被试选择最符合自我和他人关系的圆圈，而是告诉被试"请通过选择合适的圆圈图片，来说明你和这个人的关联程度如何"）。

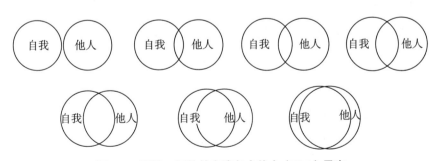

图 9-1　阿特·阿伦的自我包含他人（IOS）量表

资料来源：Aron，Aron，Smollan（1992）。

结果与解释。鲍勃·恰尔蒂尼和他的同事们报告了四个主要发现：（1）被试在三项实验中都报告，相比熟人或不太熟的陌生人，自己会为亲人或好朋友提供更多帮助；（2）被试报告的共情关心和他们愿意提供帮助的水平呈正相关；（3）融合度／同一性测量的得分也与他们的帮助水平呈正相关；（4）把感知到的融合度／同一性从统计上进行控制后，共情与助人之间的相关就消失了。

鲍勃和他的同事们将这些发现解释为支持共情－助人相关是融合的产物的证据。仅仅是因为共情与助人都和同一性相关，所以才产生了共情与助人之间的相关性。真正有关联的实际上是感知到的同一性与助人行为：

> 共情关心的主要角色是作为同一性的一种情感信号。一个人感受到共情关心，通常是由于关系亲密而产生观点采择，进而导致自我－他人重叠。在体验到对另一个人的共情关心时，个体会与这个人形成一定水平的同一性，因此个体的亲社会行为就可能变得更多了。（Cialdini et al., 1997, p.491）

鲍勃和他的同事们总结到，人们之所以愿意帮助那些让他们产生共情关心的他人，"正是因为他们从他人身上感知到了更多的自我"（Cialdini et al., 1997, p.483）——"与共情相关的助人行为并不是无私的，相反，它源自我们想要帮助他人身上的一部分自己"（Neuberg et al., 1997, p.510）。

质疑。 当第一次看到这三项实验所得出的结论时，我是持有疑问的。在看到纽伯格和他的同事们，以及马拉和加约做的相似的后续研究的结论时，我同样持有疑问（Maner & Gailliot, 2007; Neuberg et al., 1997）。我认为，这些研究存在两个程序上的大问题：（1）实验中的需求情景和助人行为均是想象的。很难得知在真实情况下被试会如何反应，对于被试声称他们可能会提供的帮助以及他们可能会感受到的共情都是难以知晓的；（2）依据我们与处于困境的人之间的亲密程度或者关系程度的不同（我们自然而然就会认为自己和亲朋好友之间的关联性会比熟人或者陌生人更加紧密），我们应该提供的、社会规范认为适当的帮助方式和关心程度是不同的。这没什么令人惊讶的：

　　相比陌生人，人们更可能邀请好朋友一起住；相比熟人的孩子，人们认为他们更应该抚养他 / 她的侄子或侄女；相比较近的陌生人，人们更想为了帮自己的兄弟姐妹找到电话而旷课或旷考；人们认为，自己应该和自己的亲朋好友联系更紧密，也应该体会到更多的共情关心。

　　感谢鲍勃的好意，为我提供了这三项实验的数据文件。当我能看到每项实验中亲密关系条件下实际的助人行为数据时，我怀疑被试的反应是受社会规范驱动的这种想法油然而生（在他们发表的文章中，鲍勃和他的同事们只报告了被帮助成本加权后的助人行为分数，这种测量方式很容易进行统计分析，但是却难以被解释，因此我想看看被试的实际反应）。如我所料，许多被试报告说他们更愿意让一个朋友或亲戚和他们住在一起超过一周（86%），或者接收他们成为孤儿的侄子或侄女（97%），而不是为一个较近的陌生人或熟人做这些事情（两种情况下的被试比例分别是 12% 和 27%）。类似的差异在逃课帮忙找电话的情景中也出现了（两种情况下的被试比例分别是 67% 和 26%）。

　　很显然，在这些情景中，关系的亲密程度是一个关键性变量。我可以想象到，如果我什么也不做，我的好朋友或我的兄弟将会怎样说我："我怎么会有你这种朋友！""我怎么会有你这种兄弟！"我也能想象到，如果我为了一个相识但是不熟的人逃课去帮他找电话，或者邀请他和自己住在一起，这个人会怎么想。我并不怀疑这些研究所发现的效应，我也丝毫不怀疑相比共情关心，关系亲密度是助人行为中一个更强的预测变量。我只是质疑它们的解释机制。我质疑的是这些由自陈报告所得到的证据能不能表明共情与助人的关联是因为发生了融合 / 合二为一。我认为，这些研究仅仅只是展现了一种强的社会规范，一种有关我们应该做什么以及该同情谁的规范。

　　总体而言，尽管这三项实验的实验设计是专门用来检验共情与助人的关联是不是由于自我 – 他人融合这一问题的，但是我认为它们并没有成功。因为我所产生的怀疑，我和我的一些同事们设计了一些实验来检验融合论的解释。我认为，一个适当的检验应当满足以下四个标准，而恰尔蒂尼及其同事们的研究并没有满足这些标准。

好的检验应满足的标准。第一，我觉得操纵共情关心比简单地测量它更为重要。通过操纵共情关心并随机地把被试分配到不同的条件下，我们就能知道我们观察到的是共情关心所产生的效应，而不是其他什么因素，比如社会规范或角色期待等。第二，被试在高/低两种共情条件下，面临的应该是相同的他人，并处于相同的困境中。这样就能够避免关系与困境的严重混淆。第三，需求情景以及帮助机会都应该是真实的，而不是假设的，这样才能激发真实的共情感受以及真实的助人行为反应。第四，在高/低两种共情条件下，帮助机会应该都是一样合适的，同样是为了避免社会规范以及角色混淆。

凯蒂·班克斯实验的实验程序可以满足以上四个标准。因此，为了检验融合是否能解释共情－助人的相关性，我想我们可以：（1）实施该实验程序；（2）操纵或测量不同模式的融合；（3）假定我们能发现共情与助人相关，然后看一看融合是不是能够解释这种相关。因此，我和我的同事们用凯蒂·班克斯实验的实验程序做了两项实验（Batson，Sager，et al.，1997）。当我们做第一项实验时，我得知鲍勃也对用融合论解释共情与助人的关联性产生了兴趣，但我不知道他也在收集数据（我想他也不知道我们正在收集数据）。直到我们做第二项实验的时候，我才知道鲍勃的那三项实验。

关心凯蒂是因为融合吗？ 在原始的凯蒂·班克斯实验中，我和我的同事们让堪萨斯大学（美国）的本科生（实验1中女性40人；实验2中男性40人、女性20人）通过试听《小人物新闻》广播来得知凯蒂的困境，在原始的版本中，我们利用听觉指导语来操纵共情关心：两项实验都会让一半的被试保持客观（低共情），让另一半的被试想象被采访人的想法和感受（高共情）。听完指导语后，被试将完成一份情绪反应量表，该量表包括六个常被用于测量共情关心的形容词（同情的、怜悯的、温柔的、心软的、温暖的和感动的），然后他们有机会为凯蒂提供帮助。这两个实验的新变化是，我们测量了四种形式的自

我 – 他人融合的效应。

凯蒂是我们中的一员或者他们中的一员。 为了检验特纳有关共情关心与助人的机制是因为共享了群体成员身份，我们做了两个新版本的试听广播。两个版本的广播都包含你在序言所听到的关于凯蒂的采访内容，但是我们对播音员在一开始所做的介绍进行了修改。两个共情组的被试都有一半会得知凯蒂是一名堪萨斯大学的大四学生（共享群体成员身份条件），而另一半的被试则得知她是堪萨斯大学的劲敌——堪萨斯州立大学的大四学生（非共享群体成员身份条件）。增加了这一操纵，我们得到了一个群体身份（共享、非共享）× 共情关心（低、高）的 2×2 设计。

因为堪萨斯州立大学距离堪萨斯州曼哈顿市有 100 英里，我们没办法提供原始实验版本中的那些帮助了，比如临时帮忙照看孩子、帮忙维修房屋、提供交通工具等。这些选项会导致"帮助的难易度"这个混淆变量被引进。因此，被试可以提供帮助的机会对于两所大学的凯蒂来说都是同等程度适宜的——在家里装信封写地址，以及为筹款活动提供帮助。这是我们在第 7 章提到的凯蒂实验中所使用的助人行为的测量方式，第 7 章的实验中包含了一个反馈操纵，但在这个实验中被试不会收到任何反馈信息（原始版本的实验中也是如此）。

融合测量。 我们采用了三种检验方式来测量融合。第一种方式是沿用霍恩斯坦的方式，询问被试"你认为，被采访的这个人跟你有多相似？"（1= 一点点相似；9= 非常相似）。第二种方式是沿用戴维斯的方式，让被试评价特质上的相似性。被试首先要评价自己在 16 个个人特质上的符合度，其中包含 8 个和凯蒂情景相关的特质（如友好的、智慧的）和 8 个无关的特质（如有责任心的、勇敢的）。然后再评价被采访的人（即凯蒂）在这 16 个特质上的符合度（1= 一点也不符合；9= 非常符合）。第三种方式是让被试完成一个用于测量自我 – 他人重叠度的 IOS 量表，这个量表是由阿特·阿伦开发的，鲍勃和他的同事们在他们的研究中也曾使用该量表（见图 9–1）。但我们为被试提供了一份更清楚的指导语："将自己作为'我',将试听采访中的被采访者作为'他人',请从下面的七幅图片中圈出一张你认为最能描述你和所听到的被采访者之间关系的图片。"

结果。表9–1展示了实验1的结果,表9–2则是实验2的结果。正如你们所看到的那样,在两项实验中我们都发现共情与助人行为之间存在相关性,这重复了前面其他凯蒂实验的结果。此外,我们发现这一相关关系不受是否为共享群体成员身份的影响。相比低共情条件下的被试,在高共情条件下,不管凯蒂是来自堪萨斯大学的学生还是来自劲敌堪萨斯州立大学的学生,被试都报告出对凯蒂有更多的共情关心。此外,高共情组的被试比低共情组的被试更愿意帮助堪萨斯州立大学的凯蒂,而不仅仅是堪萨斯大学的凯蒂。在两项实验中,被试对凯蒂的共情关心与帮助她的意愿都呈显著正相关。显然,由共情引发的帮助并不需要凯蒂是同一群体的群体内成员。这就使得特纳关于共情与助人行为相关是因为产生共情的人与处于困境中的人被看作在群体层次的同一个自我中两个可相互替换的样本的说法变得令人质疑。

表 9–1　　在群体身份 × 共情关心的实验设计中各个组的共情关心、
助人行为与融合得分(实验 1)

测量	与凯蒂的群体成员身份			
	共享(堪萨斯大学)		非共享(堪萨斯州立大学)	
	低共情	高共情	低共情	高共情
共情关心	3.83	5.03	3.30	4.32
助人	50%	80%	50%	70%
对融合的测量				
相似性	4.20	4.60	4.70	5.10
无关特质	1.50	1.73	1.76	1.49
相关特质	2.80	2.94	2.23	3.06
IOS 得分	2.30	2.80	2.20	3.30

资料来源:Batson, Sager, et al.(1997)。

表 9–2　　　　在群体身份 × 共情关心的实验设计中各个组的共情关心、
　　　　　　　助人行为与融合得分（实验 2）

测量	与凯蒂的群体成员身份			
	共享（堪萨斯大学）		非共享（堪萨斯州立大学）	
	低共情	高共情	低共情	高共情
共情关心	3.47	4.93	3.49	5.03
助人	27%	67%	13%	53%
对融合的测量				
相似性	3.93	4.20	3.87	4.87
无关特质	1.81	1.59	1.50	1.70
相关特质	2.88	3.24	2.85	2.59
IOS 得分	2.47	2.53	1.67	3.33

资料来源：Batson，Sager，et al.（1997）。

　　看完操纵群体成员身份之后，再来看一看三种融合测量。中介效应检验的统计分析表明，共情与助人之间的相关并不能被任何一种融合测量所解释。尽管前人的研究已有明确证据表明感知到的相似性可以提升共情关心（见第 3章），但我们没有发现相反的效应：通过想象性的指导语来诱发共情并不能提升感知到的相似性（依据我们的第一种融合测量）。在两项实验中，我们只观察到被试在高共情组对凯蒂感知到的相似性会更高的趋势，但并不显著。两项实验都没有发现能够支持相似性可中介共情 – 帮助关系的证据。

　　共情操纵也没有稳定地增加自我与凯蒂之间感知到的特质相似性（依据我们的第二种融合测量）。对于与凯蒂情景无关的特质，在两项实验中，特质相似性得分在高 / 低共情组是相同的。对于与情景有关的特质，在实验 1 中通过语音指导语操纵共情会对特质相似性产生一些效应，但是这个效应却与融合论所预期的相反：相比低共情组，凯蒂的特质相似性得分在高共情组反而更低。实验 2 则没有发现这一效应。同样地，没有发现任何支持中介关系的证据。

　　对于第三种融合测量方式，我们发现高共情组（想象的）的被试的 IOS 得分高于低共情组（客观的）的被试——实验 1 是边缘显著，实验 2 是显著。但是，这一效应只存在于非共享群体成员身份条件下。关于两项实验的中介分析都表明，IOS 得分不能（或无法）用于解释共情与助人的相关。

启示。 这两项实验的结果使我们得出了与鲍勃及其同事们有所不同的结论。通过操纵共享群体成员身份和三种测量融合的方法，我们发现，没有证据表明共情 – 助人的相关是自我与他人融合的产物。没有证据表明被试在高共情组提供更多帮助，是因为他们把凯蒂看作和他们更为相似的人，看到凯蒂有更多与自己一致的特质，看到自己和她之间有很多重合的地方，或者是因为和她有同样的群体身份。相反，与共情 – 利他假说一致，当诱发被试对凯蒂产生高共情时，他们感知到自己与凯蒂之间的差异与诱发低共情组的被试是一样的。至少在使用我们的测量方式和操纵方式时，自我与他人融合看起来显然并不能解释共情与助人之间的关联。

更早些的证据以及其他的检验。 所有这些有关融合论的解释都假定，共情关心与助人之间的关联是由感知/认知过程中自我概念的变化所导致的，并且都假定通过操纵共情过程（例如，观察 vs. 想象性的指导语）而产生的这些自我概念的变化，会对助人行为产生直接效应，而助人行为的变化并不是操纵共情过程所产生的效应。

尽管原始的凯蒂实验的实验设计并不是专门用来检验自我 – 他人融合的心理机制，但它也能提供一些与其假设相关的证据。正如我们在序言提到的那样，实验还包含另一个操纵——通过让被试听广播来操纵被试使其对情绪唤醒有一个错误的归因。这个操纵是用来检验通过语音指导语所操纵出来的助人行为究竟是来自指导语操纵共情得到的效应，还是感知觉的一个直接效应。与融合论所预测的相反，实验结果表明助人行为的提升源自共情，而不是一个直接效应。

在自我 – 他人融合论出现后，埃里克·斯托克斯（Eric Stocks）重复使用了凯蒂·班克斯实验的程序，同时用了三种融合测量方式：感知到的相似性、自我－他人重叠度（IOS）以及使用"我们"一词的倾向。跟原始的实验一样，埃里克也发现了共情与助人之间的相关关系，同时他也发现三种融合测量结果都不能够解释共情与助人的关系，自我－他人融合再次未能在共情关心对助人行为的影响中起到中介作用。

自我－他人差异的影像学证据。最终，琼·黛希迪（Jean Decety）和他的同事们报告了三个影像学研究，其数据结果显示，想象－他人视角下所诱发的共情关心与自我－他人差异之间的相关性要高于自我－他人融合。在第一项实验中，被试要想象一系列生活中可能发生的情景，其中一些很可能会引起情绪唤醒，另一些则不太可能（Ruby & Decety，2004）。例如，一个情绪唤醒的情景是让被试想象自己坐在某个厕所隔间的马桶上，但忘记关闭隔间的门，有人突然打开了厕所隔间的门。被试要么想象自己如果处于那种情景下会有怎样的感受（想象自己），要么想象自己的母亲如果处于那种情景下会有怎样的感受（想象母亲）。

在想象自己和想象母亲两种条件下，被试的影像扫描（fMRI）都显示，在情绪唤醒条件下，杏仁核和颞叶这两个与情绪体验有关的脑区的活动性增强。此外，在想象母亲条件下，负责区分自我与他人、自我能动性与他人能动性的脑区的激活程度提升，这些脑区包括右侧顶叶下回或颞顶联合区（TPJ）、腹内侧前额叶以及扣带回。

在第二项实验中，被试会看一系列日常情景中的人物手脚的图片，有些图片中的人物的手或脚会遭受伤痛，另一些则没有（Jackson, Brunet, Meltzoff, & Decety，2006）。疼痛的情景包括关抽屉时手被夹了，或者有个重物砸在脚上，等等。不疼痛的情景与疼痛的情景是对应的，例如手放在抽屉把手上，而不是手被夹了。在每个试次，被试都要想象图片中的手或脚是自己的（想象自己视角），或者想象是一个自己认识但不熟悉的人的手或脚（想象他人视角），或者想象是假肢（假肢视角）。

利用 fMRI 扫描，杰克逊及其同事们发现，在疼痛条件下，想象自我和想象他人视角均能够提升与疼痛体验有关的脑区，包括脑岛（AI）和前扣带回（ACC）。他们还发现，只有在想象他人视角条件下，区分自我与他人的脑区，包括右侧颞顶联合区和扣带回 / 前楔叶才有更多的激活，而想象自我条件则没有。依据这些实验结果，研究者总结道："疼痛共情并不依赖自我与他人的重叠……自我与他人之间必须要进行区分而不是进行融合。"（Jackson et al.，2006，p.760）

在第三项实验中，被试需要在进行 fMRI 扫描时观看一系列视频短片，视频播放的是一位患者的脸部正在进行医学治疗，同时被试的耳机里会播放患者痛苦的呻吟声（Lamm et al.，2007）。在一些试次中，被试被要求想象这个患者是什么感受（想象他人视角），在另一些试次中，被试被要求想象如果他们处于这个患者的情景中，他们是什么感受（想象自己视角）。在扫描结束后，被试被要求在扫描仪外再次观看一遍该视频，然后再一次，被试在一些试次中被要求想象患者的感受，而在另一些试次中被要求想象自己的感受。但在后面这次，他们还需要报告自己看视频的情绪体验，包括共情关心以及个人的痛苦感。

拉姆和他的同事们发现，在想象他人条件下，被试报告了更多的共情关心，而在想象自己条件下，被试报告了更多的个人痛苦感。此外，不同想象视角的指导语导致与自我认知和他人认知相关的不同脑区被激活。想象自我指导语导致左侧顶叶下回被激活，而想象他人指导语则激活了右侧顶叶下回。正如前文提到的，右侧顶叶下回 / 颞顶联合区与自我 – 他人差异有关。[1]

总的来说，这些研究都提供了影像学证据，支持产生共情关心是因为自我 – 他人差异，而非自我 – 他人融合。但我必须要补充一句，应该注意的是，

---

[1] 相关内容另请参见 Blakemore & Frith，2003，以及 Jackson & Decety，2004；关于在回应他人痛苦时自我和他人的差异性的更多证据，请参见 Hygge，1976；Kameda, Murata, Sasaki, Higuchi & Inukai，2012；以及 Lamm, Meltzoff, & Decety，2010。

最好是把这些影像学证据看作初步性的证据。这些研究的效应和解释都还不完善，今后还需要做更多的研究。

结 论 ────∞

已经有很多证据表明，我们的自我概念是可以变化的。我们对自我的认识会因为我们和谁在一起（朋友、家人、同事、陌生人）、我们处于怎样的环境中（工作中、家里、玩耍、国外），以及我们在做什么事情（准备晚餐、输了网球比赛、听演讲）的不同而发生改变。然而，这种可变性并不能让我得出自我没有界限的结论。我们的自我概念受到个人生活史以及身体的限制。我可能把自己看作一位丈夫、一名心理学家，或者一个左撇子，但不管是哪个，他都还是我们这个人。

神经科学家安东尼奥·达马西奥（Antonio Damasio）在回顾了神经影像学研究和对神经症患者的研究证据后总结道：

在我们所能想到的所有不同类型的自我中，有一个自我概念始终掌控着核心舞台：这个概念的自我是一个有边界的、独一无二的个体，他 / 她很少随时间改变，从某种程度上来说，似乎是保持不变的——实际上参考的连续性是自我需要提供的东西（Damasio，1999，pp.134-135）。他将之总结为"身体与自我同在"（Damasio，1999，p.142）。

达马西奥说得很有道理。我非常乐意把"二者合二为一""自我与他人混淆""延伸自我""自我中包含他人""在他人身上看到自己""同一化""可相互替换的样本""自我 - 他人融合"这些词看作一种比喻，而不是其字面意义上说的那样真的发生融合，至少在解释共情与助人关联性的问题上不是真的。能让我们产生共情的他人的范围非常广泛，包括像凯蒂·班克斯这样的陌生人，也包括一些有恶名的人，比如流浪汉甚至杀人犯（你将在第12章看到相关内容）。我们甚至会对其他物种产生同情，比如一只狗或一只鲸鱼。但是，在心理上把自己和流浪汉或杀人犯视为等同似乎是不太可能的。将自我的概念拓展到包含一只鲸鱼似乎更加不可能。

尽管我对融合论可以解释共情与助人的关联性的这种观点持怀疑态度，但我并不怀疑的是，某些所谓的融合过程确实可以增加助人行为。有时候，感知到的相似性、关系的亲密度以及内群体身份都会促进助人行为，但是这些过程对助人行为的促进究竟是不是因为融合就不得而知了。对助人行为的促进可能是因为增加了喜欢程度，增强了可理解性或提升了责任感。可以确定的是，这些以及其他一些形式的融合并不是共情诱发助人的原因。

唯一可以检验甚至可能支持融合论能够解释共情诱发助人的是恰尔蒂尼和他的同事们的研究。很不幸的是，他们的研究流程是有问题的，实验依赖于对一个假想的有需求者的假想反应，假想的有困难者与被试之间有许多不同的可能关系，被试对有需求者很可能有不同的责任感。那些实验流程没有问题的研究则提供了明确且一致的证据，表明共情诱发助人行为并不是自我－他人融合的产物，至少操纵或测量融合所得到的数据表明并不是。我排除了这一新的解释，我们来看下一个解释。

第 10 章

关于利他的探索终于落下帷幕

第三种可能性把注意力转回到第一种利己主义猜想上。这导致了对去除共情假说过早被放弃的担忧。

就像你所回忆的那样，第 3 章描述的实验检验了这种首要的利己主义假说，以对照共情–利他假说，实验通过操纵逃避难易程度，使得被试即使不帮忙也能消除共情关心。你也许能回忆起依赖于谚语"眼不见，心不烦"而实现的轻易逃避。那些选择不与伊莱恩／查利交换位置的人不会再观看更多的电击实验。那些不愿陪卡罗尔温习课堂笔记的人不会看到她打着石膏坐在轮椅上听课。

也许能够进行容易的躯体逃避是不够的

但也许"眼不见"还不足以让人们忘记一种产生共情的需要。也许那些对伊莱恩、查利或卡罗尔有着高度共情的人，即使知道自己不会进一步接触到他或她的需要，这些人也会预期继续产生共情关心。如果是这样的话，他们实际上处于一个难逃避／高共情的条件下，在这种条件下，共情–利他和去除共情假说都预测了较高的帮助率（见表 2-2 和表 2-3）。如果这是真的，那么第 3 章中的所有证据都与后一种假说一致。最初的主要疑问也许竟是这样的。

为了检验表 2–2 和表 2–3 所列示的四种条件的竞争解释，被试不仅要很容易地进行身体逃避，还要很容易地进行心理逃避。也就是说，他们需要预期从所有的共情诱导刺激中解脱出来，包括对身处困境需要帮助的人未来的想法。发展心理学家马丁·霍夫曼表达了这样的担忧：

> "容易逃避"的情境实际上可能无法为高共情的被试提供容易的逃避，因为这些被试在认知上是能够正确表征事件的成年人。正因为具有这种正确表征事件的能力，当他们知道某人正在遭受痛苦时，即使没有直接目睹，他们也必然具有在情感上做出回应的能力……眼不见不会心不烦。（Hoffman，1991，p.131）

哈维·霍恩斯坦、埃利奥特·索伯（Elliott Sober）、莉莎·沃勒克（Lise Wallach）和迈克尔·沃勒克（Michael Wallach）也表达了类似的担忧（Hornstein，1991；Sober，1991；Sober & Wilson，1998；L. Wallach & Wallach，1991），之后肖恩·尼科尔斯（Shaun Nichols）和史蒂夫·斯蒂克（Steve Stich）及其合作者表达了同样的担忧（Nichols，2004；Stich，Doris，& Roedder，2010）。而我也有这种担忧（Batson，1991）。但是在这些担忧成为重新检验主要猜想的理由前，必须提出两个论断。

关于共情－诱导需求的未来思考

首先，正如刚才所引用的霍夫曼的话，仅仅说研究被试"有能力"在认知上表征（即想象）事件是不够的。这还不足以说明当被试想到某人受苦时，他们会感到厌恶性的共情关心，也就是说，他们有"在知道有人受苦时做出情感反应的能力"。这些断言显然都是正确的，但二者结合起来不足以解释第 3 章的实验结果。

必须指出的是，在决定是否提供帮助时，被试预测如果他们说不，他们将继续思考有人处于痛苦之中，也会同样继续感到厌恶性的共情关心。无论如何，每个要求重新审视去除共情假说的人都这样说。

预期是特定的共情

其次，对"眼不见不会心不烦"的预期必须是特定的共情。对于低共情的人，不应期望其持续地思考。为解释这一发现，即低共情的人在身体逃避容易发生时比不容易发生时其所提供的帮助要少（见第 3 章），因而有必要做出这样的规定。显然，这些个体确实预期到眼不见心不烦。再次引用霍夫曼的论述：

> 那么，那些有低共情的被试呢？这些被试可能被认为缺乏高共情被试在受害者不在场的情况下维持其痛苦形象的动机。对他们来说，容易逃避的条件（即容易发生的身体逃避）可能确实提供了容易逃避的机会（即容易发生的心理逃避）。（1991，pp.131-132）

有了这两点，去除共情假说再次变得可疑。如果第 3 章中容易逃避 / 高共情条件下的被试不相信容易进行的身体逃避会使人忘记共情诱导的需要，那么提供帮助是消除他们未来共情关心的唯一途径。对他们来说，逃避很困难。但如果是这样的话，第 3 章中使用的 2×2 设计就有三种难以逃避的情况，而只有一种容易逃避的情况，即易逃避 / 低共情情况。去除共情假说没有得到充分的检验。

身体逃避真的不能导致心理逃避吗

史蒂夫·斯蒂克和他的合作者让你想象自己的母亲处于极度痛苦的情景之中，以此来说明眼不见不会心不烦。他们指出，你可能不会通过逃避来消除你对她的共情关心。简单的身体逃避并不足以让人心理逃避（Stich et al.，2010）。

这似乎是真的，但它也存在可疑之处，相关的研究报告详见第3章。在那章报告的实验中，容易逃避的实验被试并没有面对处于极度痛苦的母亲。实验被试需要帮助的是另一名素未谋面的大学生，就算不帮助这名大学生，他们此后也不会再见到或听到关于这名大学生的消息。被试可以通过视频或语音交流的方式来了解这名大学生面临的困境。

在这种情况下，似乎身体逃避就足以提供心理逃避。即使是认为自己对需要帮助的人能格外产生共情关心的被试也可能认为只要自己不再去理会伊莱恩/查利/卡罗尔，关于那些大学生所处困境的想法就会很快消失。也许在所研究的情况下，身体逃避确实为被试提供了心理逃避。

在第3章（以及第4章）中，我提及的关于伊莱恩的实验表明了这种现象的存在（Batson et al., 1986）。在第3章所描述的实验中，逃避的难易程度是被操纵的：女性被试认为，如果她们没有帮助伊莱恩脱离困境，她们要么选择自由离开（易逃避），要么看着她受到剩余的八次电击（难逃避）。这项实验的独特之处在于，所有被试都在几周前做过一些人格测验。

这些测验中包括马克·戴维斯的共情关心量表，该自评量表用于评估共情的一般倾向。该量表得分高的人，对需要帮助的人更可能抱有同情和怜悯之心。似乎这些人不会认为眼不见心不烦。对他们来说，如果轻松逃避的机会源于伊莱恩的痛苦，那么这种身体逃避就无法提供容易的心理逃避。如果身体逃避不能使量表高分者产生心理逃避，假设他们试图消除共情，那么即使在身体逃避很容易的时候，他们极有可能也会提供帮助。

但是这些高得分者并没有这样做。当身体逃避很容易的时候，在共情关心量表上得分高的人（那些得分在平均分数之上的人）给予帮助的比例很低（23%），甚至比得分低的人（37%）给予帮助的比例更低（不显著）。然而，当身体上难以逃避时，共情关心量表的不同得分者则显示出截然不同的结果。高分者（83%）比低分者（42%）提供的帮助更多。

这一模式表明，在共情关心量表上得分高的被试并不关心他们记忆中会出现的共情感受。相反，他们担心，如果不得不继续目睹伊莱恩承受痛苦，他们会感到不舒服。那些知道自己如果不帮助摆脱痛苦就必须继续观看的被试很可能会提供帮助，但那些知道自己不必再继续观看的被试很可能会选择离开。显然，即使对最有可能产生共情关心的人来说，容易的身体逃避也提供了轻松的心理逃避。

提供不借助于身体逃避的心理逃避

也许你希望看到更直观的证据。幸运的是，这里有一些。有四个实验已经验证了这种不依赖于身体逃避的心理逃避方法的效果。我们已经了解了其中的两个实验，而另外两个实验是新的。

对更新信息的期望

在第 7 章，我曾描述了两个不以此为目的的简单心理逃避实验（实验 2 和实验 3）（Batson et al., 1991）。它们的目标是测试共情 – 愉悦假说。在每个实验中，主试引导实验被试对需要帮助的人（苏珊、凯蒂）产生或低或高的共情关心，然后他们或者选择进一步了解此人的相关信息，或者选择了解另一个人的情况。专家就苏珊 / 凯蒂的情况是否会随时间推移有改善的可能性进行评估，而实验被试也会在进一步实验前获得这些信息。一些人认为这种可能性只有 20%，另一些人认为有 50%，也有一些人认为有 80%。

如果那些被引导感受高共情的人趋于回避后来的共情关心，那么改善的可能性会影响他们后来的选择。那些被告知改善的可能性很高（80%），也就意味着经历未来共情关心的机会很低的人，应该比被告知可能性适中的人（50%）更频繁地主动查看更新的信息，依此类推，被告知可能性适中的人（50%）应该比那些被告知可能性较低的人（20%）更频繁地选择查看更新的信息。

你可能记得，这两项实验的结果都不支持这些预测，这和共情 – 愉悦假说所得到的预测是一样的。在这些高共情被试中，以 20%、50% 和 80% 为界点的三次测试，在选择查看更新信息的频率上并未呈现线性增长。相反，那些被引导感受高共情的人明显比那些感受低共情的人更有可能选择跟进新信息，甚至在 20% 可能性的这一组被试中，虽然他们觉得这些感受共情的人将变得更好几乎是不可能的，但也呈现出相同的趋势。如果共情关心与其他相关的关注或其他有需要帮助的人的利益有关联，这些结果就是我们所期待的，但如果这些感受引起人们回避未来的共情，这则不是我们所期待的。

这两项实验的结果表明，去除共情假说的提出并不草率。实际上，要求重新进行实验的呼声才值得商榷。为了更确定这一点，我们需要更多更直接的测试，埃里克·斯托克斯就提供了两个测试。

关于操纵共情诱导需求的未来思考

埃里克在博士论文里报告了两项实验，这两项实验都是为了操纵心理逃避来测验去除共情假说的（Stocks，2005/2006；Stock，Lisher，& Decker，2009）。每项实验使用了不同角度的指导语来引导被试对一名需要帮助的年轻女性产生或低或高的共情关心，然后被试会意外得到一个机会来帮助她。身体逃避一直都是容易的：那些不愿意帮忙的人将再也不用看到或听到关于这名年轻女性的消息。

埃里克通过控制被试是否期待继续思考这名年轻女性的困境来提供简单的心理逃避。在每种共情条件下，有一部分被试被引导相信很快就会忘记她的处境，另一部分则没有。这两项实验使用了不同的需求情况和容易产生心理逃避的操纵。

保存或删除你关于凯蒂的记忆。在埃里克的第一项实验中需要帮助的年轻

女性是凯蒂·班克斯。当被试（堪萨斯大学心理学导论课的 48 名男学生）在
进行个体实验时，他们首先阅读了一段指导语：

> 这个研究作为记忆训练中临床实验的一部分，由堪萨斯大学记忆
> 研究中心进行。在这项研究中（第四部分），你会参与一个简短的训
> 练，旨在**增强**或**消除**你关于一个特定事件的记忆。这个研究中所使用
> 的方法被称为"简短训练"：在记忆已经被编码到记忆系统之后，通
> 过 10 ~ 15 分钟的心理意象、配对关联、条件和聚焦心理目标等活动，
> 来永久性地影响记忆的生动程度。
>
> 也许你已经知道，人类的记忆系统与电脑硬盘的运行非常相似。
> 我们的研究表明，用一个训练方法可以让一段经历在你的记忆中永久
> "保存"，而用另一个方法则可以让一段经历从你的记忆中永久"删
> 除"。在这个研究中，你将被随机分配进行一个简短训练，有可能是
> 提高特殊记忆的生动性和持久性（"保存记忆"训练），也有可能是降
> 低记忆的生动性和持久性（"删除记忆"训练）。(Stocks，2005/2006，
> p.66)

这个指导语接着指出了保存或删除记忆的实际意义——改善学术表现、获
得更准确的法庭目击者证词、得到更好的创伤后应激治疗等。介绍中还提到研
究的前三个部分效果非常明显。"保存记忆"训练法被证明在 93% 的情况下有
效，"删除记忆"训练法则被证明在 97% 的情况下有效。在具体实施之前的最
后确认阶段，被试将会随机听到一段校园广播电台的试播节目《小人物新闻》。
然后，他们对广播的记忆将用于进行保存或删除记忆的针对性训练，并评估其
效果。

实验操作。在读完指导语之后，被试了解到他们要接收哪种训练。被分配
了简单心理逃避条件的人会接收删除记忆训练。被安排了困难心理逃避条件的
人会接收保存记忆训练。在了解了他们对即将听到的音频材料的记忆是否会被
删除或保存之后，被试接受了听觉形式的指导语 [保持客观性（低共情）或想

象广播中被采访的人的感受如何（高共情）]，表面上是为了使最初记忆的类型和生动性标准化。

凯蒂的需求以及帮助她的机会。 接下来所有被试将听到这个广播试播节目（该内容已在序言中提到），然后他们会阅读来自主管教授和凯蒂的信，这些信提出被试可自愿为凯蒂提供帮助。那些愿意提供帮助的人填写了一份回复表格，那些不希望提供帮助的人则不用填写。所有被试都会把表格装入信封寄给凯蒂，在此之后主试回到原地，表面上是准备记忆训练，并询问一些关于研究反应的问题。随后的谈话会刻意引导被试对此产生怀疑并追问（没有必要排除任何被试）。实际上并没有进行任何记忆训练。

预期和结果。 这两个实验操作创造了一个 2×2 的设计：逃避难易程度（难、易）× 共情关心（高、低），如第 3 章中用来检验去除共情假说的设计一样。但在这里，心理逃避是通过改变被试是否要进一步了解凯蒂所处困境的期望来操纵的。假设操纵逃避是成功的，那些在容易逃避条件下的人期望删除他们对凯蒂的记忆，而那些在困难逃避条件下的人则期望能够保存这份记忆。

2×2 设计下的四个单元格之间的竞争预期与表 2–2 和表 2–3 所示结果相同。共情 – 利他假说的预期为一对三模式，即在易逃避 / 低共情的条件下的帮助率较低，而在其他三种条件下的帮助率较高。去除共情假说预期那些被诱导产生高共情的被试在难逃避条件下比易逃避条件下会提供更多帮助，这和那些被诱导产生低共情的被试一样。

共情操纵似乎十分有效。像先前进行的凯蒂·班克斯的实验一样，高共情条件下的被试对她的共情关心要显著高于低共情条件下的被试。对心理逃避的操纵的效果就不那么明显了。操纵检验是为了让被试评定他们接受的记忆训练能在多大程度上产生之前描述的效果。每种条件下被试的平均评定值在 6.25 ~ 7.42 之间（其中 1 为不太可能，9 为非常有可能），各种条件下的被试之间并无显著差异。尽管平均值都高于量表的中点，表明被试对训练有一定的信心，但评分并不是特别高。此外，某些评分可能反映了被试期望达到实验预设的效果，即被试认为实验者想得到的答案。因此，我们不能确定接下来的记忆删除训练是否会让被试预期将遇到容易的心理逃避，这也是一个潜在的问题。

被试在本项实验的四种条件下提供帮助的百分比如图 10–1 所示。如你所见，数据符合共情 – 利他假说（见表 2–2）所预测的一对三模式，而不是去除共情假说（见表 3–3）所预测的模式。与其他三种条件相比，处于易逃避 / 低共情条件下的被试（8%）明显地更少提供帮助。易逃避 / 高共情条件下的被试帮助的百分比（67%）表明，即使被试知道会接受记忆删除训练，高共情依然会导致高比例的帮助。之前有说法认为当心理逃避较容易时，较多感到共情的人与较少感到共情的人一样不会提供帮助，而此结果则与之不同。但是由于心理逃避操纵的有效性尚不确定，埃里克明智地进行了第二项实验。

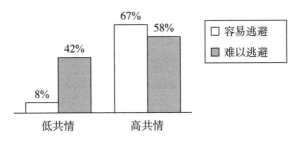

图 10–1　在心理逃避难易程度 × 共情关心的实验设计中每种条件下帮助凯蒂的被试的比例

了解到你将会忘记共情 – 诱导需求。 埃里克在他的第二项实验中更直接地检验了"眼不见不会心不烦"的说法。他将仅是容易的身体逃避，以及容易的身体和心理逃避同时进行对比。被试（仍为 48 名男大学生）一开始就被告知，测验的目的是对校园报纸最近提出的一些功能进行测试。由于时间限制，被试只会阅读八个专题中的两个专题的实验性文章并作出反应。每名被试从 1 到 8 中选择两个数字，表面上是确定他们要阅读的文章，然后让实验者准备相应的文章。但实际上只有两篇文章，实验者按顺序把两篇文章放进了标有所选号码的文件夹中。首先阅读的文章会受到逃避难易程度的操纵。

阅读关于坎迪斯的情感类报纸文章。只存在身体逃避的被试阅读的第一篇文章是《家园卫士》（*Heroes on the Homefront*）。文章讲述的是坎迪斯·德登（Candice Durden）的故事。

关爱的机会

从黎明到黄昏，20 岁的堪萨斯大学的大三学生坎迪斯·德登的目标只有一个——撑过新的一天。经历多年的持续疲劳和长期的头晕之后，堪萨斯大学医学中心的心血管专家还是证实了坎迪斯最担心的事。医生维什米尔·皮吉玛尼（Vishmir Pijimarni）称，遗传缺陷导致坎迪斯的心脏瓣膜畸形，数十年后她的心脏不得不超负荷工作，将含氧血液输送到身体各处，以补偿左心室密封的缺陷。

主动脉半月瓣畸形常使坎迪斯感到疲惫眩晕，这种情况是非常罕见的，罕见到每百万人中只有大约一人患有这种疾病。这些不幸的人，生活得非常艰难。大多数人认为理所当然的简单事情，例如走楼梯或搬走图书馆中的一堆书，对她来说都是严峻的挑战，这使得最具恢复力的人不得不停止所有体力活动，并在几乎筋疲力尽或气喘吁吁的状态下崩溃。坎迪斯也不例外。正如她所说："有时候我甚至没有力气走完图书馆的台阶。虽然我很沮丧，但我还是会闭上眼睛，咬紧牙关，告诉自己我可以做到。"

然而，比起耐力的缺乏，心脏瓣膜畸形的长期后果更为糟糕。人的心脏也是一块肌肉，仅能承受一定程度的损耗。它越努力地维持血液中足够的氧气水平，体积就会变得越大，效率也越来越低。随着时间的推移，心脏会变得过大且效率过低，以致无法提供维持生命所需的血氧水平，这会使人昏厥，最终失去知觉，到那一刻，死亡无法避免。皮吉玛尼医生说："她的情况一点都不乐观。坎迪斯的情况已经超出了我们的预期。如果不进行治疗，大多数有这种遗传缺陷的人都活不过青少年期！"

但是这个故事的最后一章未完待续。目前一种针对心脏手术的新技术已经被开发出来，利用这种技术，外科医生可以使用合成的人工瓣膜代替主动脉半月瓣。这种手术有一定的危险性，但是接受这种手术的患者中有超过 93% 的人完全康复，从此过上正常和健康的生活。因为一系列复杂的手术程序，该手术的治疗过程需要巨大的开销。就坎迪斯而言，和其他大多数这样的患者一样，保险公司拒绝为这种手术进行赔付。

"我尽量保持乐观——我一直告诉自己，我们会很幸运地找到为我的手术筹集资金的办法，"坎迪斯在本周早些时候的一次采访中说道，"我知道这听起来很可笑，但从我还是个小女孩的时候，我就一直梦想着自己能够大学毕业。每当我感到疲惫不堪时，或者当我认为自己撑不过这一天时，我就会想，当我妈妈看到我毕业走过钟楼时她会感到多么自豪。即使我无法进行手术，也无法过上正常的生活，读完大学这件事也会使我妈妈长久以来为我做出的牺牲富有意义。"

坎迪斯的母亲目前做两份工作来支付坎迪斯的学费和医药费，她说她不再对保险公司拒绝赔付感到愤怒。"憎恨它们没有用。尽管它们觉得我的孩子不配过正常的生活。相反，我们决定专注于享受我们在一起的时光，并尽我们最大的努力为她的手术筹集资金。"虽然筹款活动已经筹集了一些资金，但还需要更多。"我给那些可能的捐赠者写信寻求他们的帮助，但我经常没有足够的精力一次坚持一两个小时以上，"坎迪斯承认，"我的母亲是我人生中真正的英雄，她每天工作长达 18 个小时，用所有的空闲时间打电话、写信或向本地企业募集捐款，只是为了让我能多活一阵子。"

坎迪斯能否在她心脏衰竭之前筹集到足够的捐款？只有时间才能证明。但可以肯定的是——坎迪斯和其他像她一样为生存而奋斗的人给了我们这些幸运的人对生活的希望。许多人认为理所当然的小事都会给坎迪斯带去巨大的快乐，在许多微小的帮助下，她也许会活得足够久，最终获得学位并让她的母亲感到骄傲。（Stocks，2005/2006，p.87）

共情操纵和帮助机会。在阅读这段材料前，所有被试会看到形式相同但内容不同的指导语。处于低共情状态的人要保持客观；处于高共情状态的人要想象被描述的人对他或她自己处境的感受。在阅读了指导语后，被试得到了一个帮助坎迪斯筹集资金以进行手术的意外机会。

增加心理逃避。对于处于身体逃避和心理逃避状态的被试来说，关于坎迪斯的文章是他们读到的第二篇文章，而不是第一篇。他们阅读的第一篇文章是为一个名为"今日科学与技术"（*Science and Technology Today*）的专题而写的，该专题报道了最新的科学发现。该文章首先提醒读者，我们每天都会遇到大量的媒体信息，然后介绍了一些新的研究："我们现在有理由相信，一些信息会比其他信息在我们的记忆中'保持'更长时间。"

文章的其余部分描述了普林斯顿大学的凯·邓恩（Kay Dunne）博士和她的同事们进行的一项深入研究（实际上是虚构的）。这项研究通过提供明确的证据表明我们的记忆取决于信息的类型（是事实还是情感？）及其呈现方式（是在电视中，在收音机里，还是在报纸上？）。文章解释说：

> 也许这项研究最令人惊讶的发现是，报纸和杂志等印刷品上的信息最不可能被记住……关于信息的类型，邓恩博士和她的同事们的研究表明，世界性事件的信息比广告更容易被记住，而广告又比地方性事件和情感诉求更容易被记住。（Stocks，2005/2006，p.83）

一个被强调的重要信息认为，"人们不会对情感诉求形成长期记忆，尤其是那些出现在报纸上的情感诉求"。有图表显示，人们对阅读到的关于他人困境的信息保持心理表征的可能性不到5%。文章的结尾说道：

仅仅阅读一个悲伤的故事是不够的——为了对那个故事有一个长期的记忆，人们需要体验电视、电影之类视频的生动性。（Stocks，2005/2006，p.83）

在阅读本文时，所有处于身体逃避和心理逃避状态的被试均被要求采取以下思考方式：

尝试完全理解此信息将对你的生活所产生的影响（要理解这些信息将会如何影响你的生活，只需要仔细思考这些信息，并尝试将所讨论的内容应用到你过去、现在和未来经历的所有相关方面）。（Stocks，2005/2006，p.82）

在阅读了这篇文章之后，被试完成了一个旨在提高此信息影响力的问卷调查。问卷要求他们总结主要观点，然后列出至少四种将所提供的信息应用到他们生活中的方式。

在完成了这一问卷调查后，存在身体逃避和心理逃避的被试被要求阅读第二篇文章——《家园卫士》，该文章讲述了坎迪斯的困境，其中一个思考方式是先前描述的低共情条件下的被试的客观观点，对处于高共情状态的被试来说，这是一种更强烈的感受。然后他们得到了和处于身体逃避状态的人同样的机会来帮助坎迪斯。

检验操纵逃避难易程度的有效性。在提供帮助的机会后，所有被试完成了一个问卷，以询问对坎迪斯故事的反应。问卷中有一个题目检验了操纵逃避难易程度的有效性："在接下来的几个小时和几天里，你预计你会在多大程度上继续思考你读到的故事？"（1= 从不；9= 总是）。

被试在阅读不易记住的报纸上的这种情感诉求文章后，对这个问题的回答明显受到了影响。身体逃避和心理逃避条件下的被试预期思考坎迪斯故事的次数显著少于（9 点量表的平均分为 3.71）单纯身体逃避条件下的被试（9 点量表的平均分为 5.04）。"今日科学与技术"的专题文章显然实现了其目标，使心理摆脱坎迪斯的需求变得更加容易。

对这个问题的回答也进一步质疑了这样一种说法：当只处于身体逃避时，感受到高共情的被试会期望继续思考需要帮助的人的困境，而那些低共情的人则不会。在仅存在身体逃避的情况下，那些被诱导产生高共情的人预期对坎迪斯的思考比被诱导产生低共情的人思考的要多（平均分分别为 5.25 和 4.83，差异在统计上并不显著）。似乎在每种共情条件下，仅存在身体逃避的被试才会思考坎迪斯的遭遇，但并不是很多。

预期和结果。有明确的证据表明对心理逃避的操纵是有效的，我对这种帮助的模式很好奇。基于"眼不见不会心不烦"的说法，去除共情假说预测，高共情被试在身体逃避和心理逃避情况下提供的帮助，要比只在身体逃避情况下的要少。这一假说还预测，被诱导产生低共情的人（对于他们而言，身体逃避应该足以产生心理上的逃避）将在身体逃避和心理逃避情况下提供更少的帮助。因此，在逃避难易程度（仅身体逃避和心理逃避共同）× 共情关心（低、高）的 2×2 设计的四种条件下，去除共情假说预期仅在身体逃避 / 高共情条件下（假设仅身体逃避难以出现），被试提供的帮助会高于其他三种条件。相比之下，在各种逃避难易程度的条件下，共情 – 利他假说预期高共情被试比低共情被试将提供更多帮助。只有提供帮助，才能实现缓解坎迪斯需求的利他目标。

还有一种可能的第二次去除共情的预期。如果高共情被试确实预见到了"眼不见心不烦"的情况，如先前讨论的 1986 年伊莱恩实验的结果所表明的那样，那么即使在只有身体逃避的情况下，心理逃避也很容易发生。在那种情况下，去除共情假说预测在整个 2×2 设计的各种条件下被试都会提供较少帮助。共情 – 利他假说仍然预示着被试在高共情条件下要比在低共情条件下提供的帮助更多。

每种条件下帮助坎迪斯的被试的百分比见图 10–2。如图所示，各种条件下提供帮助的被试的百分比与共情－利他假说所预期的相似（在每种易逃避条件下，高共情者提供的帮助比例比低共情者更高），而与去除共情假说（任何一种预期）所预期的不一致。进一步支持共情－利他假说的是，报告中的对坎迪斯的共情关心与帮助正相关；而与去除共情假说相反，对坎迪斯故事未来思考程度的预期并不存在。即使在控制了对未来思考的预期后，所报告的共情和帮助之间的相关性在统计上也是显著的。

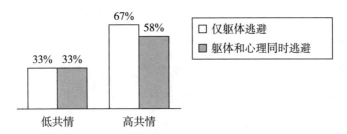

图 10–2　在逃避难易程度 × 共情关心的实验设计中每种条件下帮助坎迪斯的被试的比例

在埃里克的每项实验中，对于需要帮助的人，高共情关心的被试都比低共情关心的被试提供了更多帮助。即使心理逃避很容易，情况也是如此。

结 论 ────∞

共情关心的人会因为身体上的逃避不允许心理上的逃避而提供更多帮助吗？答案看起来是否定的。尽管理论上看似合理，但是这第三种新的可能性却未得到实证研究的支持。研究显示：（1）即使是那些认为自己容易产生共情关心的人，也相信身体上的逃避会给他们提供心理上的逃避；（2）当心理逃避的解除被直接操纵而非通过身体逃避时，反应仍然遵循共情－利他假说所预测的方式，而不是去除共情假说所预测的方式。基于这些发现，我拒绝了三种新的可能性中的最后一种，并再次拒绝了去除共情假说。事实上，相比第 3 章结尾时，我现在更有信心，这种流行的利己主义假说不能解释由共情诱发的帮助行为。

在排除了所有三种新的可能性之后，我又失去了可信的利己主义假说来解释共情与帮助关系。而这一次，其他人也没有。

似乎很难相信，但经过近30年后，对利他的探索已经结束了。对于共情关心产生助人动机的利己主义解释没有一个经得起推敲。相反，共情－利他假说却可以。在可信的新的利己主义假说出现之前[记住开放集（open-set）问题]，共情－利他假说是唯一合理的结论，尽管这看起来是奇怪的：他人指向的情绪，即同情需要帮助的人的情绪，激发人们产生以消除那种需要为最终目标的动机。我们最开始的研究假设是，所有人类行为的动机都是出于自我利益，这是错误的。我们对这一人性问题有了科学的答案。

尽管如此，我们的工作仍未结束，因为这个奇异的结论立即引发了几个新问题：一个人怎么可能这样无私？利他的实际利益是什么？责任又是什么？人的本质是什么，以及我们如何可以变得更加人道？我们研究的重点从寻找利他转向面对其存在的后果。

A Scientific Search
for Altruism:
Do We Care Only
About Ourselves

第四部分
处之绰然

第 11 章

A Scientific Search
for Altruism:
Do We Care Only
About Ourselves

一个人真能这样无私吗：
利他行为的前提

（即使暂时地）得出这样的结论：共情诱导的利他存在于我们的动机清单中，这仍然给我们带来了一个困惑：这是怎么产生的？这个问题需要从两个层面做出回答。首先，我们需要知道在我们今天的生活中，产生共情关心和利他动机的必要条件是什么。我把这些条件称为直接先决条件。其次，从我们作为一个物种的构成层面来看，我们需要知道这种利他是如何成为我们本性的一部分的。这不是违背了自然选择的原则吗？它不是早就应该被淘汰了吗？我把这个进化层次上的前因后果称为远端前提。

共情诱导的利他行为的直接前提

如果共情关心被定义为他人取向的情绪，并由感知到那些处在困境中的人的福祉所激发（见第 2 章），那么一个显而易见的直接前提就是对需求的感知。但是至少还有一个原因——我们不会对看到的每一个处在困境中的人都报以共情关心。我认为，重视有需求者的福祉是第二个直接的前提。这是本章的重点。但是，首先，让我多谈谈对需求的感知。

感知他人的需求

在前几页中，我已经说了很多次感知他人的需求，但是我没有确切说明这是什么意思。现在是时候更加明确地阐明它了。要察觉到别人有需求，就需要看到在幸福的一个或多个维度上，对方目前的状态与你认为对他或她有利的状态之间的差异。幸福的维度不仅包括身体上的愉悦、积极的情感、满意度和安全感，还包括没有身体上的疼痛、压力、焦虑、负面影响、危险和疾病。需求的大小随以下三个因素而变化：（1）在几个幸福维度上当前状态和期望状态之间存在差异；（2）每一个维度上差异的大小（当前状态离期望状态有多远）；（3）感知的有差异的幸福维度对有需求的人的重要性。

无辜是产生共情关心的必要条件吗？ 哲学家玛莎·努斯鲍姆（Martha Nussbaum）声称，除了感知到他人的需求外，在我们感受到我所谓的共情关心之前，我们还必须感知到他或她当前的需求不是由自己造成的（Nussbaum，2001）。对玛莎·努斯鲍姆而言，对他人需求的感知和对他人无辜的感知是两个独立的直接前提。但是，她也指出，我们很容易对我们关心的人产生共情，比如我们的孩子，即使他们给自己带来痛苦，我们也总是会对他们感到共情。努斯鲍姆认为，我们把这些人看作处于无法承担责任的生命阶段。但是，这并不能解释当我们所关心的成年人（亲密的朋友、恋人、配偶、兄弟姐妹、父母）给他们自己带来痛苦时，我们仍然会对他们产生共情。这种疏忽让我提出了一个不同的解释。

我认为感知责任有助于感知需求，这两个因素并不是两个独立的先决条件。我们常常觉得那些自讨苦吃的人都是自作自受、罪有应得。当我们有这种感觉时，我们会觉得他们当前的状态与对他们有利的状态之间没有差异，因此我们感知不到他有需求（Decety，Echols，& Correll，2010）。但是，值得得到并不是我们衡量我们所关心的人的福祉的唯一维度。对他们而言，在其他方面的差异（例如，免受负面结果的影响）也可能导致对需求的感知和共情关心。我认为这就是为什么当我们关心的人使自己处于需要帮助的位置的时候，我们仍然会同情他们。

脆弱性。脆弱性是另一个特例。有时，另一个人的状态和我们认为对他或她有利的状态之间，虽然眼下并没有差异（即没有即时的需求），但我们认为这个人在未来很容易会需要帮助。这种脆弱性本身就是一种需求。如果对方被视为毫无防备或没有意识到潜在危险，那么特别容易产生对脆弱性的感知。例如，想象一下，当你看到一个小孩快乐地奔跑穿过草地，或者看到这个小孩在床上安然入睡，或者看到一只小狗处于类似情况的时候，你的反应是他们没有及时的需求。不过，研究表明，儿童或小狗的脆弱性容易引发温柔、温暖和心软的共情感觉（Lishner，Batson，& Huss，2011）。研究还表明，仅脆弱性并不能唤起所有共情情绪。它能唤起一个人的温柔之感，但感到同情或怜悯似乎还存在即时需求（Dijker，2001；Lishner et al.，2011）。

谁可以感受到他人的需求？令人惊讶的是，感知他人的需求可能是人类独有的技能。如果是这样，并且如果对需求的感知是共情关心的必要先决条件，那么共情及其所产生的利他动机也必定是人类所特有的。真的是这样吗？像大多数关于人类独有的技能的主张一样，这一观点也很值得怀疑和认真思考。

必要的认知能力。想一想认知能力对感知他人需求的必要性。首先，我们必须认识到他人是有生命的存在，在性质上有别于物理对象，也有别于其他有生命的存在。这种认知在正常儿童一岁早期时就出现了。它也发生在非人类的灵长类动物和其他高级哺乳动物的早期发育中。

其次，必须认识到对方有价值观、目标和情绪——对方必须经历快乐和痛苦、好的和坏的内在状态。发展心理学家和灵长类动物学家迈克尔·托马塞洛（Michael Tomasello）说，这种认识意在理解对方是有知觉的、有意图的主体，而不仅仅是有生命的存在。他提出的证据表明，这种认知在正常儿童一岁晚期会出现，当婴儿开始认识到他或她有目标、意图、愿望和情绪时——其他人也有（Tomasello，1999）。托马塞洛认为，这种认知可能是人类独特适应能力的结果，这种适应性让孩子明白其他人是"像我一样但又不同于我的存在"。"孩子开始不仅仅简单地看到别人的行动，而且会看到别人行动的目的，会看到他人绕过障碍，使用替代的行为途径达到预期目标"。婴儿经常把这种感知扩展得很远，不仅将其应用在人和动物身上，也将其用于玩具和机器。随着时间的推移，经验会磨炼这种感知。

谁有这些能力？大多数正常发育的儿童到两岁时就拥有了这些认知能力，并能感知到他人需求（Köster，Ohmer，Nguyen，& Kärtner，2016）。那么我们的灵长类近亲（比如黑猩猩和倭黑猩猩）呢？其他高等哺乳动物（比如大象、鲸鱼、海豚和狗）呢？

许多非人类的例子似乎显示了需求感知的证据。弗兰斯·德瓦尔提出过一个案例，涉及荷兰阿纳姆动物园里的两只黑猩猩克罗姆和贾基（de Waal，1996，p.83）。克罗姆是一只年迈的雌猩猩，它花了十多分钟用力拖拽一个上面装有一些水的橡胶轮胎，橡胶轮胎被挂在一根攀爬架上水平放置的原木上。不幸的是，在装有水的轮胎前面，挂着其他六个很重的轮胎，而它没能将装有水的轮胎从原木上取下。贾基是一只七岁的雄猩猩，克罗姆曾在贾基少年时代照顾过它，贾基目睹了克罗姆与轮胎搏斗失败并最后放弃的全过程。当克罗姆走开后，贾基走了过去，将轮胎从原木上一个个推开，直到他成功将有水的轮胎推了下去。然后，他直接将有水的轮胎送给了克罗姆，克罗姆就用手舀水喝。贾基的行为似乎很难解释，除非假设它感知到了克罗姆的需求（它需要水但没有得到）并采取行动满足其需求。

德瓦尔的另一个例子似乎显示了一只年老而有经验的雄性倭黑猩猩卡科韦特的需求预期（de Waal，2006，p.71）。加利福尼亚州圣迭戈动物园的倭黑猩猩围场周围的护城河经常被排干以进行清洁。一天，饲养员没有注意到几只小倭黑猩猩进入了干涸的护城河，出不去了。当看守人员正要去打开阀门给护城河注满水时，卡科韦特出现在门口窗户前，他挥舞着手臂，厉声尖叫。他的行为提醒了管理员，从而避免了一场灾难。

这些例子无疑具有启发性。然而，如果在没有背景和历史知识的情况下，将黑猩猩、倭黑猩猩，或者其他非人类物种能感知需求的说法放在这两个或其他可能引用的例子上可能就是不明智的。这些例子包括大象努力帮助一个受伤或生病的群体成员康复或海豚努力救援鲸鱼甚至是人类。

德瓦尔在其讨人喜欢的作品《好天性》（*Good Natured*）一书中说明了其他动物在同样的情景中，也会表现出与我们类似的行为，它们的行为一定是同等复杂的认知能力的产物（de Waal，1996，pp.107-108）。包括我在内的大多数爱犬者和狗主人，都非常熟悉狗在做错事后的愧疚感：头和尾巴耷拉着、偷偷摸摸。一只名叫芒果的雌性西伯利亚哈士奇，在它撕碎了报纸、杂志和书籍之后表现出了这种负罪感，尽管它为此受到了责骂和惩罚。其主人认为芒果知道撕碎东西是不对的，但出于怨恨主人将它自己留在家里，它做出了这种行为，然后又感到内疚。

动物行为顾问彼得·沃尔默（Peter Vollmer）使用一个简单的例子来说明尽管芒果表现得好像感到内疚，但它的行为仅仅是习得的刺激－反应关系的产物（Vollmer，1977）。随着芒果离开屋子，沃尔默让它的主人撕碎了一些报纸。芒果随后被放回屋子，它的主人离开了 15 分钟。在主人回来的时候，芒果会像自己撕碎了东西一样，表现出内疚感。用德瓦尔的话说，"它似乎唯一理解的是：证据＋主人＝麻烦"（1996，pp.107-108）。当行为脱离了情景线索和学习历史的背景时，我们很容易被行为背后的想法和感觉所误导。

即使是非人类对有需求的同类作出反应的最感人和最吸引人的例子，也没有明确显示出对对方需求的感知。想想 1996 年著名的宾蒂·朱亚（Binti Jua）案例，芝加哥郊外的布鲁克菲尔德动物园（Brookfield Zoo）一只八岁的雌性大猩猩，在一名三岁男孩跌落到灵长类动物的笼子里失去知觉后，宾蒂·朱亚救了这个小男孩，温柔地抱着他，并最终将孩子交给了动物园的工作人员，这个孩子并没有受到动物的伤害。它的行为是感知他人需求的证据吗？是共情关心吗？是利他行为吗？人类学家和灵长类动物学家琼·希尔克（Joan Silk）对此有不同的看法：

> 一些人将这一事件作为类人猿具有同情心和共情的证据，认为宾蒂的动机是出于同情和关心儿童的福祉（Preston & de Waal，2002）。但是，还需要考虑其他事实。宾蒂是被自己的母亲遗弃后，由人类抚养长大的。考虑到宾蒂可能会成为一名粗心大意的母亲，动物园的工作人员使用操作训练的方法来指导它发展出适当的产妇技能。她被训练做的一件事是找回一个像洋娃娃一样的东西，并把它带到围栏前面，以使动物园工作人员可以检查它。（Silk，2009，pp.275-276）

宾蒂·朱亚意识到了男孩的需求并采取行动来满足这一需求，还是它的反应从先前习得的刺激–反应中得到了概括？我认为我们并不知道。与芒果一样，脱离上下文的行为很容易被误读。希望我们很快能够获得更明确的证据。现在，我认为只有人类才具有对他人需求的感知能力以及由共情引发的利他行为。

重视他人的福祉

托马塞洛识别的两种认知能力（识别他人为独特的、有生命的存在，并将其识别为有感情的、有意图的主体）使我们能够感知他人的需求。但是，要产生共情关心还不够。我们还需要关心对方是否有需求。对正常人来说，重视（关心）他人福祉的能力出现在 1 ~ 3 岁（Hepach，Vaish，& Tomasello，2013）。当它无法发展时，我们就说这个孩子出现了精神病态问题（Blair，2007）。

我们经常听到人们口头上说要重视所有人的生命或全人类的福祉，但我们大多数人对不同人福祉的重视程度是不同的。现实中我们会对有些人的福祉极其重视，而对有些人的福祉则漠不关心。我们甚至会对我们不喜欢的人（如对手或敌人）的福祉持消极态度。

如果我们对某个需要我们帮助的人的福祉不够重视，除非这个人的需求能成为我们控制他或她行为的线索，否则我们通常不太会考虑这个人是如何受需求影响的。我们可以理解这个人的需求，但并不在乎。这就不能为产生共情关心提供基础。

如果我们对一个人的福祉持消极态度，或者我们不喜欢这个人或与此人处于竞争状态，那么感知这个人的需求会使我们产生与共情关心截然不同的情感。我们可能对这个人的状态很敏感，但我们的重视与他或她的福祉是背道而驰的，并不一致。此时，我们甚至倾向于为一个人的痛苦感到高兴——产生一种幸灾乐祸的恶意喜悦——以及为他或她的成功而感到痛苦。

如果我们对一个人的福祉持积极的态度，我们会考虑这个人如何受到所发生的事情的影响，然后做出一个与他人福祉一致的、以他人需求为导向的评估。我们重视那些我们认为会给他或她带来快乐、满足、安全或宽慰的事件。我们贬低那些会带给他或她痛苦、悲伤、不满、危险或失望的事情。这种重视不仅会对影响他人福祉的事件产生积极的反应，就像我们对影响自己福祉的事件的反应一样，而且还会使我们产生警惕感。它使我们采用他人的视角，想象他或她是如何思考和感受事件的。他或她的福祉成为我们自身价值结构的一部分（Batson，Turk，Shaw，& Klein，1995）。

为什么不考虑相似性而是考虑重视他人的福祉呢？ 并不是所有研究共情的学者都认为重视他人的福祉是共情关心的一个必要前提。相反，许多人关注的是感知到的相似性。对我来说，不把相似性作为直接的前提似乎有些令人惊讶。我和其他社会心理学家不是经常使用实验方法来操纵相似性从而引发共情关心的吗？

我们的确如此。但有证据表明，这些对相似性的操纵对共情关心的影响并不是由于感知到的相似性本身，而是由于它的结果，比如喜欢就反映了对他人福祉的重视。在一系列旨在梳理相似性对共情关心的直接影响和间接影响的实验中，我和同事们发现，相似性的实验操纵会使人们更看重同伴的福祉。而当同伴需要帮助时，人们所感受到的共情关心与对同伴福祉的重视程度紧密相关，而不是与感知到的相似度相关。相似性的影响是间接的，通过对他人福祉的重视程度对共情关心产生影响。

为什么不用想象－他人视角来探究共情关心呢？更让人惊讶的是，我关注的是对他人福祉的重视，而不是想象－他人视角。在前几章中，你已经看到很多表明想象别人的感受可以增加共情关心的证据。这是实验室研究中最常用来诱发共情关心的方法。在实验室之外，共情也可以通过想象－他人视角的指令，包括想象－自我视角的指令来诱导。我们可能会对别人或自己说类似的话，比如"想想她正在经历什么！"等。当然，这种观点采择方式一定是共情关心产生的直接前提。

很长一段时间里，我都认为这是必要的。在早期关于共情－利他假说的讨论中，我将感知他人需求和观点采择作为共情关心的两个必要前提（Batson，1987，1991；Batson & Shaw，1991）。以下是我不再这样认为的四个原因：

1. 研究表明，我们可以积极地想象另一个人对他或她的需求的感受，但仍然感到相对较少的共情关心。如果我们对对方的福祉很少关注或给予负向的价值，这种情况可能就会在我们身上发生。例如，我和我的同事们发现，尽管那些被引导着采用杀人犯的视角去思考的人，比那些没有从这一角度思考的人对杀人犯报告了更多的共情关心，但前者报告的共情仍远远低于当被试采用一个需要帮助的陌生人的角度想象时的典型情况（Batson，Polycarpou，et al.，1997）。另一组同事和我发现，如果一个年轻人被车撞了，如果被试之前被引导着不喜欢他，那么被试对他的同情心就会降低。

即使是那些被引导着去想象他（被撞的人）的感受的人也是如此（Batson，Eklund，Chermok，Hoyt，& Ortiz，2007）。

2. 我们在没有被引导着从他人的角度考虑的时候，也会对需要帮助的人产生共情关心。我们中的大多数人都会自然而然地对完全陌生的人的福祉至少给予适度的积极评价——只要我们没有反感的理由（精神病患者是一个明显的例外，但他们只占人口的一小部分）。根据这项评估，当被试了解到一个陌生人的明显需求时，平均而言，那些没有得到想象－他人视角指导的被试所报告的共情关心水平，仅略低于那些得到想象－他人视角指导的被试所报告的共情关心水平。更准确的说法是，采用客观视角减少了共情关心，而不是说想象－他人视角增加了共情关心。对许多人来说，想象－他人视角可以增加共情关心似乎是默认的（Batson et al.，2007；Davis et al.，2004；McAuliffe，Forster，Philippe，& McCullough，2017）。

3. 我和同事们还发现，当被试收到错误的生理反馈，让他们相信自己对一位需要帮助的年轻女性感到共情关心时，他们会更看重她的福祉。这些被试似乎是从他们的共情感受逆向推断是否需要重视他人的福祉（"如果我对她有这种感觉，我就必须重视她的福祉。"），这表明他们认为重视他人的福祉是共情的必要条件。此外，在了解到年轻女性的需求被移除后，被试的共情关心消失了，但对其福祉的重视仍然存在。这表明了重视他人福祉的跨情景持久性以及它是独立于需求感知而存在的（Batson，Turk，et al.，1995）。

4. 在另一项实验中，增加了对一名年轻人的福祉的重视的操纵，这导致被试对他人自发采用了想象－他人视角考虑事情，这反过来导致当被试了解到他人的需求时，被试的共情关心增加了（Batson et al.，2007）。

这就是为什么我现在认为，共情关心有两个必要的直接前提，一是感知他人的需求，二是重视他人的福祉。如图 11-1 所示，"想象－他人的视角"位于"重视他人福祉"的下游，位于"感知他人需求"连接处的对角线上。这个下游的位置解释了为什么在之前对他人没有反感的情况下，观点采择可以使人们对需要帮助的人产生共情关心。想象对方的感受激活了重视他人福祉的路径。然而，重视他人福祉，而非观点采择，这才是产生共情的必要前提条件。

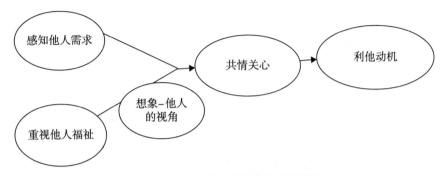

图 11-1　共情诱导的利他的直接前提

资料来源：Batson et al.（2005）。

这就是说，在实验室中诱发共情关心时，通常最好使用观点采择的指导来激活对他人福祉的重视而不是专注于重视他人的福祉本身。在与家人和朋友的亲密而持久的关系中，重视他人的福祉表现得最为明显。这样的关系存在持久性，所以当这些人需要帮助时，很多不是出于共情关心的动机而被唤起的。我们使他们受益，可能是为了回报过去的好处，可能是为了鼓励将来的回报，也可能是为了避免被指责和内疚。如第 9 章所述，这些额外动机的存在会掩盖任何试图确定由共情产生的动机的本质——利他或利己。

为了避免这种基于关系的他人福祉重视的混淆，通过随机分配观点采择的视角指令（观察和想象），能够提供一个更清晰的共情关心操作。不过，重要的是要认识到，当存在事先评估时，这样的指示是没有必要的。重视他人福祉会让我们想象目标对象对事件的感受，当我们感觉到他或她有需要时，我们就会对其产生共情。

内在的而非外在的重视。唤起对他人福祉的重视的共情关心是内在的，而不是外在的。也就是说，他人的福祉本身是一种目的，而不是达到某种目的的手段。如果一个人的利益是我外在的需要，而他的利益又需要我的帮助，我可能会感到担心、不安、焦虑或抱歉，但这些情绪倾向于以自我为中心，被他人的困境对于自己利益的影响所引发。例如，答应星期二给我修车的技师得了流感，车不能按时修好了，我听到这个消息可能会沮丧。然而，如果说实话，我必须承认我的悲伤几乎完全（如果不是全部）是因为没有按时得到那辆修好的车。我对技师的不安和困难几乎没有任何感觉。

相反，如果我的好朋友丽贝卡得了流感，我很可能会为她感到难过。我已经把她的福祉纳入我的价值结构之中，所以我自然而然地想象她受到了怎样的影响。听到她的需要，我感受到了他人取向的共情。引起我情感反应的是她的福祉受到了威胁，而不是我的利益受到了威胁。

爱是内在价值的日常用语。当一个人爱另一个人（例如一个母亲爱她的孩子），长时间的分离会让人有心痛和悲伤的情绪，团聚时会让人有温暖和喜悦的情绪。对感知的相似性和熟悉度的认知过程可以促进爱。然而，在内心深处，爱反映了我们有多重视（关心）对方。

如何才能对他人的福祉产生内在的价值观，并引发共情诱导的利他行为呢？正如本章开始时所说的，这种利他主义不是与自然选择相矛盾吗？我不这么想。我认为对他人福祉的内在重视可能有遗传基础，并且可能是共情诱导的利他的远因。

一个可能的远因

父母对孩子的重视和爱护几乎可以肯定是基于基因的。尚不能确定但很有趣的是，有一种可能性是亲代抚育为对他人福祉的内在重视提供了遗传基础，从而为所有共情诱导的利他提供了遗传基础。

如今，亲代抚育很少被视为利他的先决条件，但它在一个世纪前却屡屡被提及。当时的心理学家受到达尔文及其基于父母和子女情感的本能爱的思想影响，他将这些思想与"最重要的同情情感"联系在一起（Darwin，1871，p.308）。显然，如果哺乳类动物的父母对它们幼崽的福祉没有强烈的兴趣，以至于无法忍受无休止的争吵、疲惫甚至危及安全，那么这些物种很快就会灭绝。我们给予那些不是我们孩子的人温柔、同情和共情，是否也是基于哺乳类动物的父母关心他们脆弱的和依赖于他们的后代的强烈冲动呢？我想是有可能的。

威廉·麦独孤的父母的本能和温柔的情感

20 世纪初，威廉·麦独孤提出了可能是迄今为止最为系统的观点，他认为亲代抚育是共情诱导的利他的基础（McDougall，1908）。他描述了父母的本能，他认为这是所有本能中最强大的，并伴有温柔的情感。麦独孤并不像我们今天那样经常将本能视为自动的或反射性的。对他来说，本能包括认知、情感和动机。他认为认知和动机成分可以被经验和学习改变，但情感成分却不能，这说明了本能的性质。因此，温柔的情感决定了父母本能的性质。他还声称：

> 这种本能主要是为孩子提供身体上的保护，尤其是跟孩子拥抱；
> 尽管冲动的应用范围有了很大的扩展，但这种基本冲动仍然存在……
> 毫无疑问，温柔的情感和保护的冲动更容易被自己的后代更强烈地唤
> 起，因为他们会形成一种强烈的、有组织的、复杂的情感（价值）。
> 但是任何孩子的痛苦都会在那些本能强烈的个体身上激起这种强烈的
> 反应……通过进一步扩展同样的情感，任何幼小的动物，特别是当它
> 处于危难的时候，都可能引起这种情感……类似地，任何成年人（我
> 们对他没有敌意）的痛苦都会激起这种情感。（McDougall，1908，
> pp.61-63）

麦独孤的"温柔的情感"显然就是我所说的共情。与共情－利他假说一致的是，麦独孤认为，这种温柔的情感产生了利他动机：

这种情感及冲动使人们珍惜和保护子女的慷慨、感激、爱、怜悯、真正的仁慈和各种利他行为；在这里，它们有其主要的、绝对本质的根源，如果没有这些根源，它们就不会存在。（McDougall，1908，p.61）

对于麦独孤来说，温柔的情感（共情）和利他动机是人类父母本能的关键组成部分，而且这种本能不仅可以推广到其他儿童身上，也可以推广到有需要的成年人，甚至是其他物种的成员身上。

当然，我们不应该过快地接受这样的说法。许多哺乳动物缺乏体验柔情所必需的大脑结构和认知能力，但它们也表现出了亲代抚育。如果麦独孤的观点是正确的，人类作为父母的本能肯定远不止于哺乳、提供其他种类的食物、提供保护以及与幼崽保持亲密关系，而这些活动在大多数哺乳动物物种中都是亲代抚育的特征。

人类作为父母的本能。 毫无疑问，我们人类从与其他哺乳类动物物种共有的祖先那里继承了作为父母本能的关键方面（Preston，2013）。但在我们看来，这种本能已变得不那么自动了，而是更加灵活了。它包括基于对孩子需求和欲望的推断而建立的、面向他人的温情感受（"他是因为饥饿而哭泣，还是因为潮湿而哭泣？""她是不会喜欢烟花的，因为它太吵了。"）。这还涉及对自我和他人的独特性（甚至相异性）的清晰认识。父母必须认识到，他们的孩子的需求往往与他们的需求大不相同，孩子满足需求的能力也与他们大不相同。

基于共情关心的亲代抚育并没有取代我们远古祖先更为原始的基于线索的反应。相反，它通过增加其灵活性来补充它们（Bell，2001；Damasio，2002；MacLean，1990；Sober，1991；Sober & Wilson，1998；Talor，2002；Zahr-Waxler & Radke-Yarrow，1990）。这种灵活性允许人类对需求进行预测和预防，甚至是进化出相当新颖的需求，比如避免在电源插座上插入大头针等。

扩展它。 麦孤独认为，人类作为父母的本能不仅是复杂而灵活的，而且是基于需要的而不是基于线索的，是主动的而不是被动的。他声称，通过认知泛化，从本质上讲，我们可以收养有需求的陌生人作为后代。即使达不到像关心自己孩子的福祉一样关心收养的后代，我们也可以用同样的方式来关心他们的福祉。他进一步认为，通过这种基于学习和经验的认知概括，父母的本能和温柔的情感在许多（如果不是全部）对他人福祉（无论是亲属或非亲属）的内在重视的案例中都发挥了作用，并在由此产生的共情关心和利他动机中发挥作用。他认为，父母的这种本能并不局限于那些有孩子的人，而且这种本能从人很小的时候就开始起作用了。这种泛化的前景似乎让人难以置信，并且与自然选择理论相悖（Boehm，1999），但请考虑一下证据。

关于温柔的情感和亲代抚育泛化的证据

首先，重要的是要认识到，许多物种的亲代抚育并不局限于后代。正如哺乳动物神经科学领域的领袖汤姆·因赛尔（Tom Insel）所指出的那样："母鼠会对幼鼠表现出强烈的关爱和保护，但它们在母性行为上并不是选择性的，它们会对巢穴中没有血缘关系的幼鼠给予同等程度的照顾。"（Insel，2002，p.255）显然，没有血缘关系的幼崽出现在母鼠的巢穴中是非常罕见的，因此它没有强烈的选择压力产生更有辨别力的母性反应。老鼠并不是唯一的存在这一反应的物种，在许多哺乳类动物物种中都能观察到这种没有亲属关系的收养；非亲生父母的亲代抚育也是如此——目前被称为替代亲代抚育和合作养育（Hrdy，2009）。这种养育不仅存在于很多灵长类动物中，也存在于大象、犬科动物（狼、狗）、啮齿动物、鸟类中；当然，还存在于群居昆虫（如蜜蜂和蚂蚁）中。

其次，在像人类这种相互高度依赖和合作的物种中，自然选择可能不会简单地容忍亲代抚育的泛化。将遗传上固有的养育冲动延伸到后代之外，可能会对人类繁衍有好处。由于小而紧密的狩猎-采集群体的选择压力，我们社会行为的遗传倾向于被认为是进化的，因此，将养育照护推广到兄弟姐妹或其他群体成员的后代，甚至是该群体中的其他成年人，可能会增加一个人基因存活的可能性（Caporeal，Dawes，Orbell，& van de Kragt，1989；Hrdy，2009；Sober & Wilson，1998）。人类父母的本能较少依赖线索刺激 – 反应模式，而更多地依赖内在重视、需求感知、共情关心和目标导向的利他动机——每一种都涉及复杂而灵活的认知过程——这就更容易泛化。最后，在当今社会，当你想到保姆、日托中心的工作人员、养父母和宠物主人通常提供了悉心照料的时候，这种泛化的观点似乎更加合理。

从案例到实验，前几章提供了很多证据，证明了温柔的共情情感不仅仅能被父母感受到。此外，戴维·里什纳（David Lishner）和他的同事们还发现，无论是男性还是女性，当需要帮助的成年人的脸或声音更像婴儿时，人们的共情关心会增强（Lishner，Oceja，Stocks，& Zaspel，2008）。此外，这些情绪并不局限于成年人。早在两岁的时候，无论哪种性别的孩子都能对父母、玩伴和宠物，甚至对他们的玩偶感同身受（Hepach et al.，2013；Zahn-Waxler & Radke-Yarrow，1990）。然而，这可能存在一个重要的限制条件：在年轻时接受养育照护可能是能够体验到他人取向情感的必要条件（Harlow，Harlow，Dodsworth，& Arling，1966；Hrdy，2009）。

总而言之，一系列证据表明亲代抚育提供了一种基因基础，使人能够从内在重视他人的福祉，并产生共情诱导的利他。虽然这肯定不是结论性的，但这些证据表明四种进化发展可能是我们关心后代和非后代福祉能力的基础，并将其本身作为一种目的：

- 哺乳动物亲代抚育的进化；
- 人类（或许还有其他一些物种）进化出了将他人视为有知觉的、有意识的主体，从而认识他人需求的能力；
- 由对需求的感知和对儿童福祉的内在重视而产生温柔的、共情关心的演变，是人类亲代抚育的核心部分；
- 认知能力的进化使我们能够将对他人福祉的重视普遍化，从而不仅仅对子孙后代产生共情关心和利他动机。

如果内在重视他人福祉的根源在于亲代抚育，那么我们就能回答之前提出的问题，即内在重视他人福祉的能力是否违反了自然选择的原则。答案是否定的，亲代抚育完全符合这些原则。

区分亲代抚育和整体适应度

广义的亲代抚育不同于进化生物学家的观点（我们在第 1 章中有简要讨论），进化生物学家威廉·汉密尔顿（William Hamilton）的观点认为整体适应度，即与亲缘程度成比例的照顾，是利他的遗传基础。亲代抚育指的是一种特殊的、特定的适应，而整体适应度是一种普遍的原则。照顾后代当然属于整体适应度的范围。毕竟，平均来说，孩子一半的可变基因（人类基因中不到1%的基因是因人而异的）来自父母。因此，照顾孩子增加了父母的可变基因存活率，提高了双亲的繁衍能力。但是，照顾孩子并不是父母将自己的基因传递给下一代的一种间接方式，而是直接方式。因此，亲代抚育并不能解决威廉·汉密尔顿试图用整体适应度概念来解决的问题，即这是一种似乎会降低生殖适应度的行为问题（Hamilton，1964）。

正如第 1 章所说，从进化的角度来看，照顾后代是明显的利己而不是利他的例子。因此，在引用基于整体适应度的明显的利他例子时，今天的进化生物学家关注的是对兄弟姐妹、表亲和更偏远的亲属的照顾。他们几乎从不提及对子女的亲代抚育，取而代之的是在亲代投资的话题下讨论这种抚育：父亲和母亲之间的博弈，每个人都试图通过尽可能少地花费自己的时间和精力来确保共同的后代存活下来（Trivers，1972）。

特别是在高等哺乳动物中，亲代抚育对繁殖适应度的影响比整体适应度的一般原则的影响更加集中、直接。因为高等哺乳动物的后代在出生后的很长一段时间内都不能照顾自己，所以高等哺乳动物的父母就有很强的选择压力去发展一种基于基因的让父母提供照顾的冲动。在高等哺乳动物中，基于亲属关系的程度而关心兄弟姐妹和更远的亲属的冲动（这种行为被归因于整体适应度）

是否会受到选择压力的影响，这一点尚不清楚。

在社会性昆虫中，你可以明确阐述一种基因硬编码的冲动，即照顾与不育工蚁共享四分之三基因的蚁后（Hamilton，1964；E. O. Wilson，2005；D. S. Wilson & Wilson，2007）。你也可以在裸鼹鼠的身上为这种冲动建立一个清晰的案例，裸鼹鼠是一种没有生育能力的哺乳动物（Sherman，Jarvis，& Alexander，1991）。然而，在我们人类这样的物种中，每个正常发育的个体都有潜力直接繁殖并将其基因传递给下一代，因此，基因选择不太可能通过提供与亲属关系程度成比例的照顾来间接实现。当照顾与亲缘关系成比例时，它更有可能是社会规范和文化习俗的产物，也就是所谓的文化进化的产物（Campbell，1975；Richerson & Boyd，2005）。

总而言之，我们很难怀疑人类存在一种强烈的、基于基因的亲代抚育冲动，而且我们有充分的理由相信，共情关心在这种冲动中发挥着核心作用。此外，因为我们的父母本能在认知上是复杂的、灵活的，所以我们有理由相信，它可以推广到我们的孩子之外的其他人。与此同时，由于它的灵活性，这种本能在某些情况下可能被推翻，甚至在极端情况下，也可能会导致弃婴和杀婴行为（Hrdy，1999）。

如果我们希望对人类利他行为的遗传基础进行推测（正如许多人明确指出的那样），那么我认为，如果我们专注于对基于感知他人需求和重视他人福祉的共情关心的认知泛化，无论是从逻辑上还是从经验上，我们都有更加坚实的基础。也就是说，如果我们关注整体适应度、互惠利他或两者的某种结合，人类利他的遗传基础会更坚实（S. L. Brown & Brown，2006；Preston，2013）。我还认为，如果我们专注于基于基因的社会性、合作、信任或联盟形成的冲动，我们的观点更为可靠（Caporeal et al.，Frank，2003；Tomasello，2014；Tomasello & Vaish，2013；D. S. Wilson，2015）。不管是基于基因还是基于文化，这些冲动无疑是存在的。但我怀疑它们中的任何一个都并非源于同一远因，也就是共情引发的利他主义。

检验泛化的亲代抚育的实验

据我和同事们所知，还没有实验检验泛化的亲代抚育是对陌生人产生共情关心的基础这一观点，所以我们进行了这样一个实验（Batson, Lishner, Cook, & Sawyer, 2005）。我们告诉被试（堪萨斯大学女性心理学导论课的学生），这项研究的目的是获得对校园报纸中的一个专题的反应。这篇名为"帮助之手"的专题报道将讲述学生们在社区做志愿者的工作经历。被试阅读一篇文章并对其做出反应（通过操纵，从八篇文章中选出一篇）。在这篇文章中，其中一位女大学生描述了她第一天做志愿者的经历。四种实验条件下呈现出不同的有需求的主人公：学生、儿童、成年狗或幼犬。然后，我们测量了被试的共情关心水平。

对凯拉的共情关心。那些被分配到学生条件的被试阅读到了以下文章：

> 我有点紧张，不知道前面会发生什么。我在第一天遇到的是一个受了重伤、在堪萨斯大学读书的 20 岁大三学生凯拉。凯拉的腿严重骨折，目前正在康复中。
>
> 两天前，凯拉做了腿部重建手术。外科医生在她腿部放了四根钢钉用来固定骨头，然后把腿从臀部往下打了石膏。凯拉不能活动，否则就会感到相当不适，或者剧烈疼痛。不过，重要的是她要尝试戴着石膏走路，从而来适应它，并增强自己的肌肉力量。
>
> 凯拉的康复训练听起来像是一场真正的考验，但当我去找她时，她已经准备好了。很快，她就戴着笨重的石膏在治疗室里蹒跚而行。她试着自己走路，但是太疼了。每次训练她只能走三四步，但她一直在尝试。有一次她摔倒了，痛得大叫一声，但她还是站了起来，再次尝试。凯拉坚决不放弃。

被分配到其他三个条件下的被试阅读到的文章完全相同，只是在儿童实验条件下，凯拉被描述为"一个严重受伤并挣扎的三岁儿童"。在成年狗的实验条件下，凯拉被描述为"一只严重受伤并挣扎的五岁成年狗"。在幼犬的实验条件下，凯拉被描述为"一只严重受伤和挣扎的四个月大的幼犬"。在学生和儿童的实验条件下，这篇文章的标题是"劳伦斯纪念医院"；在成年狗和幼犬的实验条件下，文章的标题则是"劳伦斯兽医医院"。正如你所看到的，这篇文章被构造成可以适用于这四个目标。正如预期的那样，在这四种实验条件下，凯拉的需求都被认为是很有必要的。

在阅读完文章后，被试要完成一份问卷，评估他们在阅读过程中所感受到的各种情绪，其中包括之前很多研究中用来衡量共情关心的六种情绪（同情的、怜悯的、温柔的、心软的、温暖的和感动的）。将这六种情绪的评分取平均值，以计算被试对凯拉的共情关心水平。

预测和结果。我和我的同事们推断，如果泛化的亲代抚育是共情关心的基础，那么对于学生凯拉来说，自我报告的同情心应该比其他三个版本的凯拉要少，因为学生凯拉是一个年轻的成年人，不是这种抚育的典型对象。孩子是一个明显的照顾对象，应该引起相对强烈的共情关心；五岁的成年狗和四个月大的幼犬都应该如此。无论年龄大小，狗通常扮演着宠物角色，并依赖人类主人的照顾。使用来自不同物种的有需求的目标个体的做法虽然不常见（但并非没有先例，可参阅 Odendaal & Meintjes，2003；Shelton & Rogers，1981），但提供了一个强有力的测试，来检验泛化的亲代抚育中对与子女相似性而非自我相似性的要求。它也产生了与整体适应度和相关理论截然不同的预测。

共情关心模式是否如泛化的亲代抚育所预测的一样？如表 11–1 所示，确实如此。学生条件下对凯拉的共情显著低于其他三种情况，而其他三种情况之间没有显著差异。你还可以看到，在幼犬条件下，共情关心的程度比在儿童和成年狗的条件下要低一些。也许被试认为一只四个月大的幼犬对疼痛不那么敏感，或者不会摔得那么远或那么重。

表 11–1　　当凯拉是学生、孩子、成年狗或幼犬时（每个个体都有相同的需求），
　　　　　　个体对这些对象的平均共情关心程度

实验条件			
学生	儿童	成年狗	幼犬
4.25	5.42	5.22	4.84

注：每个实验条件下都有 15 名女性被试。共情关心在 1 ~ 7 的等级量表上被测量（1= 根本不，7= 极端）。

资料来源：Batson et al.（2005）。

当然，一个 20 岁的大学生在很多方面不同于孩子、成年狗和幼犬。我想不出除了对养育照护的需求不同会让个体对其他对象比对大学生产生更多的共情关心之外，还有其他什么差别可以产生这种效应——也许你可以想到（第 8 章讨论过的开放式问题的另一个例子）。我没有证据表明这项实验中的共情反应是基于基因的。基于这些原因，我认为我们对泛化的亲代抚育的支持只是推测。但有一点很清楚：我们的结果不能用整体适应度或其变体来解释。

共情诱导的利他的限制

到目前为止，这一章集中讨论了是什么导致共情诱导的利他的产生。我们还需要考虑是什么抑制了共情关心的产生。如前所述，人们并不是每次遇到有需求的人都会产生共情关心。三个限制似乎很关键：（1）共情关心的范畴；（2）共情回避；（3）竞争担忧的力量。

共情关心的范畴

前几章中描述的所有研究都表明，我们的利他能力仅限于那些我们感同身受的人。在一次又一次的实验中，当对需要帮助的人的共情关心程度较低时，帮助模式就会表现出利己动机。这并不是说我们从不帮助那些我们不同情的人；我们经常这样做，但研究表明，只有在事情对我们自己最有利的时候，我们才会这样做。

除共情关心外，已经被提出的利他动机的来源包括以下几个因素：利他人格、有原则的道德推理、虔诚的宗教信仰和内化的亲社会价值观（Batson，1989；Batson，Oleson，et al.，1989；Kohlberg，1976；Rushton，1980；Schwartz & Howard，1982；Staub，1974，1989，2011）。有证据表明，这其中的每一个因素都与帮助行为的增加有关，但没有明确的证据表明潜在动机是利他的。相反，现有证据表明，每个人都会产生利己动机，以达到我们自己和他人对我们应该做的事情的期望（Batson et al.，1986；Batson，Oleson，et al.，1989）。如果除了共情之外，还有其他利他动机的来源，那么只能说我们还没有找到。

我们有充分的证据可以说明共情关心是利他动机的来源之一，且证据充分表明共情的范畴是广泛的。我们已经看到，大学生能够对他们以前从未见过也不会再见到的同伴产生共情关心，例如凯蒂、伊莱恩、查利、卡罗尔、珍妮特、布赖恩、朱莉以及凯拉，不管凯拉是孩子、成人狗还是幼犬，大学生都会对其产生共情关心。我们也可以感受到小说、电影和电视剧中的人物的需求。我们知道这些角色并不是真实的，但在观看几分钟后，我们会在这些角色遇到危险时感到不安，在他们需要帮助时渴望帮助他们，在他们失败和成功时感到激动。显然我们能够对这些角色各种各样的需求感到共情。然而，我们经常感到麻木不仁。这是为什么呢？

共情的范围可以被任何抑制其直接前提的事情而缩小，也就是说，任何使我们难以关心他人的需求或重视他人福祉的事情都会缩小共情的范围。这包括：（1）专注于一项正在进行的任务；（2）把另一个人看作实现我们自己目标的手段；（3）把他或她仅仅看作一个统计数字，而不是一个能感受到痛苦和快乐的有血有肉的人；（4）把他或她看作他们（如不同的种族、性别、族裔、宗教）中的一员，而不是我们中的一员。这些条件我将在接下来的两章中进行详细阐述。这些条件会严重缩小我们产生共情关心的范围。虽然我们关心身边的人，但我们也可能对别人的痛苦视而不见。或者，即使我们看到了也不在乎。

在共情范围的可能限制因素中，性别问题特别值得讨论。你可能听说过，男人比女人更难感受到共情（de Waal，2009；Hoffman，1977）。但是，这种说法的证据并不像你想象的那么有力。它在很大程度上局限于自我报告的共情倾向测量，或者基于共情关心的性别适当表达。每一种反应都极易反映在感受和表达共情情绪的适当性的性别差异上，而不是在这些情绪的实际体验上（Eisenberg & Lennon，1983；Zahn-Waxler，Robinson，& Emde，1992）。

即使女性确实感觉更强烈，前几章描述的实验也提供了很多证据表明男性也完全有能力体验共情关心。此外，没有任何实验证据表明共情－利他关系存在性别差异。共情关心一旦产生，似乎对男人和女人来说会有相同的动机后果。

共情回避

不仅有限的关注和关怀可以缩小共情关心的范围，而且我们也会因自利动机而避免产生共情。利他动机可能会让我们付出代价。即使它并不会让我们付出生命的代价——就像祖父为他的孙女所做的一样，为了追赶他的孙女冲进车流（见第 1 章）——但它需要我们花费时间、金钱和精力。所以，在某种程度上，我们预期共情关心会产生利他动机，但为了避免这些成本或代价，我们可能会避免产生共情。当我们在街上看到无家可归的人，听到关于难民的困境，看到关于饥荒肆虐的新闻片段等，这种避免产生共情的利己动机就会被唤起。它可以引导我们调头，穿过街道，或者更换频道。

什么条件会使人产生共情回避呢？劳拉·肖（Laura Shaw）、马特·托德（Matt Todd）和我认为，在接触到一个需要帮助的人之前，你可能会意识到：你可能会被要求帮助这个人，和 / 或帮助的代价是高昂的（Shaw，Batson，& Todd，1994）。为检验这一推测，我们让大学生从两段无家可归者求助的录音中选择他们希望听到哪一个版本。有一个"高影响版本"（被描述为有可能唤起共情情绪）和一个"低影响版本"（被描述为客观的，不能唤起共情情绪）。

在做出选择之前，一些被试了解到，在他们听到求助诉求后，他们将有机会帮助无家可归者。此外，这些被试中有一半人了解到帮助他人的成本很低（花一小时准备信件，寄给他所关心的潜在捐赠者），而另一半人了解到帮助他人的成本很高（与无家可归者进行三次长达一个半小时的面对面会议，外加未来可能举行的会议）。

正如基于共情回避条件所预期的那样，与没有被告知他们有机会帮助无家可归者或告知帮助需要花费的成本很低的被试相比，当告诉被试需要提供帮助，并且帮助会需要较高的成本时，被试选择倾听高影响力版本的诉求的可能性要小得多（见图 11-2）。这样看来，当我们知道自己的利他动机可能会对个人造成损失时，这种认识就会促使我们避免产生共情和由此产生的一种动机，即避免利他动机的利己动机（更多共情回避的证据请参阅 Cameron & payne，2011）。

共情回避也可以在帮助类职业中发现，但产生这种回避的条件似乎并不是刚刚提到的那些。在专业帮助者中，回避更可能是由于他们认为不可能为目标他人提供有效的帮助，而不是由于他们认为帮助他人的代价太高。福利案件工作者、治疗师和咨询师、护理临终患者的护士，以及其他面对有棘手需求的人的专业人员，可能会产生共情回避，以避免产生由于无法满足最终的利他动机而产生的挫败感（López-Pérez，Ambrona，Gregory，Stocks，& Oceja，2013；Stotland，Mathews，Sherman，Hansson，& Richardson，1978）。陷入这种困境的人可能不会感到共情，而是会把他们的客户或患者当作无生命的物体，并相应地对待他们。

共情回避也可以出现在冲突情况下。无论我们的对手是一个对立的体育团队，还是民族、宗教、种族或种族外的群体，对方遭受的痛苦往往会让人们产生幸灾乐祸（恶意的欢乐）的情绪而不是共情关心（Cikara，Bruneau，& Saxe，2011；Cikara，Bruneau，Van Bavel，& Saxe，2014；Hein，Silani，Preuschoff，Batson，& Singer，2010）。

共情回避甚至可能在大屠杀中扮演了一个重要且令人心寒的角色。奥斯维辛集中营的指挥官鲁道夫·赫斯（Rudolf Hoess）报告说，他为了完成任务——有计划地屠杀 290 万人——他"压抑了所有温柔的情感"（Hoess，1959）。

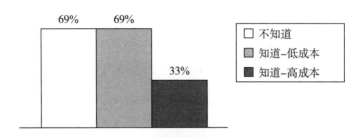

图 11-2　在每个实验条件下，选择倾听无家可归者诉求的高影响（共情诱导）
版本的被试的百分比

竞争担忧的力量

共情诱导的利他的第三个主要限制是，即使我们是出于利他动机，自我关心也会压倒这种动机。我和同事们发现，如果帮助伊莱恩/查利的成本特别高（遭受最高程度的电击，被描述为"明显痛苦但没有伤害"），那么那些之前报告过高共情的人的动机就会表现为利己。也就是说，易逃避时（不用观看太多）的帮助要比难逃避时（观看剩下的八次）的帮助少得多。这种模式促使我的同事和我提出，共情诱导的利他可能是"一朵脆弱的花，很容易被自我关心压垮"（Batson et al.，1983，p.718）。

当然，这种脆弱也不完全是坏事。如果我们只关心彼此的事，而不关心自己的事，我们的生活肯定会非常尴尬。正如一位哲学家所讽刺的那样，这就像人人都试图为别人洗衣服的社区，最终谁也洗不完。

此外，重要的是要记住，无私的花并不总是脆弱的。对利己的担忧是否会压倒对利他的关注，可能取决于这些动机在特定情况下的相对强度。在刚才提到的高成本实验中，伊莱恩／查利是被试从未见过面的同性别大学生。当帮助者和有需求的人之间的关系更密切，并且前者更重视后者的福祉时，利他动机就不会那么脆弱了。再想想第1章中提到的祖父。祖父为了孙女的福祉需要付出巨大的代价，然而他似乎只关心孙女的福祉，并不关心自己的福祉。

结 论 ──∞

我认为产生利他动机的共情关心是两个直接前提的产物：对他人需要的感知和对他人福祉的内在重视。我还认为，从长远来看，这种内在重视和共情诱导的利他的基因基础很可能在于亲代抚育，以及我们将这种养育方式从后代推广到其他人的能力。但这也有限制。我们可能不会注意到别人的需要，也不会重视他们的福祉。为了避免产生利他动机，我们会设法避免产生共情关心。甚至当我们体验到共情诱导的利他时，它也可能被自我关注所取代。

这些限制使我们对通过研究发现的利他的实际应用产生了怀疑。然而，就像共情诱导的利他对任何困扰你的事情都能够起作用的想法一样，认为它毫无益处的结论是错误的。这种利他动机是一种潜在的强大资源，如果对其加以利用并将其投入工作之中，可能会产生重要的实际利益。它的潜力也正是其余章节的重点。

第 12 章

赠人玫瑰，手有余香：利他好的方面

一旦我承认共情－利他假说可能是正确的，我就不得不承认，这可能是个好消息。共情诱导的利他带来了一系列好处。最明显的是，当人们的需求引起他人的共情关心时，人们能获得更多、更好的帮助。但是还有其他可能的益处。共情诱导的利他可以减少攻击和冲突，使被污名化的群体受益，还能改善亲密关系。它甚至可能使由于共情而做出利他行为的人受益。在本章中，我们探讨了这些可能性以及一些相关的研究——都是一些好消息。在第 13 章中，我们将转向利他的不利影响。

使那些需要帮助的人受益

正如我多次说过的，利他并不是帮助行为的唯一动机。我们可以通过做出助人行为，以此来获得奖励、避免惩罚、减少自己因目睹他人困境而造成的痛苦。但是，共情引起的利他动机通常能够比这些利己动机引发更多、更好的帮助。

更多的帮助行为

前面各章中描述的实验指出，在许多情况下，共情诱导的利他会增加提供帮助的可能性，例如：当逃离困境很容易时（见第 3 章）；即使我们不帮忙，也没有人会知道时（见第 4 章）；有理由不提供帮助的情况下（见第 4 章）；当我们预期即使不提供帮助也会提升情绪体验时（见第 6 章）；以及我们助人行为的有效性没有得到反馈时（见第 7 章）。在以上各种情景中，共情诱导的利他都会比单纯的利己动机产生更多的帮助。

更敏感的帮助行为

利他不仅可以产生更多帮助行为，而且可以提供更敏感的帮助。即使我们的帮助没能有效地满足他人的需要，也常常可以实现诸如获得奖励和避免惩罚这样的利己主义目标。对于这些目标，意图很重要。但是，对于共情引起的利他主义来说，仅有好意还不够。它直接指向对共情对象有益的东西，而不是对我们的自尊有什么好处。

马克·斯必克（Mark Sibicky）、戴夫·舒伯特（Dave Schroeder）和杰克·多维迪奥进行的实验检验了这一推理（Sibicky, Schroeder, & Dovidio, 1995）。实验被试被诱导对在困境中的人产生低水平或高水平的共情，并有机会帮助其摆脱困境。除了通过帮助行为满足受困者的需求这个典型条件外，实验中还存在另一个条件，即超出最低限度的帮助可能会产生短期好处，但会带来长期伤害。基于共情 – 利他假说，斯必克和他的同事预测，被诱导产生高水平共情的被试在这一新条件下提供帮助的可能性较小。研究结果支持了这一预测。相比之下，在新的条件下，被诱导产生低共情的被试并没有减少帮助。他们的关注点似乎放在成为帮助者的自我利益上。斯必克及其同事得出的结论是，共情关心增强了对受助者真正需求的敏感性。

路易斯·彭纳（Louis Penner）及其同事也发现了有关更具敏感性的帮助行

为的证据（Penner et al., 2008）。他们评估了父母对即将接受痛苦的小儿癌症治疗的孩子的共情关心水平。该研究发现，父母的共情关心程度与孩子在治疗过程中经历的痛苦和压力程度之间存在显著的负相关。

是什么导致了这种相关性？父母无法消除孩子的痛苦。然而，他们敏感的关怀照料能够尽可能地减少孩子在治疗过程中的痛苦，共情水平不同的父母在与孩子互动的方式上有所不同。高共情的父母更有可能慰藉、安抚孩子，并安排孩子进行阅读和游戏等日常活动。低共情的父母则试图轻视或否认这些痛苦。高共情父母提供的更敏感的关怀照料似乎能让他们的孩子更好地应对困难。

较少变化的帮助行为

利他动机也不太可能反复无常。正如我们在第 3 章和第 4 章中所看到的那样，当能够在没有帮助的情况下轻松摆脱困境时，或是能够向自己和他人证明存在正当理由而无法提供帮助时，低共情（因此，利己主义相对于利他动机而言相对占优势）的个体提供帮助的可能性大大降低。相比之下，高共情的个体在这些条件下的帮助意愿并没有显著降低。

有关低共情的研究结果令人担忧。易逃避和高正当性是许多助人情境的共同特征。我们几乎总能找到一种方法将注意力转移到其他地方，或者使自己确信没有提供帮助是合理的。如果共情诱导的利他动机不容易受到这些不利因素的影响，那么它潜在的使用价值确实看起来很有前景。

较少的攻击行为

第二个好处是抑制攻击行为。共情关心及其产生的利他动机能够抑制任何伤害共情目标的倾向。埃迪·哈蒙 – 琼斯（Eddie Harmon-Jones）和他的同事们对该预测进行了神经生理学测试（Harmon-Jones, Vaughn-Scott, Mohr,

Sigelman，& Harmon-Jones，2004）。他们让本科生的实验被试从另一名被试（实际上是实验助手扮演的角色）那里得到了一份侮辱性评价。然后，测量了实验被试的左额叶皮层脑电（EEG）活动，该脑电活动在受到侮辱后明显地增加并提高了攻击性。根据共情－利他假说，哈蒙－琼斯及其同事预测，在低共情条件下，被试在得到侮辱性评价后该 EEG 活动会增加。但是，如果事先引导被试对侮辱者产生共情，则这种 EEG 活动不会增加。这正是他们的研究发现。

共情关心似乎也能够抑制一种潜伏得特别深的侵略形式：责备遭受不公正待遇的受害者。梅尔·勒纳（Mel Lerner）在他关于公正世界假说的经典著作中指出，我们倾向于贬低遭受痛苦的无辜受害者（Lerner，1970）。他认为这种倾向是由我们渴望维持一种关于公正世界的信念所激发的，也就是说，人们得到了他们应得的并且应该承受所得到的。为了维持这一信念，我们假设，如果不公正的受害者拥有的比较少，那么他们一定不应该得到那么多。

与关心弱势群体的困境相比，贬低受害者是一种再常见不过的选择。它导致人们自以为是地认同他人的痛苦是合理而恰当的。但是，共情引起的利他似乎能够抵消这种倾向。在一项基于勒纳的公正世界研究的重要后续研究中，戴维·阿德曼（David Aderman）、莎伦·布雷姆（Sharon Brehm）和劳伦斯·卡茨（Lawrence Katz）发现旨在引起共情关心的视角说明消除了贬低无辜受害者的倾向（Aderman，Brehm，& Katz，1974）。

共情的感受不能抑制所有攻击性冲动，而只能抑制那些指向共情目标的冲动。确实，很容易想象利他性攻击（altruistic aggression），如果认为 B 对 A 的福祉构成威胁，那么对 A 的同情会导致对 B 的攻击性增加（Hoffman，2000）。为了测试这种攻击性，盖伊·维塔利欧尼（Guy Vitaglione）和马克·巴尼特（Mark Barnett）让实验被试收听对一名女子的采访，该女子被喝醉酒的司机撞成了重伤。与共情诱导的利他性攻击（empathy-induced altruistic aggression）的设想一致，研究结果表明对受伤女子的共情关心与对驾驶员的愤怒感相关，这增加了惩罚驾驶员的动机（Vitaglione & Barnett，2003）。

在冲突情境中加强合作与关怀

共情引起的利他主义在诸如商业或政治谈判之类的冲突情境中是否有益？或者说，让自己在这种情况下关心对方会适得其反吗？想想管理层与员工之间，或者政党派系之间的协商谈判。共情引发的利他行为可能会促使你做出让步。它也可能为所有人带来更好的结果，甚至可能挽救生命。

更积极的谈判

亚当·加林斯基（Adam Galinsky）及其同事的研究表明，共情关心可能会产生上述各种影响。也就是说，它不仅可以促使你做出让步，而且可以产生更多的积极情绪，从长远来看，可以使所有人受益（Galinsky，Maddux，Gilin，& White，2008）。

在一项实验中，加林斯基和他的同事让工商管理硕士在一次谈判课上配对，并安排了 30 分钟的两方商谈练习。每对学生中有一个扮演求职者，另一个则扮演招聘者。双方就八个问题进行了谈判，包括薪水、工作地点、奖金、休假时间等。两名学生都知道哪些问题对求职者或招聘者更重要。通过敏感地了解哪些问题对谁更重要并利用该信息进行协商，可以将共同收益最大化。作为对视角的操纵，实验者分别向扮演招聘者角色的学生提供了以下三种指导语中的一种：（1）仔细考虑你的角色；（2）尝试了解求职者的想法；（3）尝试想象一下求职者的感受。想象感受的指导语与通常用于引起共情关心的指导语相似。

与被分配到只思考自己角色的招聘者相比，被分配到后两种视角条件下的招聘者，其所在的被试组合产生了更大的共同收益。与专注于求职者想法的招聘者相比，差异非常明显。对那些专注于感受的招聘者来说，差异边缘显著。

在每种情况下如何获得更大的共同收益是十分有趣的。专注于求职者想法的招聘者比专注于求职者感受的招聘者获得了更多他们想要的东西。但是，对于求职者来说，那些与更关注自己（求职者）感受的招聘者谈判的人，比那些与更关注招聘者角色或求职者观点（统计不显著地）的招聘者谈判的人得到了更多他们想要的东西。

这些结果使加林斯基及其同事得出结论：在进行谈判时，"思考"对手比"感受"对手更为有效（Galinsky et al.，2008，p.383）。那些想象求职者感受的招聘者想必产生了共情关心（我们不能肯定，因为没有测量产生的情感），这使他们做出让步。他们以牺牲自己为代价使求职者获益。而能够读懂求职者想法（或许像熟练的棋手所做的一样）的招聘者可以获得更多他们想要的东西。

但是，这些结果只是通过单次谈判得到的。随着时间的推移，同一群人多次谈判会产生什么样的结果呢？让步引发的善意似乎有可能使天平偏向那些想象对方感受的谈判者，而不是想象对方想法的谈判者。

与这种可能性相一致的是，在一次不同的谈判练习中，加林斯基及其同事发现，与善意的买方（关注卖方的感受）进行谈判的卖方，相比与只关注自己想法的买方进行谈判的卖方，对他们在谈判期间被对待的方式更加满意。即使在后一种情况下更有可能达成销售协议（差异不显著），结果也是如此。这些满足感是否能带来更多富有成效的后续谈判尚无定论，但这种可能性似乎值得在未来的研究中去探索。

减少群体间冲突

扩展这一逻辑，我们可以用共情引发的利他主义来减少不同宗教、种族和民族之间的群体间冲突吗？这样的建议会立即遇到两个问题：（1）共情关心和利他动机涉及对一个或多个个体，而不是对一个群体的感觉和关怀；（2）群体间冲突通常具有充满轻视、不信任和完全敌意的历史，而有了这段历史，指向他人的关注还可能存在吗？

解决这两个问题的一种方法可能是通过与一个或多个外群体（out group）成员建立积极的个体化人际联结，从而从人际交往延伸至群际交往水平。通过这种联结，每个群体的成员都被当作真实的人与另一个群体的成员打交道，而不仅仅是某个群体。

积极的个体化联结可以通过在个人而非群体层面引入共情关心来解决刚刚提到的第一个问题。通过增加准确感知外群体成员需求的可能性和关心他们福祉的可能性，可以解决第二个问题——共情关心的两个直接前提（见第 11 章）。

但是，如何才能让有着长期冲突而处于对立面的双方建立积极的个体化联结呢？要做到这一点，需要的不只是简单地将对立双方召集在一起。仅凭接触很可能会引发进一步的敌意和攻击行为（Pettigrew，1998）。

在创造积极的个体化联结以减少群体间的冲突和敌意方面，有一种被证明有效的方法，即引入高级目标（superordinate goals）（Sherit，Harvey，White，Hood，& Sherif，1961）。高级目标是冲突双方都想要的，但只有双方共同努力才能实现。潜在对手发现他们在实现共同目标的努力中团结起来，也许是奇怪的同盟，但无论怎样也是同盟。

考虑一下后果：（1）在为实现共同目标而一起努力时，敌对和攻击行为只会适得其反。相反，每个群体的成员必须首先加入另一个群体并了解另一个群体的成员的需求。（2）为了协调实现目标的努力，每个群体的成员必须考虑另一群体的成员的观点并重视对方的福祉。这两种结果通常都会促进共情关心。

冲突解决工作坊（conflict resolution workshops）、**和平工作坊与和平营**。沃尔特·斯蒂芬（Walter Stephan）和克里斯蒂娜·芬利（Krystina Finlay）指出，以这种方式引发共情通常是冲突解决工作坊、和平工作坊与和平营所明确的组成部分（Stephan & Finlay，1999）。

　　冲突解决工作坊通常包括国际冲突各方面的 3～6 个主要代表人物。这些代表人物在无威胁的中立环境下聚集几天，在训练有素的主持人的指导下进行非正式交流。著名的例子是社会学家赫伯特·凯尔曼（Herbert Kelman）和他的同事们组织的研讨会，该研讨会汇集了巴勒斯坦和以色列的代表（Kelman，1990，1997，2005；Kelman & Cohen，1986；Rouhana & Kelman，1994）。双方的近期目标是理解另一方的观点，并且开始信任他们。长期目标是更高一级的，即找到双方都能接受的和平解决冲突的办法。正如凯尔曼解释的那样："在这些互动之外，被试逐渐增强了共情的程度，还增强了对对方关注点的敏感度和响应度，以及工作上的信任度，这些是建立解决冲突的新关系必不可少的要素。"（Kelman，1997，p.219）

　　和平工作坊与和平营通常包括来自对立种族、宗教或政治团体的青少年。和平工作坊通常只持续 3～4 天。和平营可以持续一个月或更长时间。双方的参与者都在一起生活，一起度过闲暇时光，分享文化经验，参加有组织的训练，并在训练有素的导师的指导下，在对话会议上交换意见。这些活动提供了积极的个体化联结方式、高级目标以及对其他群体需求的认识。因此，这些活动促进了跨群体的友情、观点交流和对外群体成员的共情关心。

　　这里举一个例子，是在斯里兰卡举行的为期四天的和平工作坊，其中汇集了僧伽罗人（多数）和泰米尔人（少数）的青年。在一年后的后续评估中，与两个对照组中的任何一个相比，该工作坊的被试都对另一群体的成员表达了更积极的态度。这两个对照组分别是：（1）被提名参加该工作坊但由于削减预算未能参加的青年；（2）来自在人口统计学上相似学校的未提名青年。为了提供一种行为测验方式来测量态度改善情况，每个群体成员在完成评估问卷后，有一个意外的机会可以将自己完成问卷的部分报酬捐赠给旨在帮助外群体贫困儿童的计划。研究发现，参加工作坊的人比对照组的人捐款更多。

　　教育环境。共情引发的利他主义已被用来减少教育环境中的群体间冲突。以下是两个示例。

1. 拼图课堂（jigsaw classroom）是艾略特·阿伦森（Elliot Aronson）及其同事在 20 世纪 70 年代开发的一种学习技术，目的是克服位于得克萨斯州奥斯汀的废除种族隔离学校中的种族紧张和仇恨情绪（Aronson，Blaney，Stephan，Sikes，& Snapp，1978）。拼图课堂上，学生的部分上课时间将在种族/种族混合的小组中度过，理想情况下每个小组有五到六名学生。每个小组都被安排了一项学习任务，并且该小组的每名成员只有一部分信息，但就是因为每一个部分都是该小组完成任务所需要的，结果，小组中的每个人都必须依靠其他人的贡献来取得成功。我们再次发现了积极的个体化联结和高级目标是增加共情的条件。大约八周后，小组解散，成立新的小组，每名学生必须学会与另外四五名学生一起有效地工作。再过八周后，再次重组小组，并且循环继续进行。

   阿伦森及其同事发现，学生在拼图课堂学习的经验增加了对小组成员的喜欢和帮助。不幸的是，他们没有报告专门针对群体外成员的好感和帮助的影响。但是一个较早的项目确实发现，在种族混杂（欧洲裔美国人、非洲裔美国人和墨西哥裔美国人）的互相依赖的小组中一起工作大大减少了跨种族冲突并增加了跨种族的好感和帮助（Weigel，Wiser，& Cook，1975）。随后的项目也发现，学生在种族/族裔混合群体中进行合作学习可以增加跨群体的友谊，特别是亲密的友谊，并为共情的增加提供了基础（Paluck & Green，2009；Stephan & Stephan，2001）。阿伦森总结道："学生在拼图课堂的学习过程中建立了共情，与传统课堂中的学生相比，拼图课堂中的学生彼此之间更加开放、更富有同情心并且对多样性的容忍度更高。"（Aronson，2004，p.486）

2. 共情之源是一项针对小学生的国际流行项目——使用一种完全不同的策略来通过共情减少冲突（Gordon，2005）。该策略是每个月邀请一名婴儿和家长来教室。在每次来访期间，孩子们围着绿色毯子围成一圈，婴儿和家长坐在毯子中间。孩子们观察亲子互动，自己与婴儿进行互动，并向家长询问婴儿自上次到访以来学会了什么。

这个项目的想法是"父母与孩子之间的关系是建立积极的、富有共情的人际关系的模板"（Gordon，2005，p.6）。该项目设想通过观察婴儿的成长和亲子互动，再加上与婴儿的直接互动，可以促进观点采择和对婴儿福祉的重视，然后将其推广到儿童与同龄人的关系方面。这种将亲子互动作为普及共情和利他主义的催化剂的做法，与第 11 章中的建议有关，即父母的养育为共情关心提供了遗传基础。初步研究表明，正如预期的那样，学生参加共情之源项目的经验，可以增加对其他同学需求的敏感性，并减少欺凌行为（Schonert-Reichl，Smith，Zaidman-Zait & Hertzman，2012）。

给被污名化群体的成员更多关怀

精心策划的面对面接触和引入高级目标是唤起共情引发的利他行为，以增加对被污名化群体（stigmatized groups）成员的关注和关怀的唯一途径吗？似乎并非如此。考虑像《汤姆叔叔的小屋》（*Uncle Tom's Cabin*）、《雾都孤儿》（*Oliver Twist*）、《应许之地》（*The Promised Land*）、《日诞之地》（*House Made of Dawn*）、《飞越疯人院》（*One Flew Over the Cuckoo's Nest*）、《紫色》（*The Color Purple*）等书，还有《阳光下的葡萄干》（*A Raisin in the Sun*）、《象人》（*The Elephant Man*）、《雨人》（*Rain Man*）和《爱是生死相许》（*Longtime Companion*）等电影，以及《美国民权史》（*Eyes on the Prize*）、《美丽天堂》（*Promises*）等电视纪录片，这些作品都是为了改善对被污名化群体（种族或少数群体、外来群体，以及具有一定社会性的污名的人，如残疾人或有疾病的人）的态度。

这些作品的创作者似乎在传达两种信念：（1）他们相信通过让我们想象处在被污名化群体中的成员在应对困境时的想法和感受，我们可以被引导着去重视他们的福祉并产生共情关心；（2）他们相信这些共情的感觉会泛化，使我们对整个群体成员的态度变得更加积极，更关心群体中的个体。这些创作者太乐观了吗？研究表明并非如此。

态度改善

我和同事们进行了三个实验，以验证这些信念是否正确（Batson，Polycarpou，et al.，1997）。实验着眼于对三个不同的被污名化群体的态度：艾滋病患者（实验 1）；无家可归者（实验 2）；以及一项极端测试，针对的是被定罪的杀人犯（实验 3）。在每项实验中，大学生实验被试被要求去听一段采访录音，内容是一名被污名化的小组成员谈论与污名相关的问题。在每项实验中，想象感受的指导语（相对于保持客观指导语）被用于测试此类指导语是否可以引起对特定群体成员的重视和共情关心。我们还对被污名化群体的态度进行了评估。在每项实验中，被诱导产生共情的被试对整个群体的负面态度都很少。

尤其有趣的是，倾听一个被定罪的杀人犯的讲话对于人们对待杀人犯的态度所产生的影响。当被试听完录音后，立即在实验室中对被试的态度进行评估，在想象感受条件下的被试比那些在保持客观条件下的被试报告了较少的消极态度，但是这个趋势在统计上并不显著。然而，一个多星期后，在一次无关的电话采访中对比进行评估时，那些在想象感受指导语下的人——在实验中对待被定罪的杀人犯产生更多共情的被试——报告了他们对被定罪的杀人犯的消极态度明显减少（见表 12–1）。显然，这些被试意识到共情的影响力时，不愿意因为自己对一个杀人犯的共情关心而影响他们对其整个群体的态度。后来，随着他们放松警惕，这个经历对态度的影响开始显现。杰拉尔德·克洛（Gerald Clore）和凯瑟琳·杰弗里（Katherine Jeffrey）报告了共情在对残障人士态度的长期影响中取得的类似研究结果（Clore & Jeffrey，1972）。

随后的研究发现，当使用想象感受指导语来引起对一个种族或少数族裔成员的共情关心时可以改善对整个少数群体的态度（Dovidio et al.，2004，2010；Esses & Dovidio，2002；Todd，Bodenhausen，Richeson，& Galinsky，2011；Vescio，Sechrist，Paulucci，2003）。此外，对一个同性恋者产生共情可以改善对整个同性恋群体的态度（Vescio & Hewstone，2001）。韦斯利·舒尔策

（Wesley Schultz）发现，共情关心那些受到污染伤害的动物，改善了人们对保护自然环境的态度（P.W.Schultz，2000）。海梅·贝伦格（Jaime Berenguer）有同样的发现（Berenguer，2007）。这些研究结果都强调了该技术的广泛适用性。

表 12–1　　在实验环节和不相关的电话采访中对定罪的杀人犯的平均态度

测量时间	听力材料指导语	
	保持客观	想象感受
实验室	4.20	4.48
电话采访	4.68	5.42

注：电话采访在实验后 1 ~ 2 周进行。每个指导语条件下有 30 名被试（15 名男性、15 名女性）。态度是按从 1（极端否定的态度）到 9（极端积极的态度）的等级进行测量的。
资料来源：Batson，Polycarpou，et al.（1997）。

　　贝齐·帕鲁克（Betsy Paluck）特别重视利用小说来改善态度的可能性，他在卢旺达进行了为期一年的田野调查，测试了一部旨在促进图西族和胡图族之间和解的广播连续剧的效果（Paluck，2009；Staub，2011；Staub & Pearlman，2009）。除了有关偏见的根源和预防偏见的信息外，连续剧还向卢旺达人展现了人物角色面临的问题，卢旺达人对这些问题也有所了解：群体间的冲突和敌意，跨群体的友谊，专横的领导人，贫穷和对暴力的记忆。故事情节描绘了一对年轻夫妇，他们生活在存在敌对冲突的邻近村庄。命途多舛的夫妇在部落的反对下追寻着自己的真爱，并共同发起了一个青年和平与合作联盟。这种调节冲突的连续剧，尤其是这对年轻夫妇的挣扎，似乎使人们产生了对冲突双方的内在价值、观点采择和共情关心的关注。

　　后续措施表明，这些影响对卢旺达社会中许多人的观点采择和共情关心产生了普遍影响。与收听过关注健康问题的节目的人相比，收听冲突调节节目的人更愿意接受跨群体婚姻，并且更愿意信任社区中的其他人（包括外部群体）并与之合作。帕鲁克建议：

　　　　广播节目的戏剧性叙事形式可能引发了对观察到的变化至关重要的情绪和想象力过程……听众对连续剧人物角色的情感共情反应可能

已经迁移到了该角色所代表的真实生活中的群体（通过对现实生活中的卢旺达人增加共情来衡量，包括囚犯、种族灭绝的幸存者、穷人和领导人）。（Paluck，2009，p.584）

增加行动

由共情引发的更积极的态度是否会转化为代表被污名化群体采取行动呢？我和三个同事发现确实如此（Batson，Chang，Orr，& Rowland，2002）。我们使用想象感受的指导语（相对于保持客观的指导语），让实验被试听到被定罪的海洛因成瘾者兼毒贩坦率地向采访者讲述他的生活，诱发被试对他的共情关心。后来，当被试有机会建议大学的学生会如何使用其社区服务资金时，被诱发对这位年轻人产生高共情的被试建议分配更多资金来帮助吸毒者。尽管这笔钱显然不会对这些年轻人本人有什么好处，但是他们仍然建议这样做。玛丽·卢·谢尔顿（Mary Lou Shelton）和罗恩·罗杰斯（Ron Rogers）的研究再次反映了这个结果的广泛适用性。他们发现，被试在观看一段显示鲸鱼遇险的视频片段时所引发的共情关心增加了帮助拯救其他鲸鱼的意愿（Shelton & Rogers，1981）。看起来，当对外群体成员产生更积极的共情感受时，无论是否被污名化，我们都愿意拿出实际行动，把钱花在刀刃上。

务实的考虑

出于四个原因，相比通过面对面的团体接触引发的共情，通过小说、戏剧和纪录片来引发共情关心要容易得多，至少在最初的时候是这样的。第一，正如前面列出的小说和电影所示，成熟的作家很可能使我们对一个被污名化群体的成员（无论是真实的还是虚构的）产生共情关心（Batson et al.，2002；Graves，1999；Harrison，2008；Oatley，2002；Paluck，2009；Slater，2002）。第二，通过媒体来面对被污名化的群体是可控的，可以确保比生活中面对面的交流要容易得多。第三，媒体接触可以发生在低成本、低风险的情况下。与提供积极的个体化联结所需的精心安排不同，通过书本和电视，我们可以舒适地坐在自己的家中，关切一个被污名化群体的成员。第四，只要被污名化群体的成员身份是引起共情需求的显著特征，那么由此产生的态度变化似乎就不容易受到亚群体分型（subtyping）的影响，也就是说，不只对被污名化群体的某个成员或者某个特定小群体改变态度。亚群体分型影响着态度改变的认知取向，该取向是通过提供不符合被污名化群体消极刻板印象的成员信息来改变态度的（Brewer，1988；Pettigrew，1998）。

这些原因使得利用媒体来促进共情引发的态度转变变得非常有希望，可以将其作为一种引导对被污名化群体的积极态度并从行动上为其谋福利的手段。但是，媒体的应用只是第一步。为了避免共情诱导只引起对想象中的群体外成员而不是真正意义上群体中的个体的关心，则需要如上节所述，后续需要个体化联结和引入高级目标。尽管如此，迈出这第一步会使后续步骤成功的可能性更大（有关使用共情诱导的利他来改善群体间态度和关系的进一步讨论）（Batson & Ahmad，2009）。

更积极的亲密关系

在友情或爱情中对另一方内在的重视，为在对方处于困境时感到共情关心打下了基础。由此产生的利他动机应能使双方建立更好的关系。

如你所料，有很多证据表明，对他人福祉的内在重视（即更强烈的爱）可以预测亲密关系的满意度和持续时间（Berscheid & Reis，1998）。遗憾的是，关于共情诱导的利他在这种相关中所起的作用的研究很少。更多的研究聚焦于每个人如何在亲密关系中满足他或她的个人需求（Kelley，1979；Rusbult，1980）。尽管如此，现有的有限研究表明，共情诱导的利他可能是重要贡献者。

例如，布鲁克·菲尼（Brooke Feeney）和南希·柯林斯（Nancy Collins）发现，那些向恋爱伴侣提供帮助和支持的人是出于利他动机而不是利己动机的，他们也表示他们的关心更加敏感和积极。他们的伴侣也这么说，但程度较低（Feeney & Collins，2001，2003）。

杰夫·辛普森（Jeff Simpson）、威廉·罗尔斯（William Rholes）和朱莉娅·内利根（Julia Nelligan）开发了一种程序，用来观察当亲密关系中的一方将要经历压力时，另一方关心照料的表现情况（Simpson，Rholes，& Nelligan，1992）。调整这个程序后，菲尼和柯林斯将一对夫妇带入实验室，并让一方准备进行一场会被严格评价的录像演讲（Feeney & Collins，2001）。通过告诉另一方（潜在的照顾者）演讲者对即将到来的演讲有多么紧张来操纵其需求水平，包括非常紧张（高需求）或者不紧张（低需求）。然后，照顾者有机会通过向演讲者写私人便条来表示关心。在来实验室的几天前，研究者已经收集了照顾者关于他们一般共情倾向和利他动机的自我报告。研究者和演讲者都对照顾者写的便条所体现出的对演讲者需求的敏感性进行评分。照顾者的自我报告与便条所体现的敏感程度之间呈显著正相关。

显然，在解释这些依赖共情倾向和利他动机的自我报告的研究结果时需要谨慎。人们可能不会向研究者或自己透露他们提供安慰和关怀的真正动机，尤其是在恋爱关系中。正如哈尔·凯利（Hal Kelley）恰当地指出：

> （在爱情中）表现利他的规则……是普通人所熟知的，这为自我表征偏好提供了基础，一个人所偏好的自我表征可能会歪曲这个人的真正动机。说服我们的伴侣，让他们相信我们对他们的利益感同身受，并愿意把他们的利益放在我们自己的利益之前，我们将受益匪浅。对许多人来说，说服自己的善意动机会带来更多的收获。（Kelley，1983，p.285）

幸运的是，柯林斯及其同事对刚刚描述的研究进行了后续实验。在后续实验中，他们使用了相同的压力源（录制了一段演讲）和相同操纵水平的需求，但删掉了共情和利他主义一般倾向指向的自我报告。取而代之的是，他们评估了照顾者对演讲过程中的演讲者所产生的共情关心。为了评估利他动机，他们实施了两项行为实验：（1）照顾者多久检查一次演讲者寻求帮助的信息；（2）照顾者放弃玩有趣的拼图游戏而去另一半那里做演讲的意愿。

结果表明，安全型的照顾者（低关系焦虑和较少回避情绪的人）表达了更多的共情关心，更频繁地检查计算机监视器中是否有来自其伴侣的消息，并更多地自愿在伴侣那里发表讲话。柯林斯及其同事由此得出结论，安全稳定的关系使个人能够从自我聚焦和自我关注，转变为关注伴侣的共情关心和利他动机——这是一个诱人的结论，但还需要进行更多这样的研究。

利他的帮助者更健康

我们已经看到当你体验到由共情引发的利他动机时，这种动机的目标对象可以通过各种方式受益。你可能也会获益。迄今为止的证据虽然主要是详细而无法证实的，但它表明共情诱导的利他对你的身心健康都有好处。

旁证

证明利他具有灵丹妙药般效果的轶事有很多，从查尔斯·狄更斯（Charles Dickens）在小说《圣诞颂歌》（*Christmas Carol*）中对主人公埃比尼泽·斯克鲁奇（Ebenezer Scrooge）转变后的幸福和自我实现体验的虚构描写（从富有而自私冷漠的吝啬鬼变为一个乐善好施的人），到一位年老的寡妇从当地的人道主义社团收养了一只狗之后说的话：

> 当了六个月的寡妇，我发现空荡荡的家令人难以忍受。收养曼迪是我的选择，我也成了它的救星……它营养不良和脱水。我们给予彼此坚定不移的爱与忠诚，这是一种与众不同的平静的快乐！（Cohen & Taylor，1989，p.2）

还有一些来自更系统的研究的证据。例如老年夫妇生活变化研究项目（changing lives of older couples study）发现，向他人提供支持可以增强丧偶老人的心理弹性并降低其死亡风险。佩吉·托伊斯（Peggy Thoits）和林迪·休伊特（Lyndi Hewitt）的研究发现，在一般的成年人群体中，一个人从事志愿活动的小时数与他所报告的自尊、生活满意度和身体健康呈正相关，与抑郁呈负相关（Thoits & Hewitt，2001）。

艾伦·卢克斯（Allan Luks）在全美范围内从 3000 多名志愿者那里收集的自我报告证实了这一点（Luks，1991）。许多志愿者报告说，他们在助人时感觉到"情绪高涨"（刺激感、温暖感和能量增加），并且之后感觉到一种"平静"（感觉到放松，摆脱了压力，自我价值感增强），这些感觉与剧烈运动期间和剧烈运动后的感觉类似。当帮助涉及与陌生人的接触时，人们会更多地报告这些感受，这表明共情关心和利他动机可能起了作用。当助人行为是匿名捐赠或者对家人的义务照料时，这种效应就不那么明显了。

杰克·多维迪奥及其同事在回顾了助人行为对健康有益的证据后，提出了两个方法论上的问题（Dovidio，Piliavin，Schroeder，& Penner，2006）。首先，大多数指出助人能带来心理益处的研究都依赖于自我报告的方法，尚不清楚这些自我报告是否值得信赖。其次，关于心理和生理益处的研究几乎完全基于相关性。有时，研究者试图控制助人以外的可能产生上述益处的其他因素，例如社会经济地位、之前良好的健康状况，以及有事可做，等等。不幸的是，无法确保所有相关因素都得到充分控制。这就是为什么我把现有的研究结果称为间接证据。

为了澄清这些问题，道格·阿曼（Doug Oman）聚焦于六项研究，这些研究在检验"志愿活动能够延长老年群体的寿命"这一假设时，尝试了一些办法来控制可能的混淆因素。他的结论令人鼓舞：

尽管这些研究在他们发现的确切细节上并不一致，但总体模式似乎很明确：志愿服务与死亡率的大幅降低相关，并且这些降低并不能简单地通过人口统计学、社会经济状况的差异、以前的健康状况、其他类型的社交关系和社会支持，或者先前的体育活动和锻炼水平来解释。（Oman，2007，pp.25-26）

这是令人鼓舞的，但是由于以下原因，这仍然没有定论。

共情诱导的利他是原因吗

尚不清楚研究文献所报告的健康益处是不是由于助人行为，更具体地说，是不是出于利他动机的助人行为。很多益处可能源于其他的原因，例如显示能力和控制力、具有社交能力或专注于自身之外的事物。如果是这样，关心他人福祉就可能是产生这些益处的一种方法，但不是唯一方法。加入网球队、观鸟小组或桥牌俱乐部可能具有同样的效果。尽管有一些乐观的说法——"似乎人类总是通过'做好事'来'做好'事"（Post，2007，p.vi）——但共情引发的利他行为是否可以解释与"做好事"相关的健康益处，目前尚不清晰。

不过，这种可能性值得研究。除了调查研究，我们还能在哪里找到相关证据呢？如果按照第 11 章的建议，共情引发的利他行为根源于亲代抚育，那么我们可以预期这种利他行为与催产素的释放有关。神经肽催产素（oxytocin）参与了父母养育行为，尤其是母亲的照料。它还与对免疫系统和应对压力的有益影响有关（Carter，2007，2014；Marques & Sternberg，2007）。

除了亲子关系以外，研究催产素作用的一个潜在且富有成效的研究领域是对动物的关怀。长期以来，人们一直认为宠物护理可以促进身心健康：增加生命的意义感、减轻压力、降低血压，甚至延长寿命（Allen，2003；Dizon，Butler，& Kroopman，2007）。照料作为伴侣的动物有利于疗养院患者和孤独人士，以及监狱囚犯的健康（Netting，Wilson，& New，1987）。用一名囚犯的话说："在监狱里，时间是无尽的，但是有一只狗可以去爱，时间就变得有意义了。"（Cohen & Taylor，1989，p.62）而且，别忘了照顾曼迪的好处（前文中提到的被收养的狗）。

这与催产素有什么关系呢？初步证据表明，照顾者与狗的互动会使人和狗都释放催产素（Odendaal & Meintjes，2003）。但是对此请保持怀疑态度。目前尚不清楚这些互动对健康的益处在多大程度上是由于我们对动物的关怀，而不是动物对我们的关怀造成的。催产素在这些益处中的调节作用也不明确。

两个边界条件

最后，即使共情诱导的利他被证明是抑郁、无意义感和紧张的解药，也需要认识到两个潜在的重要边界条件。

第一，利他的健康收益潜力可能受到身体和心理的限制。就像几乎所有的药物过量都会对你造成伤害一样，对他人的过多关注也可能导致倦怠（Maslach，1982）。承担过多负担的志愿者和专业援助人员可能会发现他们殚精竭虑也无能为力（Omoto & Snyder，2002；R.Schultz，Williamson，Morycz，& Biegel，1991）。看来，我们的共情关心能力并非无穷无尽。大多数人在麻木之前只能感受到那么多，这种状态有时被称为同情疲劳（compassion fatigue）（Rainer，2000）。

第二个边界条件更为重要。那些将共情诱导的利他视为通往更好生活的门票的人可能会发现，共情诱导的利他并不能帮助他们实现这个愿望。一旦对他人有益成为获取自身某种利益的手段，即一旦变成"门票"，动机就会从利他主义转变为利己主义。这意味着，如果共情引发的利他动机（而不是简单的帮助行为）对健康有好处，那么刻意追求这些益处注定会失败。利他可能会无意间促进健康和幸福，但是如果把利他作为产生健康和幸福的一种手段，那就没有这样的成效了。

结 论 ───∞

　　至少有初步证据表明，共情诱导的利他带来的这些好处是令人印象深刻的——为处于困境的人提供更多更好的帮助；减少对他人的攻击行为；减少对不公正行为的受害者的歧视和责备；在冲突情况下（商务谈判、政治冲突以及在校学生之间的紧张关系）加强合作；减少对被污名化群体的消极态度，增强帮助这些群体的意愿；在亲密关系中提供更敏感的关怀；增加幸福感和自尊；更少的压力；增强生命的意义感；甚至寿命更长。共情诱导的利他似乎可以成为追求美好的强大力量。

　　但是，它不是万能药。它在解决问题的同时也会导致问题。如果我们要有效地利用利他的力量，我们需要意识到利他可能导致的问题。现在该听一些坏消息了。

第 13 章

好心办坏事：
利他不好的方面

A Scientific Search
for Altruism:
Do We Care Only
About Ourselves

你可能想知道利他会造成什么坏事。如果你这样想，那你的同伴关系应该还不错。大多数人都不会有这方面的考虑。但是，我们有充分的理由相信，共情诱导的利他有时确实会伤害那些需要帮助的人、无关的人，以及那些有利他动机的人。本章就这一问题进行了探讨。

我们可能会伤害那些我们关心的人

尽管有米尔斯兄弟（Mills Brothers）的感叹，但你并不会总是伤害自己所爱的人。然而，共情诱导的利他有时确实会伤害感受到这份共情的人。如果行动不当，那么对他人的关心不但不会有任何帮助，反而会导致无意的伤害。法国作家巴尔扎克是人类弱点最敏锐的观察者之一，他在《高老头》（*Le Père Goriot*）一书中生动地表达了这种讽刺意味。高老头对女儿们无私的爱宠坏了她们，他让女儿们离自己而去，最终把女儿们和他自己都毁了。巴尔扎克的观点是，尽管利他主义是人类的美德之一，但它和攻击性一样，必须对其加以谨慎控制。

国际援助：良好意愿带来的不良结果

格拉汉姆·汉考克（Graham Hancock）在他的《贫困的上议院》（*Lords of Poverty*）一书中也提出了类似的观点，并严厉地指责了国际援助计划（Hancock，1989）。他谴责了世界银行、联合国儿童基金会（UNICEF）、联合国教科文组织（UNESCO）、联合国开发计划署（UNDP）、联合国粮食及农业组织（FAO）、欧洲发展基金和国际开发署（AID）等多家知名机构进行的国际援助。的确有许多人认为这些组织没有我们期望的那么成功。但汉考克更是直击要害，他认为国际援助总是涉及官僚和独裁者之间的交易，在这些交易中，不可避免地会存在腐败和过度依赖。

为了证明自己的观点，汉考克举了几个例子：危地马拉的一个依靠援助资金兴建的水坝使当地居民用电费用上涨了70%；位于苏丹的一家糖精炼厂在获得资金援助的情况下其产品价格却远高于进口糖的价格；世界银行在巴西和印度尼西亚的移民计划破坏了热带雨林，加剧了温室效应，同时也破坏了当地文化，并使居民比以前更加贫穷。

虽然这不能代表国际援助的全貌，但这样的例子实在太多了。即使是出于好意，我们也不得不警惕这种危险。我们低估了在没有完全弄清楚行为的后果时，就试图帮助他人而产生的问题。在现在大量的国际援助活动中，我们清楚自己行为的后果吗？

一颗温暖的心需要一个冷静的头脑

即使别人提供的帮助是我们需要的，但共情诱导的利他有时也会使情况变得更糟。想象一下需要精细操作的情景，比如外科手术。神经生理学家保罗·麦克莱恩（Paul MacLean）认为，外科医生应该避免为关系亲密的人进行手术（MacLean，1967）。因为关键问题就在于共情。比如为姐姐而不是陌生人进行手术时，深切的担忧感和迫切为她减轻痛苦的渴望可能会导致手部颤抖，共情诱导的利他甚至可能导致姐姐丧命。

另一项证据来自纳粹欧洲死亡集中营的幸存者，柔软的内心使人们更难做出正确的选择。在集中营内，一些地下成员努力拯救人们的性命，但显然无法拯救所有人，有时他们不得不做出事关他人生死的决定。有幸存者提到，怜悯那些不得不牺牲的人，使他们很难做出正确的选择，甚至因此无法挽救更多的生命。用特伦斯·德斯普雷斯（Terrence Des Pres）的话来说：

> 同情几乎是不可能的，更不必自怜。情绪不仅模糊了判断力，破坏了果断性，还危及了地下成员每个人的生活……必须做出艰难的选择，但不是每个人都能胜任这项任务，所有人都比那些最有美德、最受尊敬却缺乏行动的人更优秀。（Des Pres，1976，p.131）

共情诱导的利他会产生专制式管理

如第 11 章所述，如果利他动机是基于对亲代抚育的认知概括，那么就意味着将需要帮助的人比喻成脆弱的需要依赖和照顾的孩子。这也意味着在解决上述需求的假定能力上存在差异。

有时，这些观念并不会造成问题。当我们需要医生、警察和水管工的帮助时，大多数人都乐于听从他们的专业意见。但是在其他时候，效果并不好。例如老师和导师出于对学生的担忧而进行的不恰当帮助，可能会让学生无法培养自己解决问题的能力和信心，还可能导致学生产生不必要的依赖、低自尊和低自我效能感（Nadler，Fisher，& Depaulo,1983）。医生、护士、治疗师、朋友和家人帮助那些存在身心缺陷的人，我们关心穷人和弱势群体的社会福利工作也可能造成这样的后果。把需要帮助的人看成是脆弱的、需要依赖的，可能会导致这种专制式管理的问题长期存在。

好的养育方式需要知道灵活调整何时进行干预与何时不介入彼此的关系，以及如何建立一个可以培养孩子应对能力、自信和独立性的环境。有效的帮助也是同样的道理。回想一下那句谚语：授人以鱼不如授人以渔。如果共情诱导的利他是为他人提供帮助，那么帮助者必须对他人的处境保持敏感。

哈尔伯恩（Halpern）根据她身为内科医生和精神病学家的工作经历，举了一个关于史密斯先生的例子（Halpern，2001）。史密斯先生是一名成功的高管和家族族长，但是他颈部以下突然瘫痪，现在只能依靠呼吸机生存。哈尔伯恩对于他的无助状况感到深切的同情和悲伤，并试图通过传达自己的感受来安慰他。史密斯的反应十分愤怒和沮丧。只有当她思考"一个健康的老人突然虚弱无力，被一个又一个年轻的医生指手画脚会是什么样子"时，哈尔伯恩才得以理解并应对他的愤怒，为与他合作而非单方面对他进行治疗创造了条件。

> 我最初对史密斯的同情，完全没有考虑到他明显的脆弱性，这使我对他很温和——史密斯先生的情况强调了要考虑患者的自我感受，这是具有重要实际意义的，而不仅仅是意识到患者的不安。我想象着因自己无法动弹，在"我的"家人面前成为一个被同情的对象而感到愤怒。我通过想象这些特殊的经历实现与史密斯先生的互动，并通过调整我的讲话时机和肢体语言来表达我对他的尊敬，并且提高了我承受他愤怒的能力。（Halpern，2001，pp.87-88）

在试图解决种族或民族冲突所产生的需求时，类似的敏感也很重要，因为在这些冲突中，群体之间的权力和地位差异几乎始终存在。对于动力不足的人，最主要的需求可能是被倾听（Bruneau & Saxe，2012；Nadler & Halabi，2006；Shnabel & Nadler，2010）。

并非所有的需求都能唤起共情诱导的利他

在回应某些需求时，可能并不会感受到共情诱导的利他，尤其是非个性化需求以及抽象或长期的需求。

他人的非个性化需求

正如第 12 章所讨论的，共情关心是由他人的个性化需求引起的。这种积极的表达隐含着一个消极信息，共情作用不是由他人的非个性化行为引起的。什么样的人是非个性化的？目前给出了六个答案：

1. 那些住得很远的人；

2. 那些与我们不属于同一群体的人；

3. 那些和我们不一样的人；

4. 那些有着我们未经历过的需求的人；

5. 那些我们不喜欢的人；

6. 那些我们遇到的很多都有相似的需求的人。

这些特征都被认为是去个性化的条件之一，但令人惊讶的是，研究只明确地支持了后两个。在讨论它们之前，让我简单介绍一下前四个。

1. 只要对他人幸福的需求和价值的理解是不变的，距离似乎就不会导致去个性化。当我们听到有人在地球的另一端受到自然灾害或人类暴行的伤害时，我们会感到担心。距离可能会减少感觉到的责任和采取行动的义务，但是责任和义务不应与共情或它产生的利他动机相混淆。

2. 一些研究人员声称，共享的群体成员身份是个性化和共情诱导的利他的必要条件（Stürmer et al.，2006）。但在第 9 章中，我们看到了事实并非如此。

3. 在第 11 章中，我们看到相似性也是不必要的。我引用的证据表明，只要感知到的差异不会引起反感，我们就会对很多目标产生共情，不仅包括与自己完全不同的人，还有其他物种的动物。

4. 尽管有些人称必须和需求者经历过同样的需求才会产生共情，但其实这种条件是不必要的（Allport，1924）。只要我们能理解和领会目标的需求，就不需要经历过这些需求（Batson, et al., 1996；Hodges，2005；Hygge，1976）。这样的经历可能会增强对这些需求的认知度，从而引起共情关心，但是通过其他方式也可能得到这些认知。如果确实如此，那些从未经历过特殊需求的人可能会对患有疾病、受伤或不适的人产生相当多的共情。正如亚当·斯密很久以前指出的："虽然男人不可能自己来承受女人生育的痛苦，但依然会对分娩期的女人产生同情。"（A. Smith，1759/1976，p.817）

更复杂的是，以往的经历有时会抑制共情。萨拉·霍奇斯（Sara Hodges）及其同事发现，当女性面对难产的女性时，有生育经历的女性会将注意力从难产女性的经历转移到自己身上，对她产生更少的共情，而不是更多（Hodges，2005；Hodges，Kiel，Kramer，Veach，& Villanueva，2010）。

现在，请考虑抑制共情关心的两个去个性化条件。

5. 正如第 11 章所讨论和记录的，对他人的反感破坏了共情的必要前提条件之一，即把个人利益放在积极的价值上。

6. 也有明显的证据表明：当有需求的人是大量有类似需求的人中的一员时，也同样有抑制作用（Kogut & Ritov，2005a；Kogut & Ritov，2005b；Small，Lowenstein，& Slovic，2007）。换言之，就是一个需要帮助的人是一个悲剧，但一百万需要帮助的人只是一个统计数字。我们今天面临的许多紧迫的社会问题，例如大规模饥饿、种族灭绝和流行病，都以统计数字的形式出现在我们面前。保罗·斯洛维克（Paul Slovci）声称，当一连串的问题没完没了的时候，会导致人"精神麻木"和"同情心的崩溃"：每天面对着几十个显然是随机发生的灾难，人类除了关闭心扉外还能做什么呢？没有人能承受那么多的痛苦。我们发展自身不是为了应对全球范围内的悲剧。我们的防御机制假装那些事件与我们没有任何联系，假装那些生命不像我们自己的生命那样珍贵和真实。从某种程度上来说，这是一个可行的策略，但失去共情也意味着失去人性，这是一个不小的代价（Slovic，2007，p.87）。

抽象的需求

此外，许多社会问题并不涉及直接帮助个人。这些问题更加抽象。想想全球变暖、核扩散和贫困危机。尽管像"地球的掠夺"这样的个人化比喻可能会把我们引向共情关心的方向，但我们依然很难对环境或世界贫困人口产生共情关心。

这些需求不仅很难产生共情，而且个人的努力也无法将其解决。它们需要政府采取政治干预。不像共情诱导的利他过程那么高效，这个过程是漫长而缓慢的。生态学家和哲学家加勒特·哈丁（Garrett Hardin）总结说，在这种情况下，我们唯一的诉求是利己主义：

> 是否存在纯粹的利他呢？这是存在的，在小规模、短期内，以及特定情境下，即在亲密的小规模团体中是存在的。在类似家庭的群体中，一个人应该能够不"精心计算得失"。但只有最天真的人才会希望在一个拥有数以千计（或数以百万计！）成员的群体中，坚持一个不计得失的政策。因为在这个群体中，早就存在许多对立和猜疑……
>
> 当那些没有意识到大群体的本质的人天真地呼吁"社会政策机构作为利他机会的代理人"时，他们是在做无用功。在大群体中，社会政策机构必须遵循我所说的"基本政策原则"：永远不要要求一个人做出违背自身利益的行为。（Hardin，1977，pp.26-27）

长期需求

即使在满足个性化的长期需求时，由共情诱导的利他也可能是不够的。就像其他情绪一样，共情关心会随着时间的推移而减少，所以共情在那些像社区志愿者那样需要持久帮助的活动中可能无法维持（Omoto & Snyder，2002）。例如，共情诱导的利他可能会使一个人自愿帮助艾滋病患者或无家可归的人，但如果志愿者想要长期坚持下去，可能需要寻找其他动机来激励自己。

共情诱导的利他可以引发不道德行为

对许多人而言，共情–利他假说隐含着更令人惊讶的含义，即共情诱导的利他会使我们违反自己的道德标准。许多人认为利他从定义上讲是道德的。但共情–利他假说并非如此。正如第 1 章和第 2 章所解释的，该假说将利他定义为一种动机状态，其最终目标是增加他人的利益。字典对道德的定义是：（1）"属于或关于做出正确或错误行为的原则"；（2）"遵守此类原则"。从这些定义来讲，利他和利己与道德的关系是一样的。两者既非道德也非不道德，可以认为二者都与道德无关。

我们可从公平的道德原则来说明这一点。人的行为视情况而定，一方面使自己受益的利己主义的欲望可能使人们公平行事，以获得对做好事的赞美和自豪感，但也可能导致人们不公平地攫取超出自己应得份额的部分。同样，当他人处于有利情况时，使他人受益的利他的愿望可能会导致人们公平行事；但当他人处于不利情况时，人们可能会不公平地偏袒他人。

共情导致不道德行为的实验证据

我和几位同事进行了两项实验，以检验共情诱导的利他能产生不道德行为这一观点（Batson, Klein, Highberger, & Shaw, 1995）。

担任管理者。 在第一项实验中，堪萨斯大学的 60 名心理学系的女学生通过一个引言故事了解到，该实验与工作场所的互动有关。60 人都被任命为管理者，可以给另外两名心理学系的女学生（她们为员工）布置任务。其中一项任务的结果是积极的，员工每答对一次，就会获得一张价值 30 美元的礼品券。另一项任务的结果是消极的，员工每答错一次，就会受到使人不舒服的电击，其强度是静电强度的 2 ～ 3 倍。

为了使公平原则更突出，在给管理者的指导语中提道："大多数管理者认为掷硬币是分配任务最公平的方法，但是否采用这种方法完全取决于自己。你可以根据自己的意愿给员工分配任务。"如果被试选择该方法，就会给他们提供一枚硬币。指导语还指出，两名员工都不知道任务是如何分配的，只知道自己的任务是哪个。最后，被试会知晓还存在其他变量，我们正在研究其中一名或两名员工的先验知识的影响。作为管理者，他们可能会收到一封来自其中一名或两名员工的手写便条。便条的封面内容设置了对共情的操作。

操纵对员工 C 的共情程度。 在无交流条件下，20 人中的每名被试都知道他们不会收到任何便条。在第二种交流条件下（每组 20 人），被试将收到来自一名员工（简称为"员工 C"）的便条。下面是被试在不同交流条件下读到的来自员工 C 的便条：

> 我应该写一些最近发生在我身上的趣事。我不知道其他人会不会对这种事感兴趣，但我唯一能想到的是两天前我和男朋友分手了。我们从高中三年级开始就在一起了，关系非常好，一起在堪萨斯大学念书的感觉很棒。我原以为他也有同样的感受，但现在情况变了。现在他想和别人约会。他说他仍然很关心我，但是他不想被一个人束缚住。我真的很沮丧。我满脑子都是这个人。我的朋友们都告诉我，我还会遇到别的男人，他们说，我只是需要一件好事让我振作起来。我想他们是对的，但到目前为止还没有好事发生。

我们假设被试会认为给员工 C 积极-结果任务（礼品券）能让她高兴起来，而不是消极-结果任务（电击）。

通过不同指令操纵共情关心。 在沟通 / 低共情条件下，被试被要求在阅读员工 C 的笔记时"保持客观和独立"。在沟通 / 高共情条件下，被试被要求"想象这个学生在写便条时对所写内容的感受"。

被试在两种条件下都被告知，员工 C 在了解不同的任务结果之前就写了便条（以证明这张便条不是为了利用他们的同情心）。他们还被告知，因为某些研究有交流，而其他研究没有，所以员工 C 不会知道他们是否阅读了她的便条。

实验结果。在无交流条件下，被试对员工 C 的情况一无所知，20 名被试都报告使用随机方法（即掷硬币）来给员工分配任务。与该报告以及被试使用硬币所预期的结果一致，有 10 名被试（50%）给员工 C 分配了积极 – 结果任务。在沟通 / 低共情条件下，20 人中有 17 人使用了随机方法。另外三人没有选择掷硬币而给员工 C 分配了积极 – 结果任务。尽管有这三种情况，沟通条件下的最终结果与无沟通条件下的结果相同，共 10 人（50%）给员工 C 分配了积极 – 结果任务。

在沟通 / 高共情条件下，由于被试关注的是员工 C 的感受，结果大不相同。20 名被试中只有 10 人报告使用了随机方法。在这 10 人中，有 5 人（50%）给员工 C 分配了积极 – 结果，再次证明了分配的公平性。其他人没有选择掷硬币而是产生积极结果。因此，在沟通 / 高共情条件下有一半被试不公平地偏袒引起他们同情的员工。

扮演上帝。在第二项实验中，我们增加了不公平行为的后果。60 名心理学系的学生（30 名男性、30 名女性）都处于尴尬的境地，本质上是扮演上帝。表面上看是对质量生活基金会（一个致力于改善绝症儿童生活质量的国家组织，实际上是虚构的）制作的公众意识材料作出反应。每名被试都听了关于雪莉的采访。10 岁的雪莉患有重症肌无力，这是一种慢性病，而且最终会使人瘫痪。

通过不同指导语操纵共情程度。一半的被试被指示保持客观（低共情），另一半则想象被采访的孩子的感受（高共情）。

采访者首先描述了重症肌无力及其对雪莉的影响，以及如何改善她的生活：

> 当横隔膜瘫痪、呼吸停止时，这种疾病是致命的，并且没有治愈
> 方法。雪莉背着沉重的背带，走不了几步就会摔倒。
> 然而，有一种新药诺扎克（Norzac）可以大大改善雪莉的生活质

量。即使在疾病恶化时，诺扎克也能让她正常使用胳膊和腿。它不能延长雪莉的生命，但可以让她充分地度过余生。不幸的是，诺扎克非常昂贵，雪莉的家庭负担不起。这也是他们联系品质生活基金会寻求帮助的原因。然而，品质生活基金会并没有资金来帮助雪莉。雪莉被列入了候补名单。

然后，采访者采访了雪莉，她描述了自己经常摔倒的经历，以及她多么怀念和伙伴们一起玩耍的时光，和她迫切想回到学校的愿望。当被问及是否有机会回到学校时，雪莉说："我妈妈说有这种药可以帮我实现这一愿望，并且我被列在了这种药的获得候补名单上。妈妈说，如果我们能得到药，我就可以去学校，甚至能骑我的自行车。那就太好了！"

听完采访后，被试会得到一个意想不到的机会来帮助雪莉，把她从候补名单组移到即时治疗组。然而，有人解释说，虽然可以把雪莉转移到其他孩子前面，但是那些孩子要么患有更严重的绝症，要么等待治疗的时间将会更长。

在低共情条件下，大多数被试拒绝把雪莉移到其他更值得被照顾的孩子前面。30 人中只有 10 人（33%）选择了转移。相比之下，在高共情条件下，30 人中有 22 人（73%）不顾后果地将她转到即时治疗组。

启示。这两项实验的结果证明，共情诱导的利他会使我们违背自己的道德标准。在每项实验中，没被诱导产生共情的大多数被试都做了公平的事，但许多产生共情的被试表现出了偏袒。这并不是说这些高共情的被试放弃了公平原则。当之后被问及这个问题时，他们同意其他被试的观点，即偏袒比公平更不道德；然而，他们愿意不公平地帮助那些他们被引导去关心的人。

实验室之外的共情诱导所导致的不道德行为

共情诱导的不道德行为并不局限于实验室。无论是作为个人还是社会，由共情关心引发的利他动机都会使得我们在做出决定时产生偏袒——在许多需要帮助的人中，哪些人会得到我们的帮助。

1992年，《时代》（*Time*）杂志的评论家沃尔特·艾萨克森（Walter Isaacson）认为，美国之所以决定对索马里而不是苏丹进行干预，是因为索马里人民遭受苦难的照片唤起了同情，而苏丹人民的照片却没有。他还指出，这些决定可能导致不公平、短视的政策：

> 在民主国家，政策（除非秘密推行）必须反映公众的情绪。但人们的情绪往往会表现出多愁善感的一面，尤其是在这个信息全球化的时代，网络和新闻杂志可以把受苦受难的索马里儿童或波斯尼亚（Bosnian）孤儿的形象烙进数百万人的心中。由引人注目的图片引发的随机的同情心可以是符合圣诞节慈善活动的基础，但它们是不是外交政策的适当基础呢？难道世界只是因为索马里更上镜才选择拯救索马里而忽视苏丹？（Isaacson，1992）

发展心理学家保罗·布鲁姆（Paul Bloom）在其著作《反对共情》（*Against Empathy*）中表达了类似的担忧，即同情的力量会扭曲我们的道德判断和公共政策（Bloom，2016）。尽管布鲁姆将共情定义为感受另一个人的感受，而不是感受别人的感受（此为共情–利他假说中的定义），但他所举的大多数关于共情–不道德效应的例子，包括刚刚引用的艾萨克森的例子，都涉及我们自己对需要帮助的人的感受，而不是和他们感同身受。

总而言之，共情诱导的利他会产生道德短视，其方式与自私自利的利己大致相同。每种方式都侧重于特定人的利益，因此每种方式都可能与公平、正义和关心所有人的公正道德原则的诉求相冲突。

共情会损害共同利益

共情诱导的利他不仅会使人们违背公平原则，还会使人们违背为多数人谋取最大利益的原则。在社会的两难困境中，个人利益与公共利益的冲突凸显了出来。

当三种情况同时发生时，我们面临着社会两难困境：

1. 我们可以选择如何分配一些稀缺资源（例如，我们的时间、金钱、精力）；
2. 不管其他人做什么，对于整个团体来说，分配给团体是最优决策，但对于个人来说，分配给自己或另一个团体成员是最优决策；
3. 如果团体中的每个人都分配给自己，那么这种情况比全部分配给团体更糟。

现代社会存在着大量的社会两难困境。仅举几个例子来说明，不论我们是决定循环利用、拼车、致力于公共电视、支持当地的乐团，还是花时间投票，我们都面临着社会两难困境。在每一种情况下，为了实现群体利益，我们都倾向于搭便车，做对自己最好或最简单的事情。

在社会两难困境的一系列情况中，我提到了我们可以采取行动来使团体而非自己受益的可能性。有趣的是，在对共情 – 利他假说的研究进行检验之前，关于社会两难困境的数千页文章从未考虑过这种可能性。假设每个人都有自我利益最大化的动机，在这种假设的指导下，我理所当然地认为在社会两难困境中，我首先会使自己受益。然而，共情 – 利他假说预测，如果我对团体中的另外一个人产生共情关心，我会产生利他动机从而使那个人受益。因此，如果我可以将我的资源分配给他或她，那么在一个社会两难困境中，传统上认为会产生冲突的两种动机（自我利益和团体利益）将会变成三种动机。

在社会两难困境中共情诱导的利他什么时候会与公共利益发生冲突？任何时候都应该是这样的：（1）对组内其他个体的福利有内在价值观，但并非所有人；（2）感知到受关心的其他人需要资源；（3）有能力以个人形式向他人提供资源。

这三种情况多久出现一次？现实社会中的困境都会存在这三种情况：每当

我们决定把我们的时间或金钱用于造福自己、社会或特别关心的其他人时，这种困境就会出现。一位父亲可能会拒绝为联合劝募会捐款，但不是为了给自己买一件新衬衫，而是为女儿着想，因为她想要一双新鞋。捕鲸者的杀戮和伐木者的砍伐可能不是出于个人的贪婪，而是为了养家糊口。管理者可能会留下一个令人同情的长期患病的员工，但可能会损害公司利益。

当然，一个人也可能会把个人利益和关心他人的利益放在一边，为所有人的更大利益而行动。然而，这种高尚的行为主要应归因于反抗逼迫的力量。在经典电影《卡萨布兰卡》（*Casablanca*）中，里克选择放下自己甚至是对心爱的伊尔莎的欲望，让她跟随其丈夫一起离开，是因为这是最好的反抗方式。正如他在令人难忘的诗句中所解释的，我不擅长做高尚的人，但不难看出，在这个疯狂的世界上，三个小人物的问题算不了什么。不擅长做高尚的人？他能把他的愿望和心爱之人的愿望都放在一边，真算得上是高尚！

这些例子表明，共情诱导的利他可能会损害公共利益。但对于每个例子，都可能存在基于自身利益的解释。或许父亲知道如果女儿没有新鞋，他会感到内疚。或许里克知道他们的爱情很快会凋谢。为了弄清楚利他是否会损害共同利益，我们需要的不止是例子。我们需要对这个假设进行实验检验，所以我和同事做了四项实验。每项实验都允许本科生分配彩票，这些彩票有机会在中奖者选择的商店获得 30 美元的礼品券（预测试显示，大多数本科生很容易想到他们会用 30 美元买什么，并且认为礼品券值得拥有）。

社会两难困境中的共情

在第一项实验中，120 名被试（60 名男性、60 名女性）被分成 30 组。每四人一组，组内均为同性，每个小组成员被分配了两组礼品券（Batson，Batson，et al.，1995）。每个组包含 8 张礼品券。小组成员可以将其分配给被试自己、小组中其他三名被试中的任何一个或整个小组。分配给小组的礼品券数量将会增加 50%，达到 12 张，这些将会被平均分配给四个小组成员，每人 3

张。这些分配的可能性造成了一种社会两难困境会在每一组中，给该组平均分配 12 张礼品券（而不是 8 张），可以达到最佳的公共利益分配。分配给个人可以使个人利益最大化，给个人 8 张礼品券（而不是 3 张）。但是如果所有小组成员都将礼品券分给自己，每个人的情况就会比将其全部分配给小组的情况更糟（8∶12）。分配的决定私下进行。

实验预期。 在没有引起共情的情况下，我们预期增加分配给其他小组成员的机会的效应很小。每名被试都应该关注分配给个人和分配给集体之间的冲突。然而，共情－利他假说预测了更多的冲突。

我们并不期望共情关心会消除对自我或对团队有益的动机；相反，我们希望它能增加第三个动机会让被关心的人受益。这一额外效应将取决于这三种动机的相对强度。如果共情诱导的利他足够强烈，以至于至少有一组礼品券会被分配给被试所关心的人，不然要么分配给自己，要么给集体，或者两者都受苦，那么你会选哪一个？为了找出答案，我们对一名小组成员的共情进行了操纵。

操纵共情。 就像之前描述的主管实验一样，这里也有三种实验条件。在无沟通条件下，除了名字之外，被试没有其他三位同性别被试的信息。在两种沟通条件下，被试读了另一名被试在了解实验性质之前所写的便条。对于女性而言，这张便条是一位女性写的，署名为"珍妮弗"。对于男性，便条是男性写的，署名为"迈克"。

和先前实验一样，这张便条描述了被长期交往的男／女朋友抛弃后的沮丧情绪。在沟通／低共情条件下的被试被指示在阅读便条时保持独立和客观，而在沟通／高共情条件下的被试则要求想象写信人的感受。

实验结果。 表 13–1 显示了在每种实验条件下分配给自己、珍妮弗／迈克和整个小组的礼品券的数量。如你所见，在沟通／高共情条件下的被试比在其他两种条件下的被试更有可能把两组中的一组给珍妮弗／迈克，而这种分配是以牺牲小组整体利益为代价的。对自我的分配则没有减少。

表 13-1　　在每种实验条件下分配给自己、珍妮弗 / 迈克和整个小组的礼品券数

礼品券分配	实验条件		
		沟通	
	无沟通	低共情	高共情
给自己	32	36	36
给珍妮弗 / 迈克	0	2	15
给整个小组	46	42	29
总共	78	80	80

注：在无沟通条件下，一位女士分给自己一组礼品券，将另一组分给了被称为埃琳的被试（或许她有一个叫埃琳的朋友）。为了便于陈述，该被试被排除在统计分析之外，但纳入她的作答不会改变现有结论。

资料来源：Batson et al.（1995）。

测量而不是操纵共情

在第二项实验中没有操纵共情。所有 45 名被试（15 名男性、30 名女性）都在没有任何指示的情况下阅读了便条。相反，在阅读完便条后，他们报告了他们对珍妮弗 / 迈克的共情关心的程度，我们通过中值分割来区分低共情和高共情的群体。然后，被试分配了两组（每组包括八张）礼品券。从表 13-2 中可以看出，那些报告有较高共情关心的人更倾向于将一组礼品券分配给珍妮弗 / 迈克。同样地，这种分配是以集体利益而不是自我利益为代价的。

给予我们的启示

这两项实验的结果颠覆了传统的观点，即在社会两难困境中对共同利益的损害，利己不是唯一原因，利他也会损害共同利益。知道这点后又产生了一个问题：与自我利益相比，共情诱导的利他能够对公众利益构成多大损害呢？

表 13-2　低共情和高共情被试分配给自己、珍妮弗 / 迈克和整个小组的礼品券数

组块分配	自我报告的共情关心	
	低	高
给自己	20	21
给珍妮弗 / 迈克	1	8
给整个小组	25	15
合计	46	44

资料来源：Batson et al.（1995）。

将利己和利他视为对共同利益的威胁

为了研究这一问题，我与另一组同事进行了两项实验，并在其中引入了利己和共情诱导的利他两个因素（Batson et al.，1999）。在一种条件下，集体利益与利己冲突；而在另一种条件下，集体利益与利他冲突。此外，我们还加入了一个基线条件，在该条件下，利己和利他都不相关，只有动机能使群体获益。通过比较这三种条件下的分配，我们可以分别考察利己和利他分别能降低多少共同利益。

代理人或小组成员

我们的第一项实验选取了 90 名本科生作为被试，基线、利己、利他三种条件下各有 10 名男性被试和 20 名女性被试。同样，被试可以将礼品券分配给同性的四人小组，或者分配给一个单独的小组成员。但是，因为每个条件下不会超过两种动机，我们简化了分配方式，一组只分配八张礼品券。

实验过程。基线条件下的被试不属于小组成员，所以他们不会收到礼品券。但是他们会作为四个小组成员之一的"代理人"，小组成员只能通过名字来标记（珍妮弗为女性，迈克为男性）。这些代理人决定将礼品券分给整个组，或者全部分给珍妮弗 / 迈克。他们被告知，其他的小组成员也可能有代理人，也可能没有。

如果基线条件下的被试选择把礼品券分给整个组，这组的礼品券会增加到12 张，分给 4 个组员，每人 3 张，他的选择让小组利益最大化。选择全部给珍妮弗 / 迈克，他就得到 8 张礼品券，是个人利益最大化。基线条件下的被试从客观的角度阅读了珍妮弗 / 迈克被男 / 女朋友抛弃的过程记录，但没有引起共情关心或利他动机。不管是利己还是利他，在这种条件下，二者都没有被唤醒，因此我们假设大多数被试选择将礼品券分配给小组。

在利己条件下，自利倾向的判定方式为，让被试成为小组成员，让其在把一组礼品券分给小组或全给自己之间做出选择。他们没有收到任何关于其他三个同性小组成员的便条或信息（除了名字），他们也没有权力把这组礼品券分给同组的任何一个人。这些改变创设了一个经典的一个社会两难困境：分给整个组，每个人将得到 3 张礼品券，这创造了共同利益最大化；若全留给自己，自己将得到 8 张礼品券，而不是 3 张，这创造了个人利益最大化。在这里，利己与共同利益相对立。

在利他条件下，通过共情诱导的利他与共同利益对立。和基线条件一样，被试作为珍妮弗 / 迈克的代理人，从他们那里获得被抛弃过程的便条。唯一不同的是，利他条件下的被试被要求想象便条作者的感受。我们假设这个任务会像之前的研究一样，引起被试的共情关心和利他动机。

这个实验程序确保了在利他条件下，分配给小组的任何减少倾向都是由于共情诱导的利他，而不是因为知道珍妮弗 / 迈克需要振作起来。基线条件下的被试了解了珍妮弗 / 迈克的需要，但是没有产生共情。

实验结果。与假设相符，基线条件下，30 人中的 24 人（80%）选择把礼品券分给小组而不是珍妮弗/迈克；在利己主义条件下，30 人中有 13 人（43%）选择把礼品券分给小组而不是他们自己；在利他主义条件下，30 个人中有 12 个人（40%）选择把礼品券分给小组而不是珍妮弗 / 迈克。因此，利己和利他条件下都有差不多比例的被试选择损害共同利益。

从这些结果中得出的结论表明，利己和利他动机并不总是同等有效的。就像第 11 章讨论的，共情诱导的利他有时会被自我关注所压倒，有时也会被超越。恰当的结论如下：首先，利他和利己都会损害共同利益；其次，利他的威胁会比许多人预期的更大。

公开

我们的下一项实验着眼于这样一种情况：当把分配决定公开时，我们认为利他可能会比利己对共同利益产生更大的威胁。当我们通过损害共同利益使自己获益时，社会会对我们做出制裁。"自私"和"贪婪"都是会刺痛人的称谓（Kerr，1995）。为了避免这些制裁，人们唤起了避免惩罚的利己动机。所以我们认为相较于对选择结果保密，当把他们的选择结果公开时，他们会更不愿意把礼品券分给自己。

即使表现出的对他人利益的利他关切会损害共同利益，相关惩罚也会温和得多。这样做，你可能会被指责为"软弱""一个好说话的人"，但是这些仅仅是善良的软弱，而不是贪婪。所以，将礼品券分配给一个使你产生共情的人，不应该像将礼品券分配给你自己一样被大众阻止。

实验过程。为了验证这些假设，我们设计了一个 2（秘密分配）× 3（诱导动机）的实验。我们选取了 120 名被试（28 名男性、92 为女性），每一种实验处理下有 20 名被试。我们的实验和前一项实验一样，包括基线、利己和利他三种条件，但是增加了第二个自变量——分配决定是公开的还是非公开的。正如之前的三个社会困境实验，在非公开条件下被试被告知所有选择都被保密，并且他们和其他同性被试也不会见面。在公开条件下，被试被告知一旦他们私下做了决定，他们将与所有被试见面并记录分配过程，从而每个人都知道分配决定。因此，公开条件下的被试可能会因没有为共同利益做出贡献而受到来自小组成员的社会谴责，包括严厉的表情、愤怒的叹息等。

实验结果。如图 13–1 所示,非公开条件下的结果和前面的实验相同。在非公开 / 基线条件下,14 名(70%)被试将他们的礼品券分配给了小组;非公开 / 利己条件下的 6 名(30%)被试和非公开 / 利他条件下的 7 名(30%)被试将礼品券分配给了小组,将礼品券分配给小组的被试明显减少。

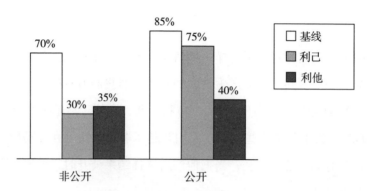

图 13–1　在秘密分配 × 诱导动机实验设计下各单元格中选择将礼品券分配给整个小组的被试的比例

公开条件下,被试相信其他被试会知道他们的选择。基线条件下的结果与非公开条件下大致相同,20 名被试中的 17 名(85%)选择将礼品券分给整个小组;公开 / 利己条件下选择分给整个小组的被试数显著高于非公开条件,但是与公开条件的基线水平无显著差异(20 名被试中的 15 人,或 75%);公开 / 利他条件下选择将礼品券分配给整个小组的比例依旧最低(20 名被试中的 8 人,或 40%)。这些结果与我们的假设相符,即来自社会的惩罚不会减少由共情诱导的利他对共同利益的损害。

为什么不制裁利他

为什么这种制裁不存在?有两种可能性。第一,民众普遍认为利他是道德的。如果这是正确的,利他就不会威胁到共同利益,也不需要保护共同利益。但是先前的四项社会困境实验表明,这种想法是错误的。在每项实验中,共情诱导的利他倾向都会产生偏袒，导致对道德标准的侵犯。

第二，一个更为基本且长期存在的假设是，利他动机要么不存在，要么很微弱，不会对其他动机造成威胁（Miller & Ratner，1998；M. A. Wallach & Wallach，1983）。如果利他不存在或很微弱，社会就不必通过制裁来限制其力量。前面章节提到的实验也表明这种假设是错误的。

影响

在我们这个人口不断增加、资源日益减少的世界里，利己是对共同利益的一个强大而危险的威胁。即使我们在付出而不是索取时，它也会引导我们为自己争取利益。如果他人在付出，那我们会受益更多。但是，我们现在面临的很多社会两难困境，比选择对我们最好的还是选择对全体最好的冲突要复杂得多。我们所关心的特定个体，也会对我们有所牵扯。如果这是真的，共情诱导的利他就会对共同利益造成强有力的威胁。确实，当我们的行为是公开的，利他会比利己造成更大的威胁。当我们关注于一个需要帮助的朋友，我们很容易忽略对共同利益的保护。

共情诱导的利他会对我们产生危害

当 28 岁的莱尼·斯哥尼克（Lenny Skutnik）被问到为什么要潜入布满冰层的波托马克河（potomac river）去营救一名溺水的飞机失事者时，他说："我只是做了我必须做的事。"当 9·11 事件发生时，世界贸易中心的第一批救援人员不顾大火、有毒气体和大楼即将倒塌的危险，勇敢帮助被困平民，最后他们中的许多人都不幸罹难。我不能确定这些英雄行为在多大程度上是由共情诱导的利他所激发的，但是我可以说，不管是什么激发了这些行为，这些行为都直接把他们置于了危险的境地。

我也不能确定，是什么促使第 1 章里提到的祖父为了救自己的孙女放弃了自己的生命。不过，我敢打赌，其动机在很大程度上是出于利他——保卫孙女的幸福。我还敢打赌，共情引发的利他行为常常在士兵为了拯救战友而跳向手榴弹或其他爆炸装置（Blake，1978）以及患者愿意参与疼痛和危险的医学研究（Jansen，2009）中发挥着作用。在这些情况下，共情诱导的利他会危及生命。

利他也会在不极端的情况下伤害你。照顾一个身体残疾的爱人，一个身患绝症的人，或者一个需要长期治疗的人，都会对你的身心健康造成严重的损害（Rainer，2000；R. Schultz & Beach，1999）。

最后，尽管不是直接的健康风险，但我们经常因共情而遭受虐待。一些专业的乞丐、声称身体残疾的电话推销员就是利用了我们的共情获益（Gilbert，2007）。当我们意识到甚至开始怀疑这一点时，在我们的共情之链被拉紧后，我们的心就变硬了。我们和那些需要帮助的人之间产生了隔阂，这个隔阂伤害了我们，也会伤害他们。记住保罗·斯洛维克的话："共情的丧失也是人性的丧失。"那是很大的损失。

结 论

共情诱导的利他在生活中比我们认为的更为普遍和强大。第12章提供的证据证明它会带来重要的好处。本章说明它也会引起重大的问题。当不具备充足的智慧或没有足够的机敏，或者没有冷静的头脑，它可能会对需要帮助的人造成伤害。它会产生家长式作风。它不太可能被非个性化的、抽象的和长期的需求唤起。它可能是不道德行为的根源，尽管我们知道这样做既不公平也不利于所有人，但是它确实会对自己关心的人产生偏袒。事实上，当我们的行为被公开，相比利己，共情诱导的利他会对共同利益产生更多的威胁。最后，它还会损伤我们的身心健康，甚至会对生命产生威胁。

　　任何试图通过共情诱导的利他来帮助我们建立一个更人性化的社会的尝试，为了避免弊大于利，我们都需要考虑这些问题。利他是一种强大的力量，它像任何强大的力量一样，必须被小心处理。

第 14 章

A Scientific Search
for Altruism:
Do We Care Only
About Ourselves

"囚徒困境"中的利他主义

比策：我相信你知道整个社会的制度就是关于个人利益的。你必须始终关注个人利益。这是你必须坚持的。我们都要如此。

史利瑞先生：世间有爱，毕竟个人利益不是全部，而且是完全不同的东西……每个人都有自己的算计。

上面的内容源于查尔斯·狄更斯的《艰难时世》(*Hard Times*)。（我使用的是标准语言来表达，而不是狄更斯原作中有严重口吃者的原话。）

就像年轻聪明的比策用经济人的腔调说话一样，行为和社会科学家长期以来一直认为，人类一切行动的动机都是利己的。我们关心他人只是因为这样做有利于我们自己。共情 - 利他假说挑战了这一观点。史利瑞先生和狄更斯所提出的"与众不同"的建议，即共情关心所产生的动机最终消除了共情诱发的需求。

在前面的章节中，我们看到对共情 - 利他假说及其利己主义替代品的检验支持了这一观点。显然，对我们来说，他人要比用来追求对我们最有利的工具更为重要。基于普遍利己观的人类动机流行理论必须让位于一种多元化的观点，这种观点包括真正的共情诱导的利他，并且有它自己的计算方式。

我想起了约翰·弥尔顿（John Milton）的著作《失乐园》（*Paradise Lost*）中的最后几句话。先前章节中的实验证据迫使我们迫不及待地离开利己的伊甸园。我们发现自己生活在一个不太安全、非常复杂的世界。就像弥尔顿夫妇一样，我们需要重新思考作为人类的本质到底是什么。

吝啬的"失落"

当我们造福于他人时，我们通常说不清这样做的动机是什么。虽然在一些情况下，行为的动机差不多是利己的，但是在更多的情况下，行为的动机可能至少部分是利他的：老师冲到操场去安慰一位膝盖受伤的孩子；一名中年男子含泪同意其身患癌症的母亲恳求停止对自己的救治；你我都很喜欢自己的朋友和家人；我们为慈善事业和公共事业做出贡献；帮助非洲饥饿的灾民；拯救鲸鱼；……在上述每一种情况下，行为的动机应该至少部分是利他的。但对于每种具体情况，以及在头脑中想到的其他情况，我们都能用完全利己来解释。

在支持共情 – 利他假说之前，对于这些情况，吝啬者会做出有利于普遍利己的裁决。所有情况下的行为动机都可能是利己的，但还有一些或部分行为动机是利他的。在这种情况下，普遍偏爱利己是可以理解的。

现在，情况完全不同了。实验证据表明，人的本性不仅是利己的，而且还存在共情诱导的利他。如果这种观点是真的，那么在许多情况下，部分利他的行为动机可能就存在争议：吝啬"失落"了。

伊甸园以外的世界有多大？站在大门之外，现在说仍为时尚早。但是因为吝啬不再支持利己，所以有可能许多假定位于伊甸园内的领地将会不复存在了。在最后一章中，我们需要再次思考行为动机中利己和利他的范围，并思索我们的探究结果对我们认识人类本性的影响。然后，我想提出一种方法，即用利他的力量使我们进入一个更加公正和善良的社会之中。

质疑理性选择理论的价值假设

在近一个世纪的时间里，对比策的经济观点最有影响力的表达方式是理性选择理论（Von Neumann & Morgenstern，1944）。该理论基于两种假设：合理性假设和价值假设。合理性假设主张我们人类将选择最有可能获得自己想要的东西的行动。价值假设主张我们想要个人利益最大化。用经济学家曼瑟尔·奥尔森（Mancur Olson）的话来说："重理性的、个人利益的人不会为实现大家的共同利益或集体利益而行动。"（Olson，1971，p.2）比策则补充说："也不会采取行动来实现他人的利益，他们仅关心自己的利益。"

丹尼尔·卡尼曼（Daniel Kahneman）、阿莫斯·特韦尔斯基（Amos Tversky）等人的系列研究对理性选择理论的合理性假设提出挑战。这项研究表明，为了获得自己想要的东西，人们的决策往往是不合逻辑和次优的（Kahneman，Slovic，& Tversky，1982）。然而，这项研究并没有对价值假设进行挑战，即我们只假设个人利益最大。研究检验了共情 – 利他假说，所提供的证据表明：我们会看重比个人利益更重要的东西。人们不仅仅只关心自己的福祉，也能关心他人的福祉。

囚徒困境中共情诱导的利他

为了检验共情诱导的利他对理性选择理论的价值假设的影响，我和同事进行了两项实验，将共情引入一种模拟经济决策的情境中，即囚徒困境（Rapoport & Chammah，1965）。考虑囚徒困境的一个典型例子：两个人必须各自选择合作还是背叛。如果双方合作，每个人得到 +15 的回报。如果双方都背叛，每个都得到 +5 的回报。如果一个合作，另一个背叛，合作者没有任何收益，背叛者得到 +25 的回报。每个人都必须在知道对方做了什么之前做出反应。

在这种情况下，不管另一个人（O）做什么，背叛总是符合一个人（P）的物质利益。要了解原因，请尝试以下可能性：如果 P 背叛和 O 合作，则 P 获得 +25 的回报而不是 +15 的回报。如果 P 背叛并且 O 也背叛，则 P 获得 +5 的回报，而不是什么都没有。但是，如果两者都背叛怎么办？比如得到 +5 的回报而不是双方合作得到 +15 的回报。这些收益总结在图 14-1 中。这个简单的困境既充满讽刺又让人迷恋。

	O（合作）	O（背叛）
P（合作）	P 得到 +15 的回报 O 得到 +15 的回报	P 得到 0 O 得到 +25 的回报
P（背叛）	P 得到 +25 的回报 O 得到 0	P 得到 +5 的回报 O 得到 +5 的回报

图 14-1　单次实验下囚徒困境的收益

如果在多次实验中反复将 P 和 O 置于囚徒困境中，那么在某些时候进行合作符合每个人的物质利益。像以牙还牙策略，其中 P 在第一次尝试中进行合作，然后，像 O 在先前尝试中所做的那样对每个后续尝试做出响应，这样做几乎总是比坚持背叛能产生更多的个人总利益。这是因为以牙还牙也迫使 O 合作，所以它对 P 有更好的长期回报，即使选择背叛在每个单独的实验中都能产生最好的回报（Axelrod & Hamilton，1981；Nowak，May，& Sigmund，1995）。一个例外情况是，每一次实验中，包括第一次实验，O 选择背叛。如果 P 选择以牙还牙，那么两个人得到的都很低，但同时 P 得到的会更低。

在只进行一次实验时，囚徒困境存在着这样的情况，即以牙还牙策略和其他长期策略都会失效。只有一次实验，无论 O 做什么，背叛都会得到最好的回报。物质上的个人收益决定了人们会选择背叛。

预测。最初，理性选择理论认为，在一次囚徒困境的实验中不存在合作，因为它假设追求物质利益是我们行为的唯一动机。但是这个假设很快就陷入了麻烦。研究表明，约有三分之一到一半的人在一次囚徒困境的实验中选择了合作（Poundstone，1992）。因此该理论需要修正。

修正后的理论扩大了个人利益的范围，包括更多的物质利益，同时增加了个人的非物质性的利己动机，如对自己的合作感到良好，或者避免因背叛而产生内疚的痛苦。这些补充并没有挑战原始理论的价值假设；相反，他们对其进行了拓展，允许理论解释为什么有些人在一次囚徒困境实验中选择了合作。对于这些人来说，对合作带来的个人利益的渴望（如自尊增强、避免内疚等）要比对物质回报的渴望更强烈。

共情－利他假说向前推进了一步。该假说主张，如果诱导 P 对 O 产生共情关心，那么除了被各种形式的个人利益所驱动外，P 还被纯粹的利他动机所驱动，其目标是最大化对方的福祉。在一次囚徒困境的实验中，P 选择合作总是比选择背叛能更好地最大化 O 的福祉。因此，共情－利他假说预测，共情将导致更多的合作，甚至比修正的理性选择理论所预测的合作行为更多。

检测。为了检验这一预测，泰西娅·莫兰（Tecia Moran）和我做了一项实验，让被试（60 名上心理学导论课的女生）完成囚徒困境测试（Batson & Moran，1999）。每名被试在实验一开始，就知道自己不会遇到其他女性被试（实际上是虚构的被试）。虽然该困境中的收益与图 14–1 中的收益相同，但是收益是通过让两名被试同时在赢家选择的商店，将塑料卡换成一张 30 美元的礼品券实现的，从而使实验让人觉得具体和真实。实验会进行很多轮，只有参加研究的被试才有资格进行。所以，最终获得塑料卡的人有很大的机会赢得礼品券。

卡片交换。每名被试都有三张价值分别是 +5、+5 和 −5 的红色卡片，以及一张面值为 5 的抽奖券。另一名（虚构的）被试从三张蓝色卡片开始，价值也是 +5、+5 和 −5，也有一张面值为 5 的抽奖券。在交换中，每个人必须按以下条件向另一个人发送一张卡片：

　　　两张 +5 的组合，即一张红色卡片和一张蓝色卡片，其价值是各自面值的两倍。因此，如果你（或另一个被试）以 +5/+5 的红蓝卡片结束，那么这对卡片值 20 抽奖券，而不是价值为 10 的抽奖券。如果一名被试最后所得结果是负数，那其最终获得价值为 0 的抽奖券。

这些条件意味着，如果两名被试选择合作（即如果两人都出一张 +5 的卡片），最后每个人都将有 15 抽奖券（+5/+5 的红蓝卡片值 20 抽奖券，以及一张 −5 的卡）。如果两人都选择背叛，使用他们手中的 −5 这张卡片，最后每人都有 5 抽奖券（两张相同颜色的 +5 卡和一张 −5 卡）。如果一名被试出了 +5 卡，而另一名被试抽奖券了 −5，前者最后有 0 抽奖券（一张 +5 和两张 −5），后者最后有 25 抽奖券（+5/+5 的红蓝卡片值 20 抽奖券，加上另外的 +5）。在交换之前，被试收到了一张图，图上列出了这些可能的结果，与图 14−1 中的收益相匹配。

操作。我们的实验是一个框架 × 共情关心的 2×3 设计。对框架的操作是通过书面介绍的标题来操纵的，要么是"社会沟通研究"，要么是"商业交易研究"。在整个研究描述中要保持这种差异。先前的研究发现，当囚徒困境被定义为商业交易时，合作就会减少（Ross & Ward，1996）。显然，合作义务中有"商业豁免"。我们想知道，这种豁免是否适用于共情产生的合作的增加。

我们对共情的操作是基于第 13 章所描述的管理者实验。所有被试都认为，一个令人感兴趣的因素是两名被试之间的互动类型，即他们处于一种间接而不是面对面互动的状态。在三种共情条件下"间接"的含义是不同的。这20名不交流的被试了解到卡片交换是他们和其他被试之间唯一的互动机会。对40名交流的被试来说，在交流之前他们将有单向的书面沟通机会。所有交流的被试（表面上是随机的）被安排为交流的接收者，所以他们会在了解这项研究之前，阅读另一名被试（发件人）写的一张便条。这张便条是为了描述最近发生在写便条的人身上的一些趣事。关于如何阅读便条的指导语创设了低共情（"保持客观和超然"）和高共情（"想象对方对所描述事情的感觉"）两种条件，每个条件有20名被试（10名在"社会沟通研究"中，10名在"商业交易研究"中）。

为适应当前校园里学生所使用的语言，只对一些措辞进行修改，以保持便条与管理者实验中是相同的。例如，另一名被试讲述了自己被相处多年的男朋友甩了之后感觉很沮丧。她最后说：

> 我很难过。这就是我所想的。我的朋友都告诉我，我会遇到别的男孩，我所要做的就是振作起来。我想她们说得对，但到目前为止，我还没有走出来。

就像管理者实验一样，我们假设被试会认为，通过合作给另一名被试更多的奖励机会可能会让其振作起来。当然，通过背叛来减少给她的机会也并非不会发生。

结果。在读了便条（或没有听到便条内容）后，被试决定出哪一张卡片：两张+5卡片中的一张（合作）或他们的-5卡片（背叛），结果见图14-2。不考虑困境的框架是社会沟通还是商业交易，被诱发对其他被试产生共情的被试之间的合作明显高于其他被试（没有沟通和沟通/低共情）。此外，在那些没有诱发产生共情的人中，将交换描述为商业交易会大大降低合作。在那些诱发共情的人中则没有。不存在共情-诱导合作中的业务豁免。

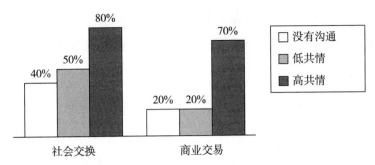

图 14–2 一个由"框架 × 共情关注度"设计的一次性囚徒困境中，
在每个单元格中被试选择合作的百分比

严格的测试。纳迪亚·艾哈迈德（Nadia Ahmad）和我做了一个后续实验，采用同样的卡片交换（它总是作为社会交换出现）、分手便条和三种共情条件（Batson & Ahmad，2001）。但是，为了促进合作而提供一个更严格的共情能力的测验，我们没有使用标准的囚徒困境，即在困境中，在不知道对方如何做的情况下两个人同时做出决策；相反，我们告诉被试要按顺序做出决策。表面上是偶然的，另一个被试要先做出决策，然后她选择背叛。这意味着，如果她们背叛（在这种情况下，其他被试将获得价值为 5 的抽奖券），60 名女性被试中的每个人可能得到的回报是价值为 5 的抽奖券；或者如果她们合作（在这种情况下，另一名被试将得到价值为 25 的抽奖券），60 名女性被试中的每个人可能得到的回报是 0（请参见图 14–1 的右栏，当 O 选择背叛时可能的收益）。

预期。即使是基于对传统选择理论的修正，预测也是明确的：每个被试都应该背叛。背叛不仅会使她的物质回报最大化，而且还会满足公平的规范。此外，当另一个人选择背叛时，他没有必要因为担心背叛而感到内疚，就像在同时决策的囚徒困境中所发生的那样。因此，从理性选择的角度来看，再也不会出现两难的局面了。与这一观点相一致的是，在先前的几项对这种情况进行研究的实验中（没有诱发共情），合作率极低，约为 5%（Shafir & Tversky，1992；Van Lange，1999）。

采用共情 – 利他假说。它预测的是：如果一名被试对另一个人的背叛产生了共情关心，两难困境仍然存在。虽然物质上的自利、回避内疚感和公平都会导致背叛，但共情诱导利他会劝人们合作，因为合作比背叛更有益（价值为 25 的抽奖券对价值为 5 的抽奖券）。

结果。图 14–3 再次显示了共情–利他假说所预测的结果。在缺乏共情（没有沟通和沟通 / 低共情条件）的情况下，合作分别为极低、0 和 10。当想象对方对自己分手的感受产生共鸣时，合作上升到 45%。共情诱导利他并不能凌驾于所有被试背叛的利己动机之上，但它几乎占了一半。

影响。这两项实验的结果表明，共情诱导利他行为可以增加经济交易的复杂性。当人们对对方产生共情时，我们的兴趣不仅在于最大化自己的收益，而且还在于最大化对方的收益。据我所知，在之前进行的 2000 多项困境研究中，甚至没有考虑过在囚徒困境中使用共情来增加合作的想法。的确，我们的实验结果表明，它比大多数实验技术都有效。

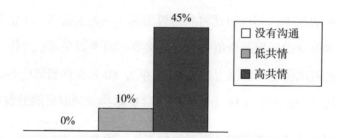

图 14–3　在囚徒困境实验中知道他人背叛后选择合作的被试的比例

关注市场中的共情

我们的两项实验提供的证据表明，即使在被理性选择理论（经济决策）支配的领域中，共情关心也能导致人们不仅仅关注自己。这些实验结果挑战了理论建基的价值假设。但是为了避免我们过度解读结果，我们有必要问一问在囚徒困境和其他经济交换中，我们觉得共情的频率有多高？在典型的困境实验中，我怀疑人们很少能产生共情。在那里，每个人都没有进行事先接触，也没有关于对方的信息，所以没有诱发共情，也就不太关注共情。但在实验室之外，在经济问题上，与我们互动的人（这一术语被广泛地使用，包括关于机会、特权以及金钱和事物的利益冲突）更有可能是我们认识和关心的人：同事、同学、队友、朋友和家人。对他们来说，我们常常能感受到共情的存在。

这意味着什么？为了解释和预测包括经济行为在内的行为，我们需要能够准确描绘游戏中的价值和动机理论。如果不能准确地对其加以描述，那么为什么人们会做他们所做的事情就会显得非常可笑。如第 2 章所述，虽然精心制作的漫画可以提供相当多的见识，但是漫画也可能导致简化、扭曲和误导。

经济模型严重依赖于理性选择理论，该理论已被证明是有力的和具有创造性的。但是，如果共情 – 利他假说是正确的，那么人类动机的内容就比物质利益更加广泛。共情 – 利他比所有形式的个人利益都要广泛。在某种程度上，那些进入市场进行讨价还价的人、与他人谈判时关心与谁打交道的人，我们能期望他们做到既考虑自己的福祉，又考虑他人的福祉。如果情况确实如此，那么理性选择理论就会成为误导人们的一幅有缺陷的漫画。

经济学家塞缪尔·鲍尔斯（Samuel Bowles）意识到这一问题后，提倡放弃理性选择理论。他认为，没有什么可以排除"更现实的心理假设"。但这不是真的。更现实的假设会使事情变得复杂，将我们从利己的伊甸园带入一个更加复杂的世界，在这个世界中，毕竟不是所有的人都只关心个人利益。

超越利己和利他

迄今为止，伊甸园以外的世界要比我们所想的更加复杂和更具挑战性。在我们探索的过程中，我们需要考虑两种增加他人福祉的动机：利己主义和利他主义（Bowles, 2008, p.1609）。但是，还有两种动机也值得注意，它们的最终目标既不是使自己受益，也不是让他人受益。我在第 13 章中简要地谈到了这些动机，尽管没有具体说明。现在我来对它们进行命名和描述，即集体主义和原则主义。

集体主义：关注群体的福祉

集体主义是以提高一个群体或集体的福祉为最终目标的动机。这个集体可能很小，也可能很大，从 2 个人到 20 多亿人。这个集体有可能是婚姻、家庭、运动队、大学、邻里、城市或国家，还可能是一个民族、宗教、性别、政党，或者类似的阶级，甚至是全人类。

我们关心的集体通常是我们所属的集体，但不需要成员身份。例如，我们可以关心弱势群体或受迫害群体——如无家可归者、同性恋、双性恋、变性者、身体残疾者、种族灭绝受害者、难民、濒危物种——的福祉。如果我们内心重视某个集体的福祉，那么当其福祉受到威胁或以某种方式得到加强时，我们的集体主义动机就应该被激发，该动机应该促进个体做出有利于集体的行动。

我们有时可以使整个集体受益，但通常只能使一些成员受益，或许只能使一名成员受益。即使这样，如果我们的最终目标是提高集体的福祉，那么我们的动机就是集体主义。动机的本质由最终目标决定，而不是由受益人数决定的。像利他一样，集体主义违反了理性选择理论的价值假设。

集体主义既有承诺，又有利己主义和利他主义所没有涉及的问题。利己主义和利他主义都针对个人的福祉。但是，回顾第 13 章，当今世界所面临的许多需求都与我们的个人利益，特别是我们关心的个人利益相距甚远。集体主义能引导我们关心集体成员的利益，即使我们对集体中的成员不太了解。

不利的一面是，集体主义在解决个人需求方面不太有效，特别是那些不在受照顾集体中的个人。这是利己和利他所涉及问题的反例。如果能让一个有需要的人受益，那么就能促进集体的福祉，这是好的。如果不是这样，就算了吧！

此外，虽然我们能关心那些不属于某个集体的成员，但是我们更关心属于自己集体中的一员，即我们的集体。为了识别我们的集体，我们通常需要识别他们的集体，即一个或多个外集体。在我们的－他们的框架内，关心满足我们集体的需求可能会导致对他们的集体冷漠无情。当艾滋病被认为是一种纯粹的同性恋疾病时，许多非同性恋者几乎不愿意提供帮助——那是他们的问题，不是我们的。

最后，与是否真实存在利他主义中的问题相对应，我们也必须探寻集体主义是否也存在某种问题。正如集体主义所假设的那样，增加集体的福祉，是最终目标还是为了实现某种个人利益的一种手段，如促进个人价值观、避免内疚或增进个人的自尊？如果我们对集体福祉的关注是工具性的，那么我们就是另一种形式的利己，而不是集体主义。迄今为止，我们尚未进行必要的实验测试来告诉我们集体主义是否真实存在。我希望很快会有这些测试进行。

原则主义：关注坚持某些道德原则、标准或理想

还有另一种"主义"，我们称之为动机，其最终目标是坚持某种道德原则、标准或理想，即原则主义。道德原则主要包括公平、诚实、为大多数人谋求最大利益、善待他人，例如就像你希望他人对你所做的那样。也许并不令人意外的是，大多数道德哲学家对利己主义的道德潜力表示怀疑。但是自 18 世纪末期的康德以来，大多数人还对利他和集体主义存有疑虑（Kant，1785/1898）。人们拒绝对共情诱导利他的认同，因为人们不会对每个有需求的人都有同等程度的共情关心。集体主义要求集体利益受到集体的限制。集体主义不仅允许甚至可能鼓励伤害集体之外的人。面对这些问题，许多哲学家呼吁采取激励措施，以坚持普遍和公正的道德原则（标准、理想），即公平、正义、爱邻舍、不伤害等。

与利己主义、利他主义和集体主义不同，原则主义提供了一种满足他人需求的动机，这种动机超越了对自身利益或某些其他个人或集体的福祉的依赖。

普遍和公正的道德原则与所有人的福利有关。

然而，原则主义有其自身的问题。最主要的是，它容易受到合理化的影响。当人们通过违反原则使个人利益最大化时，人们往往会找到这样做的方法，且仍然认为这样做是道德的（Sedikides & Strube，1997；Van Lange，1991）。例如，我们可以说服自己，我们有权使用世界上不成比例的资源份额，或者认为我们敌人的攻击行为是暴行，而我们盟友的攻击是必要的。我们可以让自己相信，把有毒废物储存在别人家的后院是公平的，不付费看公共电视节目或没有努力去回收废物也没有错。道德原则的抽象性和多样性使得我们很容易选择那些恰好符合自己利益的原则。

这些观察与先前关于利他主义和集体主义的存在问题并行不悖，从而提出了原则主义是否在实际中真的存在的问题。这是为了坚持某种道德原则、标准而行动，还是为理想的最终目标而行动？还是人们的道德动机有助于追求利己的目标？通过道德行为可以获得明显的个人利益：我能被大家和自己当作好人来看待。我可以避免因没有做自己认为应该做的事而感到羞愧和内疚。也许，正如西格蒙德·弗洛伊德所建议的，社会向人们灌输道德观念，通过个人利益让我们去做社会想要的事情，以此来遏制人们的反社会冲动（Freud，1930）。

再次将利他主义和集体主义相提并论，我们需要知道道德动机目标的性质。如果将坚持原则作为实现个人利益的最终目标的工具，那么该道德动机就是利己的。如果坚持原则的最终目标是随之而来的个人利益的意外后果，那么原则主义就是独立于利己主义、利他主义和集体主义的第四种动机。虽然我们还没有明确的答案，但迄今为止的研究表明，利己的道德动机和原则主义的道德动机都存在，但原则主义远不如许多人想象的那么普遍（Batson，2016）。

动机可能导致冲突或合作

认识到了利己主义、利他主义、集体主义和原则主义四种可能造福他人的动机，这为我们建立一个更美好的社会提供了更多资源。坦率地说，我们还需要有更多的动机。同时，动机的多样性也会使事情复杂化，因为不同的动机并不总是和谐的。它们可能存在矛盾或互相抵消，因为在伊甸园之外生活并不容易。

冲突

通过满足个人利益来鼓励关心他人的需要，这种出于善意的企图可能会破坏其他动机并制造冲突，从而导致适得其反的结果。例如，利用法律、规则的压力或货币激励（例如减税）来鼓励慈善捐赠、志愿服务和尊重他人的权利，可以使我们相信，基于这些方面所采取行动的原因是接受诱惑或避免惩罚。我们把这种动机解释为利己主义，即使我们的动机并不是为了利己。当这种情况发生后，我们有益的行为将取决于诱因。如果没有诱因，那么个体的有益行为就会消失（Batson, Coke, Jasnoski, & Hanson, 1978; Bowles, 2008; Stukas, Snyder, & Clary, 1999; Thomas & Batson, 1981）。当那些人认为自己对贫困项目的支持是由法律和税收所胁迫的时候，这将有损于他们对穷人的关注。

通过这种方式可以削弱其他动机，利己主义是我们为什么回应他人需求的唯一答案，该假设变成了自我实现的预言。这导致了戴尔·米勒（Dale Miller）所谓的利己神话——相信我们只能采取行动来造福自己——既然我们天生如此，就不能指望我们做任何其他事情（Miller, 1999; Batson, Fultz, Schoenrade, & Paduano, 1987）。这是对比策的回复。

此外，利他主义、集体主义和原则主义并不总是相互配合的。它们之间也会产生冲突。正如我们在第 13 章中所看到的，利他主义可以同时反对集体福祉和道德原则。

合作

拥有不同动机的人也能合作。利己主义、利他主义、集体主义和原则主义各有优缺点。一种促进更公正、更关爱社会的方法可能是协调这些动机，以便以一种动机的优势克服另一种动机的劣势。

将对利他主义或集体主义的要求与对原则主义的要求结合起来似乎特别有前途。考虑到公平是被广泛认同的道德原则。虽然公平原则具有普遍性和中立性，但坚持它和其他原则的动机往往只是一种为利己服务的工具，即一种避免内疚和提高尊重的方法（Batson，2016）。当道德动机发挥作用时，它很容易受到合理化从而其影响力被削弱。如果公平与我们的自身利益相冲突，我们就会说服自己，公平并不真的适用于此，或者在不公平时我们会觉得很公平。

虽然共情－利他和集体主义不像道德动机那样容易受到理性化的影响，但是它们的作用范围是有限的。它们特别关注某一个体或集体。

如果能诱发人们对不公正的受害者产生共情，或者觉得自己与这些受害者同处于一个集体中，这些结果可能引发个体将两种动机的独特优势结合起来。公平、正义和关爱所有人等普遍原则可以增进人们的理性思考和义务感，即使这样做有利于个人利益。共情诱导利他或集体主义可提供一种潜在的、想要看到受害者结束痛苦的愿望，即一种想要陪伴的道德愿望。这两种动机的有机结合可能会阻碍理性思考，并使我们的关切超越其正常限度，从而产生哲学家罗佰特·所罗门（Robert Solomon）所说的"对正义的热情"（Solomon，1990）。

协调动机

不幸的是，据我所知，还没有研究来直接检验这种协调策略所具有的作用。我只能列举一些似乎有效的个案，每个个案都包含了共情诱导利他和道德动机的结合。

无计划的协调

塞缪尔和珀尔·奥林纳（Pear Oliner）及其同事收集的数据表明，这种协调发生在纳粹统治欧洲时许多营救犹太人的活动中（Oliner & Oliner, 1988）。参与营救活动往往始于帮助某些特定的人或少数几个让人产生共情关心的人，如邻居、朋友或逃离的孩子。最初参与活动似乎是出于利他，而不是基于道德原则。但随着时间的推移，最初的参与活动导致了随后的接触和营救活动变成了一种道德承诺，营救者的努力远远超出了最初那种基于共情 – 利他假说的范围。

这种事情似乎也发生在 20 世纪 50 年代亚拉巴马州伯明翰市的公共汽车抵制活动中。电视新闻上一个黑人小孩在当地警察的指挥下被消防水管在大街上冲洗的情景，以及这一情景引发的共情，在促进种族平等和正义方面似乎要比对公民权利进行合理的道德论辩更有力。

有计划的协调

在刚才引用的两个例子中，协调不是计划性的。它是因事件的发展而发生的。但是，有时候协调像是有人在指挥。印度的圣雄甘地和美国的马丁·路德·金都在根深蒂固的不公正面前组织了非暴力抵抗活动。这些活动引发了人们对被虐待者和被错误矫正者的共情，即人们产生了一种对正义的热情。

下面是另外一个例子。它发生在 1961 年美国佐治亚州亚特兰大一所新被取消种族隔离的高中。精神病学家罗伯特·科尔斯报告说，这个例子结合了有计划的协调和无计划的协调的协调。这种协调激发了一位 14 岁白人学生的行动，并改变了其生活。他是一个"乡下人"：一个强悍的运动员，一个差劲的学生，而不是一个博学的男孩（Coles，1986，p.27）。科尔斯解释说：

> 这位年轻人突然莫名其妙地发现自己没有深思熟虑（后来，当我和其他人问他这个问题时，他不得不反复承认这种情况）就被迫去帮

助"黑鬼"（助手的话！）。他用这种方式描述了事件（和他本人）："在这里，我不想要他们的任何东西。他们属于他们，我们属于我们——我们都是这么说的。然后，那两个孩子来到这里，他们过得很艰难。他们只能靠自己。学校必须帮他们争取得到警察的保护。我们不想要他们，他们知道这一点。但是我们告诉他们了，以防他们迟迟收不到消息。我没有退缩，和其他人一样。我跟其他人说，'走吧，黑鬼，走吧。'我是认真的。但是几周后，我开始看到一个孩子——一个小伙子，他懂得在艰难的日子里微笑，他挺胸抬头，很有礼貌——而不是一个小黑鬼时，我对父母说，'真可惜，像他这样的人，必须为这些联邦法官造成的所有麻烦付出代价。'

"后来发生了这样的事情。我看见几个人在骂他。他们不停地训斥他，不久，他们就把他推到一个角落里，看起来像是有麻烦了。我走过去将他们分开。我说，'嘿，别说了。'他们都看着我，好像我疯了一样，我的白人朋友和那个黑鬼都是如此。但我的朋友停了下来，而黑鬼离开了。在他离开之前，我和他谈过。实际上，我不是故意的！它刚从我嘴里说出来。我听到自己说'对不起'感到很惊讶。他一走，我的朋友就问我，'你是什么意思——对不起！'我不知道该说什么。我和他们停下来，与那个黑鬼一样保持沉默。几分钟后，我们去打篮球。那是我一生中最奇怪的时刻。"（Coles，1986，pp.27-28）

这样的经历使这位乡下少年得以与黑人青年进一步接触，然后建立了友谊，并最终支持废止种族歧视。对黑人青年的困境勇敢地做出了共情反应，加上公平感，这位白人学生的基本价值观发生了变化。他事后反省道：

虽然我猜想我还会像以前那样，但那年是因为在学校上学，我看到那个孩子的举止——不管我们怎么称呼他，以及他遭受到非常严重的侮辱。我想，我内心中的某样东西开始有所变化了。（Coles，1986，p.28）

在乔纳森·科佐尔（Jonathan Kozol）的著作中也发现了对共情诱导利他进行有计划的协调，并关注公平性。他对美国贫富社区之间的公共教育中的"野蛮不平等"深感忧虑，并记录了歧视和不公正现象，但他做得更多。他将我们带入每个孩子的生活中，以便我们关心他们的福祉，从而关心不公正现象（Kozol，1991）。科佐尔的目标不仅仅是让我们感觉到，还希望我们参与行动，为贫困社区的学校提供资金。他通过协调共情诱导利他和原则主义来实现这一目标。

在小说中的协调

在美国内战之前的 10 年，哈里特·比彻·斯托（Harriet Beecher Stowe）夫人使用了几乎相同的协调策略来激发人们反对奴隶制（Stowe，1852/2005）。1862 年，亚伯拉罕·林肯与她在白宫见面时，不清楚林肯是否真的说过"你就是那位引发了一场大战的小妇人"。但毫无疑问，她的著名小说《汤姆叔叔的小屋》（Uncle Tom's Cabin）对美国废除奴隶制做出了重要贡献（Morris，2007）。

斯托夫人不能摆脱她的种族成见，那她是如何有效地反对像奴隶制这样根深蒂固和有利可图的做法呢？她在第一页概述了自己的策略：

> 这些描写的目的是为了唤醒人们对非洲裔人群的共情和情感，因为他们存在于我们内心之中。在某种非常残酷和不公正的制度下，呈现他们的冤屈和悲伤，从而击败和消除一切可能为他们带来的好处（Stowe，1852/2005，p.1）。

斯托夫人追求的目标是把她的读者带入奴隶们的生活之中及其内心世界之中，以教化他们的非理性行为，唤起人们强烈的共情关心。同时，她用许多例子说明故乡已不在，通过对话表明一个人占有另一个人的一切是非常不道德的。她呼吁并宣传公平、正义、关心、个人尊严、人权和家庭神圣的原则，并且让其读者认为这些原则都是宝贵的，但是没有被奴隶们所接受。

为了唤起共情，她让我们跟随失散的乔治和伊丽莎·哈里斯（Eliza Harris）以及他们的小儿子哈里，经历无数痛苦后成功地飞往加拿大，他们可以在那里休息了，并终于获得了自由：

> 谁能说出降落在自由人枕头上的祝福是依法确保上帝赋予人的权利呢？对那个母亲来说，熟睡中孩子的脸是多么美丽与珍贵啊，虽然经历了成千上万种危险！被如此多的幸福包围的情况下，不可能睡着了！虽然这两人还没有属于自己的任何一块土地，也没有自己的小屋，但是他们已经竭尽全力了。虽然他们除了空中飞翔的小鸟或田野里盛开的小花之外一无所有，但是他们却因过度兴奋而失眠。"好的，你们那些获得人身自由的人，你们应该用什么样的言辞来答谢上帝呢？"（Stowe，1852/2005，p.328）

她让我们跟随虔诚而忠诚的汤姆以了解其生活。在汤姆的家庭、妻子和孩子被卖掉之后，他顺流而下到达新奥尔良。在那里，他首先为善良但残酷无情的奥古斯丁·圣克莱尔（Augustine Clare）和他天使般的女儿伊万杰琳（Evangeline）服务。然后，在圣克莱尔猝死后，汤姆又被卖给了恶毒的西蒙·勒格雷（Simon Legree），后者最终因拒绝出卖其他奴隶而被殴打致死。

斯托这样反思汤姆的命运：

> 这是奴隶制中最糟糕的部分，即在一个富有同情心、有同化能力、有教养的家庭中生活的黑人，他们习得了该环境中好的品行和情感。因此，他们不容易成为最粗俗和最残酷的奴隶——正如一把椅子或一张桌子，它曾经装饰过华丽的酒馆，最后被损毁和玷污，被放置到一些肮脏的酒馆或酒吧间，或者一些更低级而粗俗的地方。两者最大的区别是：桌子和椅子没有情感，而人是有情感的；因为即使是一项法律法规，他将"被接受、享有声誉、被判刑，成为动产"，但他灵

魂中所拥有的记忆、希望、爱、恐惧和个人心中的欲望无法被抹去。
（Stowe，1852/2005，p.285）

斯托夫人使美国南北双方都有很高的呼声来废除奴隶制，而且坚定不移。她的小说成为 19 世纪仅次于《圣经》的畅销书（Morris，2007）。小说对公共政策和社会改革的影响可能比任何其他用英语撰写的小说都要大。

但是，这并不是一个孤立事件。查尔斯·狄更斯也协调了共情诱导利他和原则主义，使英国社会在 19 世纪中叶改变了对穷人的待遇。此后，许多作家都采用了类似的协调。在第 12 章里，我列出了一些使用共情来改善对被污名化群体态度的方法。

启发

为了促进行动，协调不同的动机似乎是一个有前途的策略。它表明原则上我们要提供帮助，但是利己动机则不让我们这样做。这种策略会产生戏剧性的后果。然而，在小说之外，这种协调很少被尝试过。人类所有动机都是利己的观点阻碍其被使用的范围。由于利己观点不再成立，所以我们有了新的尝试机会。然而，在进行具体实践活动时，我们还需要谨慎，不是不分青红皂白地将所有观点和可能的动机加以协调，而是要注意每一种动机的优点与不足，然后加以协调，以便利用一个人的优点来克服另一个人的不足。

结 论 ——∞

虽然比策信心满满，但是整个社会系统并不是一个关于利己主义的问题。即使是在市场经济活动中也不是这样的。讨价还价和从事交易的人——我们已有证据表明——作为人类，其动机的内容要比物质利益更广泛，也比一切形式的个人利益更为广泛。为了认识人类在市场经济活动或其他方面的行为，我们需要考虑还存在其他的动机，其中之一就是共情诱导的利他行为。可能还有集体主义和原则主义这两种动机。人们对利他的追求使自己走出了利己的伊甸园，进入了一个更复杂的世界，在这个世界中，我们需要重新思考为什么这样做和如何做，并且需要重新思考我们如何创造一个更加公正和有爱心的社会环境。

这些想法使我们远远超出了共情诱导利他存在的证据。由于目前我们对所涉及问题的认识还很有限，可能会轻信给他人带来福祉的多元动机能改善社会。然而，我们面临的问题太多、太迫切，如愤怒、仇恨犯罪、恐怖主义、恐吓和虐待、漠视无家可归者、拒绝接受难民以及贫富差距越来越大，我们的学校、我们的社会、我们的世界上仍然存在着种族、民族和宗教冲突。这些问题都必须加以解决，不能再拖了。共情诱导利他并不能为它们中的任何一个提供神奇的解决方案，但是它有可能帮助我们解决某个问题。虽然需要动用人们所有的激励资源，但是人们需要做出明智的选择。

我们对利他进行科学探索所发现的证据清楚地表明比策是错误的，史利瑞先生是正确的。毕竟，这不全是为了个人利益。这个世界上有些完全不同的情况，而且它们都有自己的计算方式。协调动机似乎是一种很有前途的方法，它让我们把自己也纳入计算之中。我希望你能考虑别人。

A Scientific Search for Altruism:
Do We Care Only About Ourselves

参考文献

Aderman, D., Brehm, S. S., & Katz, L. B. (1974). Empathic observation of an innocent victim: The just world revisited. *Journal of Personality and Social Psychology, 29*, 342–347.

Allen, K. (2003). Are pets a healthy pleasure? The influence of pets on blood pressure.*Current Directions in Psychological Science, 12*, 236–239.

Allport, F. H. (1924). *Social psychology*. Boston: Houghton Mifflin.

Archer, R. L. (1984). The farmer and the cowman should be friends: An attempt at reconciliation with Batson, Coke, and Pych. *Journal of Personality and Social Psychology, 46*, 709–711.

Archer, R. L., Diaz-Loving, R., Gollwitzer, P. M., Davis, M. H., & Foushee, H. C. (1981). The role of dispositional empathy and social evaluation in the empathic mediation of helping. *Journal of Personality and Social Psychology, 40*, 786–796.

Aron, A., & Aron, E. N. (1986). *Love and the expansion of self*. New York: Hemisphere.

Aron, A., Aron, E. N., & Smollan, D. (1992). Inclusion of Other in the Self Scale and the structure of interpersonal closeness. *Journal of Personality and Social Psychology, 63,* 596–612.

Aron, A., Aron, E. N., Tudor, M., & Nelson, G. (1991). Close relationships as including other in the self. *Journal of Personality and Social Psychology, 60,* 241–253.

Aronson, E. (2004). Reducing hostility and building compassion: Lessons from the jigsaw classroom. In A. G. Miller (Ed.), *The social psychology of good and evil* (pp. 469–488). New York: Guilford Press.

Aronson, E., Blaney, N., Stephan, C., Sikes, J., & Snapp, M. (1978). *The jigsaw classroom.*Beverly Hills, CA: Sage.

Axelrod, R., & Hamilton, W. D. (1981). The evolution of cooperation. *Science, 211,* 1390–1396.

Balzac, H. de (1962). *Pere Goriot* (H. Reed, Trans.). New York: New American Library. (Original work published 1834)

Batson, C. D. (1975). Attribution as mediator of bias in helping. *Journal of Personality and Social Psychology, 32,* 455–466.

Batson, C. D. (1987). Prosocial motivation: Is it ever truly altruistic? In L. Berkowitz (Ed.), *Advances in experimental social psychology* (Vol. 20, pp. 65–122). New York: Academic Press.

Batson, C. D. (1989). Personal values, moral principles, and a three-path model of pro- social motivation. In N. Eisenberg et al. (Eds.), *Social and moral values: Individual and societal perspectives* (pp. 213–228). Hillsdale, N.J.: Erlbaum Associates.

Batson, C. D. (1991). *The altruism question: Toward a social-psychological answer.*

Hillsdale, NJ: Erlbaum Associates.

Batson, C. D. (2011). *Altruism in humans*. New York: Oxford University Press.

Batson, C. D. (2016). *What's wrong with morality?: A social-psychological perspective*. New York: Oxford University Press.

Batson, C. D., & Ahmad, N. (2001). Empathy-induced altruism in a Prisoner's Dilemma II: What if the target of empathy has defected? *European Journal of Social Psychology, 31*, 25–36.

Batson, C. D., & Ahmad, N. (2009). Using empathy to improve intergroup attitudes and relations. *Social Issues and Policy Review, 3*, 141–177.

Batson, C. D., Ahmad, N., Yin, J., Bedell, S. J., Johnson, J. W., Templin, C. M., & Whiteside, A. (1999). Two threats to the common good: Self-interested egoism and empathy-induced altruism. *Personality and Social Psychology Bulletin, 25*, 3–16.

Batson, C. D., Batson, J. G., Griffitt, C. A., Barrientos, S., Brandt, J. R., Sprengelmeyer, P., & Bayly, M. J. (1989). Negative-state relief and the empathy-altruism hypothesis. *Journal of Personality and Social Psychology, 56*, 922–933.

Batson, C. D., Batson, J. G., Slingsby, J. K., Harrell, K. L., Peekna, H. M., & Todd, R. M. (1991). Empathic joy and the empathy-altruism hypothesis. *Journal of Personality and Social Psychology, 61*, 413–426.

Batson, C. D., Batson, J. G., & Todd, R. M., Brummett, B. H., Shaw, L. L., & Aldeguer, C. M. R. (1995). Empathy and the collective good: Caring for one of the others in a social dilemma. *Journal of Personality and Social Psychology, 68*, 619–631.

Batson, C. D., Bolen, M. H., Cross, J. A., & Neuringer-Benefiel, H. (1986). Where is the altruism in the altruistic personality? *Journal of Personality and Social*

Psychology, 50, 212–220.

Batson, C. D., Chang, J., Orr, R., & Rowland, J. (2002). Empathy, attitudes, and action: Can feeling for a member of a stigmatized group motivate one to help the group? *Personality and Social Psychology Bulletin, 28,* 1656–1666.

Batson, C. D., Coke, J. S., Jasnoski, M. L., & Hanson, M. (1978). Buying kindness: Effect of an extrinsic incentive for helping on perceived altruism. *Personality and Social Psychology Bulletin, 4,* 86–91.

Batson, C. D., Duncan, B., Ackerman, P., Buckley, T., & Birch, K. (1981). Is empathic emotion a source of altruistic motivation? *Journal of Personality and Social Psychology, 40,* 290–302.

Batson, C. D., Dyck, J. L., Brandt, J. R., Batson, J. G., Powell, A. L., McMaster, M. R., & Griffitt, C. (1988). Five studies testing two new egoistic alternatives to the empathy- altruism hypothesis. *Journal of Personality and Social Psychology, 55,* 52–77.

Batson, C. D., Early, S., & Salvarani, G. (1997). Perspective taking: Imagining how another feels versus imagining how you would feel. *Personality and Social Psychology Bulletin, 23,* 751–758.

Batson, C. D., Eklund, J. H., Chermok, V. L., Hoyt, J. L., & Ortiz, B. G. (2007). An ad- ditional antecedent of empathic concern: Valuing the welfare of the person in need. *Journal of Personality and Social Psychology, 93,* 65–74.

Batson, C. D., Fultz, J., Schoenrade, P. A., & Paduano, A. (1987). Critical self-reflection and self-perceived altruism: When self-reward fails. *Journal of Personality and Social Psychology, 53,* 594–602.

Batson, C. D., Klein, T. R., Highberger, L., & Shaw, L. L. (1995). Immorality from empathy-induced altruism: When compassion and justice conflict. *Journal of*

Personality and Social Psychology, 68, 1042–1054.

Batson, C. D., Lishner, D. A., Cook, J., & Sawyer, S. (2005). Similarity and nurturance: Two possible sources of empathy for strangers. *Basic and Applied Social Psychology, 27*, 15–25.

Batson, C. D., & Moran, T. (1999). Empathy-induced altruism in a Prisoner's Dilemma. *European Journal of Social Psychology, 29*, 909–924.

Batson, C. D., Oleson, K. C., Weeks, J. L., Healy, S. P., Reeves, P. J., Jennings, P., & Brown, T. (1989). Religious prosocial motivation: Is it altruistic or egoistic? *Journal of Personality and Social Psychology, 59*, 873–884.

Batson, C. D., O'Quin, K., Fultz, J., Vanderplas, M., & Isen, A. (1983). Self-reported distress and empathy and egoistic versus altruistic motivation for helping. *Journal of Personality and Social Psychology, 45*, 706–718.

Batson, C. D., Polycarpou, M. P., Harmon-Jones, E., Imhoff, H. J., Mitchener, E. C., Bednar, L. L., Klein, T. R., & Highberger, L. (1997). Empathy and attitudes: Can feeling for a member of a stigmatized group improve feelings toward the group? *Journal of Personality and Social Psychology, 72*, 105–118.

Batson, C. D., Sager, K., Garst, E., Kang, M., Rubchinsky, K., & Dawson, K. (1997). Is empathy-induced helping due to self-other merging? *Journal of Personality and Social Psychology, 73*, 495–509.

Batson, C. D., & Shaw, L. L. (1991). Evidence for altruism: Toward a pluralism of pro- social motives. *Psychological Inquiry, 2*, 107–122.

Batson, C. D., Sympson, S. C., Hindman, J. L., Decruz, P., Todd, R. M., Weeks, J. L., Jennings, G., & Burris, C. T. (1996). "I've been there, too" : Effect on empathy of prior experience with a need. *Personality and Social Psychology Bulletin, 22*, 474–482.

Batson, C. D., Turk, C. L., Shaw, L. L., & Klein, T. R. (1995). Information function of empathic emotion: Learning that we value the other's welfare. *Journal of Personality and Social Psychology, 68*, 300–313.

Batson, C. D., & Weeks, J. L. (1996). Mood effects of unsuccessful helping: Another test of the empathy-altruism hypothesis. *Personality and Social Psychology Bulletin, 22*, 148–157.

Baumeister, R. F. (1998). The self. In D. T. Gilbert, S. T. Fiske, & G. Lindzey (Eds.), *The handbook of social psychology* (4th ed., Vol. 1, pp. 680–740). Boston: McGraw-Hill. Bell, D. C. (2001). Evolution of parental caregiving. *Personality and Social Psychology Review, 5*, 216–229.

Berenguer, J. (2007). The effect of empathy in proenvironmental attitudes and behaviors. *Environment and Behavior, 39*, 269–283.

Berscheid, E., & Reis, H. T. (1998). Attraction and close relationships. In D. T. Gilbert, S. T. Fiske, & G. Lindzey (Eds.), *The handbook of social psychology* (4th ed., Vol. 2, pp. 193–281). Boston: McGraw-Hill.

Blair, R. J. R. (2007). The amygdala and ventromedial prefrontal cortex in morality and psychopathy. *Trends in Cognitive Sciences, 11*, 387–392.

Blake, J. A. (1978). Death by hand grenade: Altruistic suicide in combat. *Suicide and Life-Threatening Behavior, 8*, 46–59.

Blakemore, S. J., & Frith, C. D. (2003). Self-awareness and action. *Current Opinion in Neurobiology, 13*, 219–224.

Bloom, P. (2016). *Against empathy: The case for rational compassion.* New York: Harper Collins.

Boehm, C. (1999). The natural selection of altruistic traits. *Human Nature, 10*, 205–252.

Bowles, S. (2008). Policies designed for self-interested citizens may undermine "the moral sentiments": Evidence from economic experiments. *Science, 320*, 1605–1609. Brewer, M. B. (1988). A dual process model of impression formation. In T. K. Srull & R. S. Wyer, Jr. (Eds.), *Advances in social cognition* (Vol. 1, pp. 1–36). Hillsdale, NJ: Erlbaum.

Brown, C. (1965). *Manchild in the promised land.* New York: Macmillan.

Brown, S. L., & Brown, R. M. (2006). Selective investment theory: Recasting the func- tional significance of close relationships. *Psychological Inquiry, 17*, 1–29.

Brown, S. L., Nesse, R., Vinokur, A. D., & Smith, D. M. (2003). Providing support may be more beneficial than receiving it: Results from a prospective study of mortality. *Psychological Science, 14*, 320–327.

Brown, S. L., Smith, D. M., Schultz, R. Kabeto. M. U., Ubel, P. A., Poulin, M, Yi, J.,

Kim, C., & Langa, K. M. (2009). Caregiving behavior is associated with decreased mortality risk. *Psychological Science, 20*, 488–494.

Bruneau, E. C., & Saxe, R. R. (2012). The power of being heard: The benefits of "per- spective giving" in the context of intergroup conflict. *Journal of Experimental Social Psychology, 48*, 855–866.

Caldwell, M. C., & Caldwell, D. K. (1966). Epimeletic (care-giving) behavior in Cetacea. In K. S. Norris (Ed.), *Whales, dolphins, and porpoises* (pp. 755–789). Berkeley: University of California Press.

Cameron, C. D., & Payne, B. K. (2011). Escaping affect: How motivated emotion regulation creates insensitivity to mass suffering. *Journal of Personality and Social Psychology, 100*, 1–15.

Campbell, D. T. (1975). On the conflicts between biological and social evolution and between psychology and moral tradition. *American Psychologist, 30*, 1103–1126.

Campbell, D. T., & Stanley, J. C. (1966). *Experimental and quasi-experimental designs for research*. Chicago: Rand McNally.

Caporeal, L. R., Dawes, R., Orbell, J. M., & van de Kragt, A. J. C. (1989). Selfishness examined: Cooperation in the absence of egoistic incentives. *Behavioral and Brain Sciences, 12*, 683–739.

Carter, C. S. (2007). Monogamy, motherhood, and health. In S. G. Post (Ed.), *Altruism and health: Perspectives from empirical research* (pp. 371–388). New York: Oxford University Press.

Carter, C. S. (2014). Oxytocin pathways and the evolution of human behavior. *Annual Review of Psychology, 65*, 17–39.

Cialdini, R. B. (1991). Altruism or egoism? That is (still) the question. *Psychological Inquiry, 2*, 124–126.

Cialdini, R. B., Brown, S. L., Lewis, B. P., Luce, C., & Neuberg, S. L. (1997). Reinterpreting the empathy-altruism relationship: When one into one equals oneness. *Journal of Personality and Social Psychology, 73*, 481–494.

Cialdini, R. B., Darby, B. L., & Vincent, J. E. (1973). Transgression and altruism: A case for hedonism. *Journal of Experimental Social Psychology, 9*, 502–516.

Cialdini, R. B., Schaller, M., Houlihan, D., Arps, K., Fultz, J., & Beaman, A. L. (1987). Empathy-based helping: Is it selflessly or selfishly motivated? *Journal of Personality and Social Psychology, 52*, 749–758.

Cikara, M., Bruneau, E., & Saxe, R. R. (2011). Us and them: Intergroup failures of em- pathy. *Current Directions in Psychological Science, 20*, 149–153.

Cikara, M., Bruneau, E., Van Bavel, J. J., & Saxe, R. R. (2014). Their pain gives us pleasure: How intergroup dynamics shape empathic failures and counter-empathic responses. *Journal of Experimental Social Psychology, 55*, 110–125.

Clore, G. L., & Jeffrey, K. M. (1972). Emotional role playing, attitude change, and attraction toward a disabled person. *Journal of Personality and Social Psychology*, *23*, 105–111.

Cohen, D., & Taylor, L. (1989). *Dogs and their women*. Boston: Little, Brown.

Coke, J. S., Batson, C. D., & McDavis, K. (1978). Empathic mediation of helping: A two-stage model. *Journal of Personality and Social Psychology*, *36*, 752–766.

Coles, R. (1986). *The moral life of children*. Boston: Houghton-Mifflin.

Collins, N. L., Ford, M. B., Guichard, A. C., Kane, H. S., & Feeney, B. C. (2010). Responding to need in intimate relationships: Social support and care-giving processes in couples. In M. Mikulincer & P. R. Shaver (Eds.), *Prosocial motives, emotions, and behavior: The better angels of our nature* (pp. 367–389). Washington, DC: American Psychological Association.

Comte, I. A. (1875). *System of positive polity* (Vol. 1). London: Longmans, Green & Co. (Original work published 1851)

Connor, R. C., & Norris, K. S. (1982). Are dolphins reciprocal altruists? *American Naturalist*, *119*, 358–374.

Damasio, A. R. (1999). *The feeling of what happens: Body and emotion in the making of consciousness*. New York: Harcourt Brace & Company.

Damasio, A. R. (2002). A note on the neurobiology of emotions. In S. G. Post, L. G. Underwood, J. P. Schloss, & W. B. Hurlbut (Eds.), *Altruism and altruistic love: Science, philosophy, and religion in dialogue* (pp. 264–271). New York: Oxford University Press.

Darley, J. M., & Batson, C. D. (1973). "From Jerusalem to Jericho": A study of situational and dispositional variables in helping behavior. *Journal of Personality and Social Psychology*, *27*, 100–108.

Darwin, C. (1871). *The descent of man and selection in relation to sex*. New York: Appleton. Davis, M. H. (1983). Measuring individual differences in empathy: Evidence for a multidimensional approach. *Journal of Personality and Social Psychology, 44*, 113–126.

Davis, M. H., Conklin, L., Smith, A., & Luce, C. (1996). The effect of perspective taking on the cognitive representation of persons: A merging of self and other. *Journal of Personality and Social Psychology, 70*, 713–726.

Davis, M. H., Soderlund, T., Cole, J., Gadol, E., Kute, M., Myers, M., & Weihing, J. (2004). Cognitions associated with attempts to empathize: How *do* we imagine the perspective of another? *Personality and Social Psychology Bulletin, 30*, 1625–1635.

Dawkins, R. (1975). *The selfish gene*. New York: Oxford University Press.

Dawkins, R. (1979, February). *Ten misconceptions about kin selection*. Lecture presented at Oxford University, Oxford, England.

Decety, J., Echols, S., & Correll, J. (2010). The blame game: The effect of responsibility and social stigma on empathy for pain. *Journal of Cognitive Neuroscience, 22:5*, 985–997.

Des Pres, T. (1976). *The survivor: An anatomy of life in the death camps*. New York: Oxford University Press.

de Waal, F. B. M. (1996). *Good natured: The origins of right and wrong in humans and other animals*. Cambridge, MA: Harvard University Press.

de Waal, F. B. M. (2006). *Primates and philosophers: How morality evolved*. Princeton, NJ: Princeton University Press.

de Waal, F. B. M. (2008). Putting the altruism back into altruism: The evolution of em- pathy. *Annual Review of Psychology, 59*, 279–300.

de Waal, F. B. M. (2009). *The age of empathy: Nature's lessons for a kinder society*. New York: Harmony Books.

Dickens, C. (1969). *Hard times*. New York: Penguin. (Original work published 1854)
Dickens, C. (1970). *Oliver Twist, or, the parish boy's progress*. New York: Oxford University Press. (Original work published 1837-1839)

Dijker, A. J. (2001). The influence of perceived suffering and vulnerability on the expe- rience of pity. *European Journal of Social Psychology, 31,* 659–676.

Dizon, M., Butler, L. D., & Koopman, C. (2007). Befriending man's best friends: Does altruism toward animals promote psychological and physical health? In S. G. Post (Ed.), *Altruism and health: Perspectives from empirical research* (pp. 277–291). New York: Oxford University Press.

Dovidio, J. F., Allen, J. L., & Schroeder, D. A. (1990). The specificity of empathy-induced helping: Evidence for altruistic motivation. *Journal of Personality and Social Psychology, 59,* 249–260.

Dovidio, J. F., Johnson, J. D., Gaertner, S. L., Pearson, A. R., Saguy, T., & Ashburn-Nardo, L. (2010). Empathy and intergroup relations. In M. Mikulincer & P. R. Shaver (Eds.), *Prosocial motives, emotions, and behavior: The better angels of our na- ture* (pp. 393–408). Washington, DC: American Psychological Association.

Dovidio, J. F., Piliavin, J. A., Schroeder, D. A., & Penner, L. A. (2006). *The social psychology of prosocial behavior*. Mahawan, NJ: Lawrence Erlbaum Associates.

Dovidio, J. F., ten Vergert, M., Stewart, T. L., Gaertner, S. L., Johnson, J. D., Esses, V. M., Rick, B. M., & Pearson, A. R. (2004). Perspective and prejudice: Antecedents and mediating mechanisms. *Personality and Social Psychology Bulletin, 30,* 1537–1549.

Doyle, A. C. (1890). *The sign of four*. London: Spencer Blackett.

Eisenberg, N., & Lennon, R. (1983). Sex differences in empathy and related capacities. *Psychological Bulletin, 94*, 100–131.

Epictetus. (1877). *The discourses of Epictetus: with the Encheiridion and fragments* (G. Long, Trans.). London: George Bell & Sons.

Esses, V. M., & Dovidio, J. F. (2002). The role of emotions in determining willingness to engage in intergroup contact. *Personality and Social Psychology Bulletin, 28*, 1202–1214.

Feeney, B. C., & Collins, N. L. (2001). Predictors of care-giving in adult intimate relationships: An attachment theoretical perspective. *Journal of Personality and Social Psychology, 80*, 972–994.

Feeney, B. C., & Collins, N. L. (2003). Motivations for care-giving in adult intimate relationships: Influences on care-giving behavior and relationship functioning. *Personality and Social Psychology Bulletin, 29*, 950–968.

Frank, R. H. (2003). Adaptive rationality and the moral emotions. In R. J. Davidson, K. R. Scherer, & H. H. Goldsmith (Eds.), *Handbook of affective sciences* (pp. 891–896). New York: Oxford University Press.

Freud, S. (1930). *Civilization and its discontents* (J. Riviere, Trans.). London: Hogarth. Fultz, J., Batson, C. D., Fortenbach, V. A., McCarthy, P. M., & Varney, L. L. (1986). Social evaluation and the empathy-altruism hypothesis. *Journal of Personality and Social Psychology, 50*, 761–769.

Galinsky, A. D., Maddux, W. W., Gilin, D., & White, J. B. (2008). Why it pays to get inside the head of your opponent: The differential effects of perspective taking and empathy in negotiations. *Psychological Science, 19*, 378–384.

Gilbert, D. (2007, March 25). Compassionate commercialism. *New York Times*, Op-

Ed Contribution.

Gordon, M. (2005). *Roots of empathy: Changing the world child by child*. Markham, ON: Thomas Allen & Son.

Graves, S. B. (1999). Television and prejudice reduction: When does television as a vi- carious experience make a difference? *Journal of Social Issues, 55*, 707–725.

Halpern, J. (2001). *From detached concern to empathy: Humanizing medical practice*. New York: Oxford University Press.

Hamilton, W. D. (1964). The genetical evolution of social behavior (I, II). *Journal of Theoretical Biology, 7*, 1–52.

Hancock, G. (1989). *Lords of poverty: The power, prestige, and corruption of the interna- tional aid business*. New York: Atlantic Monthly Press.

Hardin, G. (1977). *The limits of altruism: An ecologist's view of survival*. Bloomington: Indiana University Press.

Harlow, H. K., Harlow, M. K., Dodsworth, R. O., & Arling, G. L. (1966). Maternal behavior of rhesus monkeys deprived of mothering and peer association in infancy. *Proceedings of the American Philosophical Society, 110*, 58–66.

Harmon-Jones, E., Vaughn-Scott, K., Mohr, S., Sigelman, J., & Harmon-Jones, C. (2004). The effect of manipulated sympathy and anger on left and right frontal cor- tical activity. *Emotion, 4*, 95–101.

Harrison, M.-C. (2008). The paradox of fiction and the ethics of empathy: Reconceiving Dickens's realism. *Narrative, 16*, 256–278.

Hein, G., Silani, G., Preuschoff, K, Batson, C. D., & Singer, T. (2010). Neural responses to ingroup and outgroup members' suffering predict individual differences in costly helping. *Neuron, 68*, 149–160.

Hepach, R., Vaish, A., & Tomasello, M. (2013). A new look at children's prosocial motivation. *Infancy*, *18*, 67–90.

Hodges, S. D. (2005). Is how much you understand me in your head or mine? In B. F. Malle & S. D. Hodges (Eds.), *Other minds: How humans bridge the divide between self and others* (pp. 298–309). New York: Guilford Press.

Hodges, S. D., Kiel, K. J., Kramer, A. D. I., Veach, D., & Villanueva, B. R. (2010). Giving birth to empathy: The effects of similar experience on empathic accuracy, empathic concern, and perceived empathy. *Personality and Social Psychology Bulletin*, *36*, 398–409.

Hoess, R. (1959). *Commandant at Auschwitz: Autobiography*. London: Weidenfeld and Nicholson.

Hoffman, M. L. (1977). Sex differences in empathy and related behaviors. *Psychological Bulletin*, *84*, 712–722.

Hoffman, M. L. (1981). The development of empathy. In J. P. Rushton & R. M. Sorrentino (Eds.), *Altruism and helping behavior: Social, personality, and develop- mental perspectives* (pp. 41–63). Hillsdale, NJ: Erlbaum.

Hoffman, M. L. (1991). Is empathy altruistic? *Psychological Inquiry*, *2*, 131–133.

Hoffman, M. L. (2000). *Empathy and moral development: Implications for caring and justice*. New York: Cambridge University Press.

Hornstein, H. A. (1978). Promotive tension and prosocial behavior: A Lewinian anal-ysis. In L. Wispé (Ed.), *Altruism, sympathy, and helping: Psychological and sociolog- ical principles* (pp. 177–207). New York: Academic Press.

Hornstein, H. A. (1991). Empathic distress and altruism: Still inseparable. *Psychological Inquiry*, *2*, 133–135.

Hrdy, S. B. (1999). *Mother nature: A history of mothers, infants, and natural selection*. New York: Pantheon.

Hrdy, S. B. (2009). *Mothers and others: The evolutionary origins of mutual under-standing*. Cambridge, MA: Harvard University Press.

Hygge, S. (1976). Information about the model's unconditioned stimulus and response in vicarious classical conditioning. *Journal of Personality and Social Psychology, 33,* 764–771.

Insel, T. R. (2002). Implications for the neurobiology of love. In S. G. Post, L. G. Underwood, J. P. Schloss, & W. B. Hurlbut (Eds.), *Altruism and altruistic love: Science, philosophy, and religion in dialogue* (pp. 254–263). New York: Oxford University Press.

Isaacson, W. (1992, December 21). Sometimes, right makes might. *Time* (p. 82).

Jackson, P. L., Brunet, E., Meltzoff, A. N., & Decety, J. (2006). Empathy examined through the neural mechanisms involved in imagining how I feel versus how you feel pain. *Neuropsychologia, 44,* 752–761.

Jackson, P. L., & Decety, J. (2004). Motor cognition: A new paradigm to study self-other interactions. *Current Opinion in Neurobiology, 14,* 1–5.

Jansen, L. A. (2009). The ethics of altruism in clinical research. *Hastings Center Report, 39,* no. 4, 26–36.

Kahneman, D., Slovic, P., & Tversky, A. (Eds.) (1982). *Judgment under uncertainty: Heuristics and biases*. New York: Cambridge University Press.

Kameda, T., Murata, A., Sasaki, C., Higuchi, S., & Inukai, K. (2012). Empathizing with a dissimilar other: The role of self-other distinction in sympathetic responding. *Personality and Social Psychology Bulletin, 38,* 997–1003.

Kant, I. (1898). Fundamental principles of the metaphysic of morals. In Kant's *Critique of Practical Reason and other works on the theory of ethics* (5th ed.) (T. K. Abbott, Trans.). New York: Longmans, Green & Co. (Original work published 1785)

Kelley, H. H. (1979). *Personal relationships: Their structures and processes.* Hillsdale, NJ: Erlbaum.

Kelley, H. H. (1983). Love and commitment. In H. H. Kelley, E., Berscheid, A. Christiansen, J. H. Harvey, T. L. Houston, G. Levinger, E. McClintock, L. A. Peplau, & D. L. Peterson, *Close relationships* (pp. 265–314). New York: Freeman.

Kelman, H. C. (1990). Interactive problem-solving: A social psychological approach to conflict resolution. In J. W. Burton & F. Dukes (Eds.), *Conflict: Readings in man- agement and resolution* (pp. 199–215). New York: St. Martin's Press.

Kelman, H. C. (1997). Group processes in the resolution of international conflicts: Experiences from the Israeli-Palestinian case. *American Psychologist, 52,* 212–220.

Kelman, H. C. (2005). Building trust among enemies: The central challenge for in- ternational conflict resolution. *International Journal of Intercultural Relations, 29,* 639–650.

Kelman, H. C., & Cohen, S. P. (1986). Resolution of international conflict: An inter- actional approach. In S. Worchel & W. G. Austin (Eds.), *Psychology of intergroup relations* (pp. 323–342). Chicago: Nelson Hall.

Kerr, N. L. (1995). Norms in social dilemmas. In D. A. Schroeder (Ed.), *Social dilemmas: Perspectives on individuals and groups* (pp. 31–47). Westport, CN: Praeger.

Kesey, K. (1962). *One flew over the cuckoo's nest.* New York: Viking.

Kitcher, P. (1998). Psychological altruism, evolutionary origins, and moral rules. *Philosophical Studies, 89,* 283–316.

Kogut, T., & Ritov, I. (2005a). The "identified victim" effect: An identified group, or just a single individual? *Journal of Behavioral Decision Making, 18*, 157–167.

Kogut, T., & Ritov, I. (2005b). The singularity effect of identified victims in separate and joint evaluations. *Organizational Behavior and Human Decision Processes, 97*, 106–116.

Kohlberg, L. (1976). Moral stages and moralization: The cognitive-developmental approach. In T. Lickona (Ed.), *Moral development and behavior: Theory, research, and social issues* (pp. 31–53). New York: Holt, Rinehart, & Winston.

Köster, M., Ohmer, X., Nguyen, T. D., & Kärtner J. (2016). Infants understand others' needs. *Psychological Science, 27*, 542–548.

Kozol, J. (1991). *Savage inequalities: Children in America's schools*. New York: Crown. Krebs, D. L. (1975). Empathy and altruism. *Journal of Personality and Social Psychology, 32*, 1134–1146.

La Bruyère, J. (1963). *Characters* (H. van Laun, Trans.) Oxford: Oxford University Press. (Original work published 1688)

Lamm, C., Batson, C. D., & Decety, J. (2007). The neural substrate of human empathy: Effects of perspective-taking and cognitive appraisal. *Journal of Cognitive Neuroscience, 19*, 1–17.

Lamm, C., Meltzoff, A. N., & Decety, J. (2010). How do we empathize with someone who is not like us? A functional magnetic resonance imaging study. *Journal of Cognitive Neuroscience, 22*, 362–376.

La Rochefoucauld, F., Duke de (1691). *Moral maxims and reflections, in four parts*. London: Gillyflower, Sare, & Everingham.

Lerner, M. J. (1970). The desire for justice and reactions to victims. In J. Macaulay & L. Berkowitz (Eds.), *Altruism and helping behavior* (pp. 205–229).

New York: Academic Press.

Lerner, M. J. (1980). *Thebelief in a just world: Afundamentaldelusion*. New York: Plenum.

Lerner, M. J., & Meindl, J. R. (1981). Justice and altruism. In J. P Rushton & R. M. Sorrentino (Eds.), *Altruism and helping behavior: Social, personality, and develop- mental perspectives* (pp. 213–232). Hillsdale, NJ: Lawrence Erlbaum Associates.

Lewin, K. (1935). *Dynamic theory of personality*. New York: McGraw-Hill.

Lishner, D. A., Batson, C. D., & Huss, E. (2011). Tenderness and sympathy: Distinct empathic emotions elicited by different forms of need. *Personality and Social Psychology Bulletin, 37,* 614–625.

Lishner, D. A., Oceja, L. V., Stocks, E. L., & Zaspel, K. (2008). The effect of infant-like characteristics on empathic concern for adults in need. *Motivation and Emotion, 32,* 270–277.

López-Pérez, B., Ambrona, T., Gregory, J., Stocks, E., & Oceja, L. (2013). Feeling at

hospitals: Perspective-taking, empathy, and personal distress among professional nurses and nursing students. *Nurse Education Today, 33,* 334–338.

Luks, A. (1991). *The healing power of doing good: The health and spiritual benefits of helping others*. New York: Fawcett Columbine.

MacLean, P. D. (1967). The brain in relation to empathy and medical education. *Journal of Nervous and Mental Disease, 144,* 374–382.

MacLean, P. D. (1990). *The triune brain in evolution: Role in paleocerebral functions*. New York: Plenum Press.

Malhotra, D., & Liyanage, S. (2005). Long-term effects of peace workshops in pro-tracted conflicts. *Journal of Conflict Resolution, 49,* 908–924.

Mandeville, B. (1732). *The fable of the bees: or, private vices, public benefits*. London: J. Tonson. (Original work published 1714)

Maner, J. K., & Gailliot, M. T. (2007). Altruism and egoism: Prosocial motivations for helping depend on relationship context. *European Journal of Social Psychology, 37*, 347–358.

Marques, A. H., & Sternberg, E. M. (2007). The biology of positive emotions and health. In S. G. Post (Ed.), *Altruism and health: Perspectives from empirical research* (pp. 149–188). New York: Oxford University Press.

Maslach, C. (1982). *Burnout: The cost of caring*. Englewood Cliffs, NJ: Prentice-Hall. McAuliffe, W. H. B., Forster, D. E., Philippe, J., & McCullough, M. H. (2017). Digital altruists: Resolving key questions about the empathy-altruism hypothesis in an internet sample. *Emotion*, Nov 20. doi:10.1037/emo0000375.

McDougall, W. (1908). *An introduction to social psychology*. London: Methuen.

Miller, D. T. (1999). The norm of self-interest. *American Psychologist, 54*, 1053–1060.

Miller, D. T., & Ratner, R. K. (1998). The disparity between the actual and assumed power of self-interest. *Journal of Personality and Social Psychology, 74*, 53–62.

Milner, J. S., Halsey, L. B., & Fultz, J. (1995). Empathic responsiveness and affective reactivity to infant stimuli in high- and low-risk for physical child abuse mothers. *Child Abuse and Neglect, 19*, 767–780.

Milton, J. (2005). *Paradise lost* (Introduction by Philip Pullman). New York: Oxford University Press. (Original work published 1667)

Momaday, N. S. (1968). *House made of dawn*. New York: Harper & Row.

Monette, P. (1988). *Borrowed time: An AIDS memoir*. San Diego, CA: Harcourt Brace Jovanovich.

Morris, R. (2007). Introduction. In D. B. Sachsman, S. K. Rushing, & R. Morris (Eds.), *Memory and myth: The Civil War in fiction and film from* Uncle Tom's Cabin *to* Cold Mountain (pp. 1–8). West Lafayette, IN: Purdue University Press.

Moss, C. (2000). *Elephant memories: Thirteen years in the life of an elephant family* (2nd ed.). Chicago: University of Chicago Press.

Myers, M. W., Laurent, S. M., & Hodges, S. D. (2014). Perspective taking instructions and self-other overlap: Different motives for helping. *Motivation and Emotion, 38,* 224–234.

Nadler, A., Fisher, J. D., & DePaulo, B. M. (Eds.) (1983). *New directions in helping: Vol. 3. Applied perspectives on help-seeking and -receiving.* New York: Academic Press.

Nadler, A., & Halabi, S. (2006). Intergroup helping as status relations: Effects of status stability, identification, and type of help on receptivity to high-status group's help. *Journal of Personality and Social Psychology, 91,* 97–110.

Netting, F. E., Wilson, C. C., & New, J. C. (1987). The human-animal bond: Implications for practice. *Social Work, 32,* 60–64.

Neuberg, S. L., Cialdini, R. B., Brown, S. L., Luce, C., Sagarin, B. J., & Lewis, B. P. (1997). Does empathy lead to anything more than superficial helping? Comment on Batson et al. (1997). *Journal of Personality and Social Psychology, 73,* 510–516.

Nichols, S. (2004). *Sentimental rules: On the natural foundations of moral judgment.* New York: Oxford University Press.

Nowak, M. A., May, R. M., & Sigmund, K. (1995). The arithmetics of mutual help. *Scientific American, 272,* 50–55.

Nussbaum, M. C. (2001). *Upheavals of thought: The intelligence of emotions.* New

York: Cambridge University Press.

Oatley, K. (2002). Emotions and the story worlds of fiction. In M. C. Green, J. J. Strange, & T. C. Brock (Eds.), *Narrative impact: Social and cognitive foundations* (pp. 39–69). Mahwah, NJ: Lawrence Erlbaum Associates.

Odendaal, J. S. J., & Meintjes, R. A. (2003). Neurophysiological correlates of affiliative behavior between humans and dogs. *The Veterinary Journal, 165,* 296–301.

Oliner, S. P., & Oliner, P. M. (1988). *The altruistic personality: Rescuers of Jews in Nazi Europe.* New York: The Free Press.

Olson, M., Jr. (1971). *The logic of collective action: Public goods and the theory of groups.* Cambridge, MA: Harvard University Press.

Oman, D. (2007). Does volunteering foster physical health and longevity? In S. G. Post (Ed.), *Altruism and health: Perspectives from empirical research* (pp. 15–32). New York: Oxford University Press.

Omoto, A. M., & Snyder, M. (2002). Considerations of community: The context and process of volunteerism. *American Behavioral Scientist, 45,* 400–404.

Paluck, E. L. (2009). Reducing intergroup prejudice and conflict using the media: A field experiment in Rwanda. *Journal of Personality and Social Psychology, 96,* 574–587.

Paluck, E. L., & Green, D. P. (2009). Prejudice reduction: What works? A review and assessment of research and practice. *Annual Review of Psychology, 60,* 339–367.

Penner, L. A., Cline, R. J. W., Albrecht, T. L., Harper, F. W. K., Peterson, A. M., Taub, J. M., & Ruckdeschel, J. C. (2008). Parents' empathic responses and pain and distress in pediatric patients. *Basic and Applied Social Psychology, 30,* 102–114.

Pettigrew, T. F. (1998). Intergroup contact theory. *Annual Review of Psychology, 49,*

65–85.

Piliavin, J. A., Dovidio, J. F., Gaertner, S. L., & Clark, R. D. III (1982). Responsive bystanders: The process of intervention. In V. J. Derlega and J. Grzelak (Eds.), *Cooperation and helping behavior: Theories and research* (pp. 279–304). New York: Academic Press.

Poole J. (1997). *Coming of age with elephants*. New York: Hyperion.

Post, S. G. (Ed.). (2007). *Altruism and health: Perspectives from empirical research*. New York: Oxford University Press.

Poundstone, W. (1992). *Prisoner's dilemma*. New York: Doubleday.

Preston, S. D. (2013). The origins of altruism in offspring care. *Psychological Bulletin, 139*, 1305–1341.

Preston, S. D., & de Waal, F. B. M. (2002). Empathy: Its ultimate and proximate bases. *Behavioral and Brain Sciences, 25*, 1–72.

Rainer, J. P. (2000). Compassion fatigue: When caregiving begins to hurt. In L. Vandecreek & T. L. Jackson (Eds.), *Innovations in clinical practice: A source book* (Vol. 18, pp. 441–453). Sarasota, FL: Professional Resource Exchange.

Rapoport, A., & Chammah, A. M. (1965). *Prisoner's dilemma*. Ann Arbor: University of Michigan Press.

Richerson, P. J., & Boyd, R. (2005). *Not by genes alone: How culture transformed human evolution*. Chicago: University of Chicago Press.

Ridley, M., & Dawkins, R. (1981). The natural selection of altruism. In J. P. Rushton & R. M. Sorrentino (Eds.), *Altruism and helping behavior: Social, personality, and de- velopmental perspectives* (pp. 19–39). Hillsdale, NJ: Lawrence Erlbaum Associates.

Ross, L., & Ward, A. (1996). Naïve realism in everyday life: Implications for social con- flict and misunderstanding. In E. S. Reed, E. Turiel, & T. Brown (Eds.), *Values and knowledge* (pp. 103–135). Mahwah, NJ: Erlbaum.

Rouhana, N. N., & Kelman, H. C. (1994). Promoting joint thinking in international conflicts: An Israeli-Palestinian continuing workshop. *Journal of Social Issues, 50*, 157–178.

Ruby, P., & Decety, J. (2004). How would you feel versus how do you think she would feel? A neuroimaging study of perspective taking with social emotions. *Journal of Cognitive Neuroscience, 16*, 988–999.

Rusbult, C. (1980). Commitment and satisfaction in romantic associations: A test of the investment model. *Journal of Experimental Social Psychology, 16*, 172–186.

Rushton, J. P. (1980). *Altruism, socialization and society*. Englewood Cliffs, NJ: Prentice-Hall.

Schaller, M., & Cialdini, R. B. (1988). The economics of empathic helping: Support for a mood management motive. *Journal of Experimental Social Psychology, 24*, 163–181.

Schonert-Reichl, K. A., Smith, V., Zaidman-Zait, & Hertzman, C. (2012). Promoting children's prosocial behaviors in school. Impact of the "Roots of Empathy" program on the social and emotional competence of school-aged children. *School Mental Health, 4*, 1–21.

Schroeder, D. A., Dovidio, J. F., Sibicky, M. E., Matthews, L. L., & Allen, J. L. (1988). Empathic concern and helping behavior: Egoism or altruism? *Journal of Experimental Social Psychology, 24*, 333–353.

Schultz, P. W. (2000). Empathizing with nature: The effects of perspective taking on concern for environmental issues. *Journal of Social Issues, 56*, 391–406.

Schultz, R., & Beach, S. (1999). Caregiving as a risk factor for mortality: The

Caregiver Health Effects study. *Journal of the American Medical Association*, *282*, 2215–2219. Schultz, R., Williamson, G. M., Morycz, R. K., & Biegel, D. E. (1991). Costs and benefits of providing care to Alzheimer's patients. In S. Spacapan & S. Oskamp (Eds.), *Helping and being helped: Naturalistic Studies* (pp. 153–181). Newbury Park, CA: Sage.

Schwartz, S. H., & Howard, J. (1982). Helping and cooperation: A self-based motiva-tional model. In V. J. Derlega & J. Grzelak (Eds.), *Cooperation and helping behav- ior: Theories and research* (pp. 327–353). New York: Academic Press.

Sedikides, C., & Strube, M. J. (1997). Self-evaluation: To thine own self be good, to thine own self be sure, to thine own self be true, and to thine own self be better. In M. P. Zanna (Ed.), *Advances in Experimental Social Psychology* (Vol. 29, pp. 209– 269). New York: Academic Press.

Shafir, E., & Tversky, A. (1992). Thinking through uncertainty: Nonconsequential rea- soning and choice. *Cognitive Psychology*, *24*, 449–474.

Sharp, F. C. (1928). *Ethics*. New York: Century.

Shaw, L. L., Batson, C. D., & Todd, R. M. (1994). Empathy avoidance: Forestalling feeling for another in order to escape the motivational consequences. *Journal of Personality and Social Psychology*, *67*, 879–887.

Shelton, M. L., & Rogers, R. W. (1981). Fear-arousing and empathy-arousing appeals to help: The pathos of persuasion. *Journal of Applied Social Psychology*, *11*, 366–378. Sherif, M., Harvey, O. J., White, B. J., Hood, W. E., & Sherif, C. W. (1961). *Intergroup conflict and cooperation: The Robber's Cave experiment*. Norman: University of Oklahoma Book Exchange.

Sherman, P. W., Jarvis, J. U. M., & Alexander, R. D. (Eds.) (1991). *The biology of the naked mole-rat*. Princeton, NJ: Princeton University Press.

Shnabel, N., & Nadler, A. (2010). A needs-based model of reconciliation: Satisfying the differential emotional needs of victim and perpetrator as a key to promoting recon- ciliation. *Journal of Personality and Social Psychology, 94*, 116–132.

Sibicky, M. E., Schroeder, D. A., & Dovidio, J. F. (1995). Empathy and helping: Considering the consequences of intervention. *Basic and Applied Social Psychology, 16*, 435–453.

Silk, J. B. (2009). Social preferences in primates. In P. W. Glimcher, C. F. Camerer, E. Fehr, & R. A. Poldrack (Eds.), *Neuroeconomics: Decision making and the brain* (pp. 269–284). Boston, MA: Elsevier/Academic Press.

Simpson, J. A., Rholes, W. S., & Nelligan, J. S. (1992). Support seeking and support giving within couples in an anxiety-provoking situation: The role of attachment styles. *Journal of Personality and Social Psychology, 62*, 434–446.

Slater, M. D. (2002). Entertainment education and the persuasive impact of narratives. In M. C. Green, J. J. Strange, & T. C. Brock (Eds.), *Narrative impact: Social and cognitive foundations* (pp. 157–181). Mahwah, NJ: Lawrence Erlbaum Associates.

Slovic, P. (2007). "If I look at the mass I will never act": Psychic numbing and genocide. *Judgment and Decision Making, 2*, 79–95.

Small, D. A., Lowenstein, G., & Slovic, P. (2007). Sympathy and callousness: The im- pact of deliberative thought on donations to identifiable and statistical victims. *Organizational Behavior and Human Decision Processes, 102*, 143–153.

Smith, A. (1976). *The theory of moral sentiments* (D. D. Raphael & A. L. Macfie, eds.). Oxford: Oxford University Press. (Original work published 1759)

Smith, E. R. (1998). Mental representation and memory. In D. T. Gilbert, S. T. Fiske, & G. Lindzey (Eds.), *The handbook of social psychology* (4th ed., Vol. 1, pp.

391–445). Boston: McGraw-Hill.

Smith, K. D., Keating, J. P., & Stotland, E. (1989). Altruism reconsidered: The effect of denying feedback on a victim's status to empathic witnesses. *Journal of Personality and Social Psychology, 57*, 641–650.

Sober, E. (1991). The logic of the empathy-altruism hypothesis. *Psychological Inquiry, 2*, 144–147.

Sober, E., & Wilson, D. S. (1998). *Unto others: The evolution and psychology of unselfish behavior*. Cambridge, MA: Harvard University Press.

Solomon, R. C. (1990). *A passion for justice: Emotions and the origins of the social con- tract*. Reading, MA: Addison-Wesley.

Sorrentino, R. M. (1991). Evidence for altruism: The lady is still in waiting. *Psychological Inquiry, 2*, 147–150.

Staub, E. (1974). Helping a distressed person: Social, personality, and stimulus determinants. In L. Berkowitz (Ed.), *Advances in experimental social psychology* (Vol. 7, pp. 293–341). New York: Academic Press.

Staub, E. (1978). *Positive social behavior and morality: Social and personal influences* (Vol. 1). New York: Academic Press.

Staub, E. (1989). Individual and societal (group) values in a motivational perspective and their role in benevolence and harmdoing. In N. Eisenberg, J. Reykowski, & E. Staub (Eds.), *Social and moral values: Individual and societal perspectives* (pp. 45– 61). Hillsdale, NJ: Erlbaum.

Staub, E. (2011). *Overcoming evil: Genocide, violent conflict, and terrorism*. New York: Oxford University Press.

Staub, E., & Pearlman, L. A. (2009). Reducing intergroup prejudice and conflict: A commentary. *Journal of Personality and Social Psychology, 96*, 588–593.

Stephan, W. G., & Finlay, K. (1999). The role of empathy in improving intergroup rela- tions. *Journal of Social Issues, 55,* 729–743.

Stephan, W. G., & Stephan, C. W. (2001). *Improving intergroup relations.* Thousand Oaks, CA: Sage.

Stich, S., Doris, J. M., & Roedder, E. (2010). Altruism. In J. M., Doris and the Moral Psychology Research Group (Eds.), *The moral psychology handbook* (pp. 147–205). Oxford: Oxford University Press.

Stocks, E. L. (2001). *Self-other merging and empathic concern: Has the egoism-altruism debate been resolved?* Unpublished Master's Thesis, University of Kansas, Lawrence. Stocks, E. L. (2006). Empathy and the motivation to help: Is the ultimate goal to relieve the victim's suffering or to relieve one's own? (Doctoral dissertation, University of Kansas, 2005). *Dissertation Abstracts International, 66,* 6339.

Stocks, E. L., Lishner, D. A., & Decker, S. K. (2009). Altruism or psychological es-cape: Why does empathy promote prosocial behavior? *European Journal of Social Psychology, 39,* 649–665.

Stotland, E. (1969). Exploratory investigations of empathy. In L. Berkowitz (Ed.), *Advances in experimental social psychology* (Vol. 4, pp. 271–313). New York: Academic Press.

Stotland, E., Mathews, K. E., Sherman, S. E., Hansson, R. O., & Richardson, B. Z. (1978). *Empathy, fantasy, and helping.* Beverly Hills, CA: Sage.

Stowe, H. B. (2005). *Uncle Tom's cabin; or, life among the lowly.* Mineola, NY: Dover. (Original work published 1852)

Stroop, J. R. (1938). Factors affecting speed in serial verbal reactions. *Psychological Monographs, 50,* 38–48.

Stukas, A. A., Snyder, M., & Clary, E. G. (1999). The effects of "mandatory volunteerism" on intentions to volunteer. *Psychological Science, 10*, 59–64.

Stürmer, S., Snyder, M., & Kropp, A., & Siem, B. (2006). Empathy-motivated helping: The moderating role of group membership. *Personality and Social Psychology Bulletin, 32*, 943–956.

Stürmer, S., Snyder, M., & Omoto, A. M. (2005). Prosocial emotions and helping: The moderating role of group membership. *Journal of Personality and Social Psychology, 88*, 532–546.

Taylor, S. E. (2002). *The tending instinct: How nurturing is essential to who we are and how we live*. New York: Time Books.

Thoits, P. A., & Hewitt, L. N. (2001). Volunteer work and well-being. *Journal of Health and Social Behavior, 42*, 115–131.

Thomas, G., & Batson, C. D. (1981). Effect of helping under normative pressure on self- perceived altruism. *Social Psychology Quarterly, 44*, 127–131.

Todd, A. R., Bodenhausen, G. V., Richeson, J. A., & Galinsky, A. D. (2011). Perspective taking combats automatic expressions of racial bias. *Journal of Personality and Social Psychology, 100*, 1027–1042.

Toi, M., & Batson, C. D. (1982). More evidence that empathy is a source of altruistic motivation. *Journal of Personality and Social Psychology, 43*, 281–292.

Tomasello, M. (1999). *The cultural origins of human cognition*. Cambridge, MA: Harvard University Press.

Tomasello, M. (2014). The ultra-social animal. *European Journal of Social Psychology, 44*, 187–194.

Tomasello, M., & Vaish, A. (2013). Origins of human cooperation and morality. *Annual Review of Psychology, 64*, 231–255.

Trivers, R. L. (1972). Parental investment and sexual selection. In B. Campbell (Ed.), *Sexual selection and the descent of man* (pp. 136–179). Chicago: Aldine.

Turner, J. C. (1987). *Rediscovering the social group: A self-categorization theory*. London: Basil Blackwell.

Van Lange, P. A. M. (1991). Being better but not smarter than others: The Muhammad Ali effect at work in interpersonal situations. *Personality and Social Psychology Bulletin, 17*, 689–693.

Van Lange, P. A. M. (1999). The pursuit of joint outcomes and equality in outcomes: An integrative model of social value orientation. *Journal of Personality and Social Psychology, 77*, 337–349.

Vescio, T. K., & Hewstone, M. (2001). *Empathy arousal as a means of improving intergroup attitudes: An examination of the affective supercedent hypothesis*. Unpublished manuscript, Pennsylvania State University, State College.

Vescio, T. K., Sechrist, G. B., & Paolucci, M. P. (2003). Perspective taking and prejudice reduction: The mediational role of empathy arousal and situational attributions. *European Journal of Social Psychology, 33*, 455–472.

Vitaglione, G. D., & Barnett, M. A. (2003). Assessing a new dimension of empathy: Empathic anger as a predictor of helping and punishing desires. *Motivation and Emotion, 27*, 301–325.

Vollmer, P. J. (1977). Do mischievous dogs reveal their "guilt"? *Veterinary Medicine Small Animal Clinician, 72*, 1002–1005.

Von Neumann, J., & Morgenstern, O. (1944). *Theory of games and economic behavior*. Princeton, N.J.: Princeton University Press.

Walker, A. (1982). *The color purple*. New York: Harcourt Brace Jovanovich.

Wallach, L., & Wallach, M. A. (1991). Why altruism, even though it exists, cannot be demonstrated by social psychological experiments. *Psychological Inquiry, 2,* 153–155.

Wallach, M. A., & Wallach, L. (1983). *Psychology's sanction for selfishness: The error of egoism in theory and therapy.* San Francisco: W. H. Freeman.

Webster's desk dictionary of the English language. (1990). New York: Portland House.

Wegner, D. M. (1980). The self in prosocial action. In D. M. Wegner & R. R. Vallacher (Eds.), *The self in social psychology* (pp. 131–157). New York: Oxford University Press.

Weigel, R. H., Wiser, P. L., & Cook, S. W. (1975). The impact of cooperative learning experiences on cross-ethnic relations and attitudes. *Journal of Social Issues, 31,* 219–244.

Wilson, D. S. (2015). *Does altruism exist? Culture, genes, and the welfare of others.* New Haven, CT: Yale University Press.

Wilson, D. S., & Wilson, E. O. (2007). Rethinking the theoretical foundation of sociobiology. *Quarterly Review of Biology, 82,* 327–348.

Wilson, E. O. (2005). Kin selection as the key to altruism: Its rise and fall. *Social Research, 72,* 159–166.

Yamamoto, S., Humle, T., & Tanaka, M. (2012). Chimpanzees' flexible target helping based on an understanding of conspecifics' goals. *Proceedings of the National Academy of Sciences, 109,* 3588–3592.

Zahn-Waxler, C., & Radke-Yarrow, M. (1990). The origins of empathic concern. *Motivation and Emotion, 14,* 107–130.

Zahn-Waxler, C., Robinson, J. L., & Emde, R. N. (1992). The development of empathy in twins. *Developmental Psychology, 28,* 1038–1047.

致　谢

许多人对本书和利他的科学研究做出了贡献。第一，要感谢众多实验中涉及的数百名被试。他们中的绝大部分是上心理学导论课的大学生，他们是自愿参加研究的。这里的"自愿"是带引号的，因为同学们要么通过参加研究来学习本课程，要么通过写一篇关于研究方法的论文来学习本课程。但无论如何，同意做一名实验被试是两害相权取其轻。

但是一旦被试来到实验室，自愿的"引号"就可以删除了。在每项实验开始前，被试要阅读知情同意书，即提醒被试在整个实验过程中享有的权利——自由退出和能获得的学分。在他们阅读和签署知情同意书之前，我们会给被试一个正式的学分通知单来强调这一事实。被试在实验过程中真的是自愿的，在实验过程中很少有人退出，谢天谢地！这可能是由于认真负责、好奇心，或者两者兼而有之。

除了被试们愿意继续下去外，我们还应该对他们表示更多的感谢。这主要是因为对他们来说，面对未知的东西要继续下去，可能会引起心理压力。他们可能面临令人不安的情况、困难的决策，以及报告自己情况时感觉自己裸露在他人面前。我们的实验者被告知要注意被试出现哪些不适的迹象，并为意外做好准备。但我们不知道被试在实验室的经历对其个人来说意味着什么，或者某个人会产生什么样的心理反应。

这里有两个例子。在序言中描述的凯蒂·班克斯，虽然许多人为她感到难过，因为其父母在车祸中丧生，让其内心非常痛苦，但是大多数人都没有认真地听她讲自己的境遇。只有一位被试听了凯蒂·班克斯的故事后泪如泉涌。她的一位好友几个月前在一次摩托车事故中丧生，当她听了凯蒂父母死亡的事件后，她想起了此事。

以下是一位女士在参加第3章伊莱恩实验时与伊莱恩交换位置后的反应：

伊莱恩（实验者）：（进入观察室，请坐）你有机会思考你想做什么吗？

被试：很难说……

伊莱恩：对不起……

被试：我知道我不想去那里，因为她看上去很痛苦。但话说回来，感觉她是被强迫的，所以我不想让她继续完成实验。（听不见的喃喃自语）然而我也不想让自己处于这种压力情境下。

伊莱恩：这是你做出的决定。不管你想做什么。你能待在观察室，或者……不管你想做什么。

被试：嗯，她只知道这样做——如果我们不换人怎么办？

伊莱恩：她将会完成。

被试：噢，不能这样！为什么她不得不做？！（停顿，低头往下看）这很难说（喃喃地说着什么）……我不知道（看着实验者）严肃地说，我不知道我想做什么，因为我肯定不想让她继续进行。（停顿）但是我不知道。（又一次停顿）正好是夏季，我是一名女佣。我不得不把床单换掉。还有一次，我在铺床单时，如果床单上有个点，就得换床单。有这样一张床，我为它换了20条床单，我对此感到震惊。有一次——好像——我在穿鞋时我感觉到一道强光。这就是我害怕的……我要上去的话，我的表现就像那次一样会很糟糕。（停顿）但是，我不想退出，因为我不想让她继续完成。（看着地，停顿）我不知道。

我真的不知道怎么办。

经过一两分钟的内心的挣扎，实验者感到这名被试的不适感不应该再被延长，并推动她做出决定——尽管这里的推动意味着她的数据要从结果中删除。

被试出现如此强烈的反应应该是很罕见的。在中度水平的压力下没有发生不适感。

第一，非常感谢我们研究中的被试，他们不仅心甘情愿地忍受压力，而且后来他们很优雅地接受了那些自认为受苦的人是虚构的实事。我们感谢他们中的大多数人所说的："哇，我参加了这么好的研究！"没有我们研究中被试的同意和坚持，我们不可能完成本书中描述的高影响力的欺骗实验。

第二，还要感谢我许多亲爱的同事们所完成的实验。我们在描述实验时提到了他们的名字或者他们所做的实验工作，这里不再重复。但对我来说，当时在做实验时，这些同事还都是本科生或研究生。

在近 30 年的时间里，在一名或多名研究生的帮助下，我开设了一个关于研究方法的高级本科生小班课课程。作为课程的一个组成部分，我们团队负责设计和运行实验，包括在前面章节中描述的许多实验。每名被试在参与每项实验时都要单独进行，通常需要差不多一个小时。但这需要的不仅是时间。正如被试在参加高影响力欺骗实验时会产生压力，所以让实验进行并对被试进行访谈也会造成压力。为了对每名被试负责，我们尽可能地保护其权利和尊严，然而做到这一点并不容易。没有班上的本科生和研究生助教的奉献和关心，本书中介绍的许多实验是不可能完成的。

第三，除了在课堂上完成的研究外，研究工作还获得了美国国家科学基金会的资助，从而让本科生团队、研究生助教、兼职研究助理帮助我们做实验，以检验共情 – 利他假说从而反驳利己主义。基金的资助使得对利他的探索工作的进展速度远远超过了预期。

第四，我很感谢其他大学的一些心理学同行非常努力地参与识别和检验利己主义的实验。同样，虽然我已经在相关的地方提到了他们的名字，但是我还要特别感谢鲍勃·恰尔蒂尼和凯尔·史密斯提出了我完全没有考虑过的替代方案。

还有许多人阅读了部分或全部书稿并给出了反馈意见。他们的工作使得本书变得更好了。当然，我会对本书中的缺点负完全责任。牛津大学出版社的高级编辑阿比·格罗斯（Abby Gross）和她的同事提供了很多帮助。在众多人中，要特别感谢考特尼·麦卡罗尔（Gourtney McCarroll）。

第五，我要对妻子朱迪表达深深的感谢，不仅是因为她通读了本书的初稿，找出语法表达上的不足，提出了写作体例方面的建议以及睿智的批评，而且她还积极参与了书中所描述的实验。在开始凯蒂·班克斯实验时，朱迪总是第一名"被试"。在喝饮料或吃晚餐时，我请她想象自己在某种情景下——如与凯蒂的访谈或观察伊莱恩对高影响力的欺骗实验产生压力后的不好反应——她的所思所感。朱迪有一种能精确地描述令人困惑的指导语、让人难以理解的引言故事和实验操作漏洞的奇特能力。而且，除了是第一名被试，她还帮助我收集了几个实验的数据并参与对被试的访谈。

北京阅想时代文化发展有限责任公司为中国人民大学出版社有限公司下属的商业新知事业部，致力于经管类优秀出版物（外版书为主）的策划及出版，主要涉及经济管理、金融、投资理财、心理学、成功励志、生活等出版领域，下设"阅想·商业""阅想·财富""阅想·新知""阅想·心理""阅想·生活"以及"阅想·人文"等多条产品线，致力于为国内商业人士提供涵盖先进、前沿的管理理念和思想的专业类图书和趋势类图书，同时也为满足商业人士的内心诉求，打造一系列提倡心理和生活健康的心理学图书和生活管理类图书。

《人性实验：改变社会心理学的 28 项研究》

- 人性真的经得起实验和检验吗？
- 一本洞察人性、反思自我、思考社会现象的醍醐灌顶之作。
- 影响和改变了无数人的行为和社会认知的 28 项社会心理学经典研究。

《改变心理学的 40 项研究》（第 7 版）

- 心理学研究领域的经典著作，包含心理学史上影响无数人的、最重要的 40 项研究。
- 20 年来畅销不衰的心理学入门经典图书的全新升级和修订。
- 亚马逊心理学类畅销书 Top100，国内高校心理学专业的必读参考书。